浙江省普通本科高校“十四五”重点立项建设教材

新工科·新形态　智能制造系列教材

智能制造技术与工程应用

杜鹏英　陈　慧　江　皓　主　编

[法]周维钧　何王勇　王振力　副主编

電子工業出版社

Publishing House of Electronics Industry

北京·BEIJING

内 容 简 介

本书被评为浙江省“十四五”首批“四新”重点教材，是国家级自动化一流本科专业和浙江省一流本科课程“自动控制理论”的建设成果。本书从智能制造技术的发展出发，系统地介绍工业现场智能制造应用中的常用技术，包括控制器、传感器、人机接口、工业网络，以及机器视觉、工业机器人和其他先进控制技术。本书侧重介绍智能制造技术的工程应用，重点分析智能制造常用技术在工业生产中的应用。在介绍智能制造系统核心知识的基础上，本书通过分析智能制造的实际案例，培养读者的工业控制系统设计、开发和应用能力，具有实用性、新颖性和完整性。同时，本书结合台达的相关智能制造产品和各类应用案例，分析智能制造系统架构和技术应用方法。

本书可以作为高等学校自动化、电气工程及其自动化、智能制造相关专业的教材，也可供有关科技人员参考。

版权贸易合同登记号　图字：01-2024-5030

图书在版编目（CIP）数据

智能制造技术与工程应用 / 杜鹏英, 陈慧, 江皓主编. -- 北京 : 电子工业出版社, 2024. 9. -- ISBN 978-7-121-49075-0

Ⅰ. TH166

中国国家版本馆 CIP 数据核字第 2024HM6237 号

责任编辑：张天运
印　　刷：天津画中画印刷有限公司
装　　订：天津画中画印刷有限公司
出版发行：电子工业出版社
　　　　　北京市海淀区万寿路 173 信箱　　邮编：100036
开　　本：787×1092　1/16　印张：14.5　字数：344 千字
版　　次：2024 年 9 月第 1 版
印　　次：2024 年 9 月第 1 次印刷
定　　价：59.80 元

凡所购买电子工业出版社图书有缺损问题，请向购买书店调换。若书店售缺，请与本社发行部联系，联系及邮购电话：(010)88254888，88258888。

质量投诉请发邮件至 zlts@phei.com.cn，盗版侵权举报请发邮件至 dbqq@phei.com.cn。

本书咨询联系方式：mengyu@phei.com.cn。

前　言

制造业是立国之本，是打造国家竞争力和竞争优势的主要支撑。智能制造是我国制造业创新发展的主要抓手，是我国制造业转型升级的主要路径，是我国加快建设制造强国的主攻方向。党的二十大报告中明确指出“坚持把发展经济的着力点放在实体经济上，推进新型工业化，加快建设制造强国、质量强国、航天强国、交通强国、网络强国、数字中国”。

21 世纪以来，智能制造在技术、产业政策等多方面的支持下有了飞速发展。新一代人工智能技术与先进制造技术的深度融合形成的新一代智能制造技术，推动了智能制造产业的快速发展，降低成本，提高企业竞争力，实现制造业的转型升级。“新工科建设”作为当下高校学科发展的重要内容，强调跨学科合作、创新思维和实践综合能力的培养。通过融入新工科理念，我们能够更好地应对智能制造领域的挑战和机遇，培养出适应未来工业需求的智能制造人才。

本书侧重介绍智能制造技术的工程应用，重点分析智能制造常用技术在工业生产中的应用。本书从智能制造技术的发展出发，系统地介绍工业现场智能制造应用中的常用技术，包括控制器、传感器、人机接口、工业网络，以及机器视觉、工业机器人和其他先进控制技术。在对智能制造系统核心知识介绍的基础上，本书通过分析智能制造的实际案例，培养读者的工业控制系统设计、开发和应用能力，具有实用性、新颖性和完整性。同时，本书结合台达的相关智能制造产品和各类应用案例，分析智能制造系统架构和技术应用方法。本书在介绍理论内容的同时，每个章节均提供前沿技术发展案例作为导入，将智能制造与国家发展战略和社会发展紧密关联，激发读者对中国道路的自信、科技报国的家国情怀和使命担当，培养团队协作精神，树立科技自强的责任感与使命感。

本书共分为 9 章。其中第 1 章概述性地介绍智能制造的发展历程、内涵以及智能制造技术体系结构，并给出典型的智能制造工业应用案例。第 2 章~第 8 章介绍多种智能制造常用技术。其中，第 2 章介绍工业控制系统中常用的控制器，包括 PLC、变频器和伺服的控制器；第 3 章介绍智能制造应用中常用的传感器及其应用方法；第 4 章介绍人机接口技术；第 5 章介绍常用的工业网络类型及应用；第 6 章～第 8 章介绍智能制造中的先进技术。第 9 章基于两个实际应用案例，对智能制造系统的应用进行分析。

本书由浙大城市学院的杜鹏英、陈慧、江皓、周维钧，以及中国地质大学的何王勇和哈尔滨华德学院的王振力共同编写。浙大城市学院的学生宋晓雪对教材内容进行了校对，台达集团中达电通有限公司为本书提供了部分技术资料，在此一并表示感谢。在本书的编写过程中还参考了不少书籍和资料，在此也向有关作者表示感谢。

为便于教学，凡采用本书作为教材的学校，可登录华信教育资源网免费获得电子教案等其他配套资源。

由于编者水平所限，疏漏在所难免，恳请读者提出批评建议，以便对教材内容进行进一步修订和完善，如有问题请联系编者，邮箱是 chenh@hzcu.edu.cn。

编者

2024 年 12 月

目　录

第 1 章 绪论

制造业是国民经济的主体，是立国之本、兴国之器、强国之基。科学技术的不断发展推动了制造业的发展，促进了制造技术的不断进步。同时，制造过程和制造技术作为科学技术的基础，也反过来极大地促进了科学技术的不断进步。智能制造技术建立在现代传感器、物联网、全自动化智能技术等新技术的基础之上，通过智能识别技术、人机交互技术、决策和执行技术，达到设计流程、制造流程的智能化，进而缩短产品的开发周期，减少资源能耗，降低运营成本，提高生产率和品质。

引用案例

智能制造助力转型升级

中国东方电气集团有限公司（以下简称东方电气）利用智能制造技术改变了传统的生产模式，提升了工作效率和产品质量。该公司的数字化无人车间通过应用自动导引车（Automated Guided Vehicle，AGV）实现了高效的物流管理，大大提高了仓储物流效率。这些车间还利用数控程序进行自动化加工，并在加工过程中进行在线检测和补偿，从而实现 24 小时无人干预连续加工。

更为引人注目的是，该公司首次在叶片加工领域大规模应用了数字孪生技术，采用 5G 技术和智能传感计算机收集整个生产线的数据，使设备维护可预测，这些数据也有助于公司对加工工艺进一步研究。

东方电气还实现了全生命周期的数字驱动，从营销到设计，从生产到服务。用户可自行选择参数在线下单，厂方会把生产任务分配给设计部门，再发送给机器，开启数字化制造。生产完毕后，会形成智慧产品，让用户直观地了解机组运行状态，并提供专业诊断服务。

东方电气的 13 个智能化数字车间极大地改变了工厂的生产方式，公司焕发出新的生命力和创新活力，推动了我国制造业向智能制造的跨越，展示了硬核科技的力量。

1.1 智能制造发展历程

制造活动是人类最基础、最重要的活动之一。制造技术的发展是推动人类经济进步、社会进步、文明进步的主要动力，也是国家综合国力的体现。

“制造”一词的最初含义是手工将原材料转化为有用的产品。现在，“制造”不仅限于加工和生产，还包括产品研发设计、采购、加工装配、设备运维、销售、服务等所有“将原材料转化为适用产品”的相关活动。1990 年，国际生产工程科学院（CIRP）给出了制造的广义定义，即制造包括一系列内在联系的运作和活动，如产品设计、材料选择、制造生产、质量保证、管理和营销等。现代制造是物料流、信息流和资金流的结合。制造包括物料的转换过程和信息链，如产品需求、设计、制造工艺和加工装配信息，以及管理和控制信息。此外，制造还涉及资金流动，如原材料的采购和加工，以及产品的销售和资金增值转移。

1.1.1 制造技术发展史

制造技术的发展受到社会、政治和经济等多个方面的影响，但科技推动是主要因素。科技进步每次都在很大程度上推动制造业的发展。以下将简述制造技术发展的历史，回顾技术革命推动下制造技术逐步发展的过程（见图 1-1）。

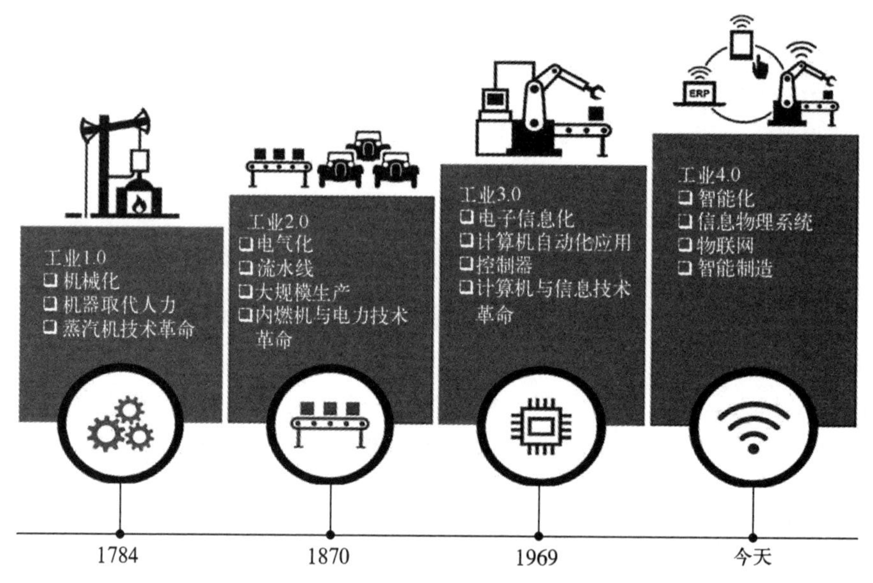

图 1-1 从工业 1.0 至工业 4.0 的变迁示意图

1. 工业 1.0 机械制造时代

第一次工业革命起源于英国棉纺织业的手工工厂，由于人力纺织的产量无法满足市场需求，1764 年，詹姆斯•哈格里夫斯发明了珍妮纺纱机。使用纺纱机后虽然产量提高了，但仍需人力操作，这限制了纺纱机的发展。1768 年，水力纺纱机问世，纺织业逐渐过渡到机器生产阶段，但产量不稳定。1785 年，瓦特改良的蒸汽机开始用于机械纺织，带来了工业革命的高潮，人类进入机器和蒸汽时代。1830 年，英国棉纺织业完成了从手工业到以蒸汽机为动力的机器工业的转变。

蒸汽机逐渐被应用于采矿、冶金、制造及交通等行业。19 世纪 40 年代，英国主要产业广泛使用机械，率先完成了工业近代化，成为世界上第一个完成工业化的资本主义国家。先进技术被欧美国家广泛吸收和采用，提高了社会劳动生产力，促进了商业和运输业的发展，改善了人类生活。第一次工业革命是一次极为重要的社会变革，开创了用机器代替手工劳动的时代。

2. 工业 2.0 电气化与自动化时代

19世纪后期，电力开始用于带动机器，成为补充和取代蒸汽动力的新能源。1866年，西门子发明发电机；1870年，比利时人发明电动机。电力工业和电器制造业的迅速发展带领人类跨入了电气时代。1870年，美国辛辛那提屠宰场出现了第一条生产线，从此开启了大批量生产的流水线模式。随后，福特汽车在此基础上发明了汽车生产流水线，开始了汽车的大批量生产。在第二次工业革命中，美国出现了现代企业的雏形。企业的生产组织也发生了明显的变化，开始进行劳动分工，衍生出大量职业管理人员，企业管理得到明显改善，企业竞争力大为提升。在企业生产车间，工人有了固定的工作岗位、工作内容及明确的分工。

3. 工业 3.0 电子信息化时代

相较于第二次工业革命，第三次工业革命带来的变化更为巨大。电子信息技术的进一步发展提高了生产自动化水平，使工业进入了电子信息化时代。

1969年，美国数字化设备公司研制出了第一台可编程控制器（PDP-14）。在通用汽车公司的生产线上试用后，其对控制系统的控制能力提升效果显著。随后，日本和德国相继自主研制出各自的第一台可编程控制器。我国于1974年开始研制可编程逻辑控制器（Programmable Logic Controller，PLC），1977年开始在工业应用领域推广PLC。PLC采用了现代大规模集成电路技术、严格的生产制造工艺和先进的内部电路抗干扰技术。它具有很高的可靠性，并且具有简易接口，其编程语言易于为工程技术人员所接受。PLC应用存储逻辑代替接线逻辑，大大减少了控制设备外部的接线数量，使控制系统的设计和建造周期大大缩短，且易于维护。PLC的广泛使用极大地提高了制造业的自动化水平，进一步解放了生产力。

4. 工业 4.0 智能化时代

经历了前三次工业革命后，西方国家积累了大量的财富和物质基础，并且将劳动密集型的制造业转移到欠发达的国家和地区，在国内大力发展服务型经济。然而在经济危机的冲击下，服务型经济受到严重的打击，西方国家再次意识到了实体经济的重要性。制造业的回归伴随着制造业的升级，制造业开始从信息化向智能化过渡。

在2011年的汉诺威工业博览会上，“工业4.0”（Industry 4.0）即第四次工业革命的概念被正式提出。2013年，德国政府正式推出工业4.0战略。第四次工业革命是指利用信息物理系统（Cyber Physical System，CPS）把企业各种信息和自动化设备整合到一起，使生产中的供应、制造及销售信息实现数据化、智慧化，实现快速、高效、个性化的产品供应。客户需求变化、全球市场竞争和社会可持续发展的需求使得制造环境发生了根本性转变。信息技术、网络技术、管理技术和其他相关技术的发展有力地推动了制造系统追求目标的实现，生产过程从手工化、机械化、刚性化逐步过渡到服务化、智能化、柔性化。制造业已从传统的劳动和装备密集型逐渐向信息、知识和服务密集型转变，新的工业革命即将到来。

视频 1-1　工业 1.0 到工业 4.0 的演变

1.1.2　国内外智能制造装备发展现状

21 世纪，技术在互联网、新能源、新材料等领域的融合，将工业生产体系提升到了一个新的水平，推动了新一轮工业革命的兴起。发展智能制造不仅符合制造业发展的内在需求，而且也是各国制造业实现转型升级、塑造新优势的必然选择。智能制造已经成为制造业发展的趋势，并在工业发达国家得到了广泛的推广和应用。各国正在积极行动以构建制造业竞争优势。

1. 美国

自 2008 年金融危机以来，美国已经对其未来的制造业发展进行了重新规划，以恢复本国制造业的活力。2012 年，美国推出了“先进制造业国家战略计划”（National Strategic Plan for Advanced Manufacturing，2012），其主要政策包括为先进制造业提供良好的创新环境，促进先进制造技术规模的迅速扩大和市场渗透，以及促进公共和私人部门对先进制造技术基础设施进行投资等。在智能制造领域，美国于 2011 年成立了智能制造领导联盟（Smart Manufacturing Leadership Coalition，SMLC），该联盟发表了《实施 21 世纪智能制造》（Implementing 21st Century Smart Manufacturing，2011）报告，该报告提出了智能制造企业框架，融合了从工厂运营到供应链的所有方面，并且使得对固定资产、过程和资源的虚拟追踪横跨整个产品的生命周期。最终结果将是在一个柔性的、敏捷的、创新的制造环境中，优化性能和效率，并且使业务与制造过程有效串联在一起。此外，2012 年，美国通用电气（General Electric，GE）公司提出了“工业互联网”概念，倡导将人、数据和机器连接起来，形成开放而全球化的工业网络。工业互联网系统由智能设备、智能系统和智能决策三大核心要素构成，形成数据流、硬件、软件和智能的交互。利用大数据分析工具进行数据分析和可视化，由此产生的智能信息可以由决策者在必要时进行实时判断处理，成为大范围工业系统中工业资产优化战略决策过程的一部分。2018 年，美国进一步发布了由国家科学技术委员会先进制造分委员会编写的《美国先进制造业领导力战略》，提出了涉及“技术、劳动力、供应链”三大战略目标，以扩大制造业就业，确保强大的国防工业基础与可控的弹性供应链。

2. 德国

德国经济在 2008 年的全球金融危机后，于 2010 年率先恢复，其制造业出口贡献了国家经济增长的 2/3，成为德国经济恢复的主要推动力量。德国一直致力于制造业的发展，并专注于工业科技产品的创新和对复杂工业过程的管理。2013 年，在汉诺威工业博览会上，德国发布了名为《保障德国制造业的未来——关于实施工业 4.0 战略的建议》的报告，正式启动了“工业 4.0”国家级战略规划。该战略规划的核心是通过信息物理系统，实现人、设备和产品的实时连接、相互识别和有效交流，构建一个高度灵活、个性化和数字化的智能制造模式。在这种模式下，规模效应不再是工业生产的关键因素。未来的产品将完全按照个人意愿进行生产，甚至可能实现自动化、个性化的单件制造。用户可以广泛、实时地参与生产和价值创造的全过程。2019 年，德国发布了《国家工业战略 2030》，传递了提高德国以及欧盟的工业占比、增强工业领先地位的目标，是工业 4.0 战略的进一步深化和具体化，意在推动德国在数字化、智能化时代实现工业全方位升级。

3. 日本

日本通产省在 1990 年 6 月提出了智能制造研究的 10 年计划，并与欧洲共同体委员会、美国商务部共同成立智能制造系统（Intelligent Manufacturing System，IMS）国际委员会。2004 年，日本制定了“新产业创造战略”，将机器人、信息家电等列为重点发展的新兴产业。2013 年版《制造业白皮书》将机器人、新能源汽车及 3D 打印等列为今后制造业发展的重点领域。随后，日本先后发布了《机器人白皮书》和“机器人新战略”，后者提出机器人发展的三大目标：成为世界机器人创新基地、世界第一的机器人应用国家，以及迈向世界领先的机器人新时代。2014 年版《制造业白皮书》指出，日本制造业在发挥 IT 作用方面落后于欧美，建议日本转型为利用大数据的“下一代”制造业。2016 年，日本在《第五期科学技术基本计划》中提出了“社会 5.0”的概念，目标是依靠物联网（IoT）、人工智能（AI）等科技手段，融合网络空间与现实的物理空间，使所有人均能在需要的时候享受高质量的产品与服务，实现经济发展的同时解决人口老龄化、劳动力短缺等社会问题，最终构建一个以人为中心的新型社会。目前，日本正推动相关技术和服务等在现实社会中的逐渐应用，当然，在实施过程中需要克服技术应用障碍、数据隐私等挑战，确保社会发展与个人权益的平衡。

4. 中国

为适应工业化进入后期阶段的发展特征以及应对新科技革命和产业变革的挑战，我国中央政府、地方政府和企业近年来制定、实施了一系列促进智能制造和智能制造产业发展的战略、政策和具体措施，旨在推动智能制造的发展和普及。2010 年 10 月，国务院发布了《国务院关于加快培育和发展战略性新兴产业的决定》，明确提出要加大培育和发展高端装备制造产业等七大战略性新兴产业，并将智能制造装备列为高端装备制造产业的重点方向之一。2012 年 5 月，工业和信息化部发布了《高端装备制造业“十二五”发展规划》，指出在智能制造装备领域将重点发展智能仪器仪表与控制系统、关键基础零部件、高档数控机床与基础制造装备、重大智能制造成套装备等四大类产品。2015 年，《政府工作报告》中首次强调要坚持创新驱动、智能转型、强化基础、绿色发展，加快从制造大国转向制造强国。2021 年，工业和信息化部等八部门联合印发了《“十四五”智能制造发展规划》，指出我国要坚定不移地以智能制造为主攻方向，推动产业技术变革和优化升级，推动制造业产业模式和企业形态根本性转变，以“鼎新”带动“革故”，提高质量、效率效益，减少资源能源消耗，畅通产业链供应链，助力碳达峰、碳中和，促进我国制造业迈向全球价值链中高端。

根据《“十四五”智能制造发展规划》中提出的发展目标，我国到2025年，规模以上制造业企业大部分实现数字化网络化，重点行业骨干企业初步应用智能化；到2035年，规模以上制造业企业全面普及数字化网络化，重点行业骨干企业基本实现智能化。该规划中提到，要加强关键核心技术攻关，加速系统集成技术开发并推进新型创新网络建设。聚焦企业、行业、区域转型升级需要，围绕车间、工厂、供应链构建智能制造系统，开展多场景、全链条、多层次应用示范，培育推广智能制造新模式。此外，通过加强自主供给、夯实基础支撑等任务的推进，促进我国制造业的高质量发展。

目前，各国都在加大科技创新力度，推动3D打印、云计算、移动互联网、生物工程、新能源、新材料等领域的突破和创新。美、德、日、中四国现阶段的制造业发展规划汇总参见表1-1。智能制造正在引领制造方式的变革，我国制造业转型升级、创新发展迎来重大机遇。因此，在战略任务和重点方面，我们应将智能制造作为“两化”深度融合的主攻方向，推进生产过程智能化，全面提升企业在创新研发、生产、管理和服务领域的智能化水平。

表1-1 美、德、日、中四国现阶段的制造业发展规划汇总

内容	国家			
	美国	德国	日本	中国
提出时间	2018年	2019年	2016年	2021年
规划名称	《美国先进制造业领导力战略》	《国家工业战略2030》	《社会5.0》	《“十四五”智能制造发展规划》
主要目标	开发和转化新的制造技术；教育、培训制造业劳动力； 扩展国内制造供应链的能力	提高德国及欧盟的工业占比，巩固工业领先地位	依靠物联网、人工智能等科技手段，融合网络与现实物理空间，使所有人都能享受高质量的产品与服务，促进经济发展，构建以人为中心的新型社会	到2025年，规模以上制造业企业大部分实现数字化网络化，重点行业骨干企业初步应用智能化；到2035年，规模以上制造业企业全面普及数字化网络化，重点行业骨干企业基本实现智能化

1.2 智能制造的内涵、特征与目标

智能制造通俗的解释是将智能技术应用于制造过程。然而，智能制造系统应具备哪些智能特征，或者如何准确定义智能制造，则存在多种不同的表述。

关于智能制造最早的定义来自美国Wright和Bourne的《制造智能》一书（智能制造研究领域的首本专著）。书中将智能制造的目的定义为“通过集成知识工程、制造软件系统、机器视觉和机器控制，对制造技术人员的技能和专家知识进行建模，以使智能机器在没有人工干预的情况下进行小批量生产”。如今能够助力智能制造的先进技术远不止所述的几种，而且智能制造也不再局限于小批量的生产，但是在当时（20世纪80年代）相关技术发展尚不成熟的时期提出智能制造的概念无疑是富有远见和开创性的工作。

在我国提出的《智能制造科技发展“十二五”专项规划》中，对智能制造的定义是“面向产品全生命周期，实现泛在感知条件下的信息化制造。智能制造技术是在现代传感技术、网络技术、自动化技术、拟人化智能技术等先进技术的基础上，通过智能化的感知、人机交互、决策和执行技术，实现设计过程、制造过程和制造装备智能化，是信息技术和智能技术与装备制造过程技术的深度融合与集成”。

工业和信息化部在 2016 年发布的《智能制造发展规划（2016—2020 年）》中对智能制造明确定义:“智能制造是基于新一代信息通信技术与先进制造技术深度融合,贯穿于设计、生产、管理、服务等制造活动的各个环节，具有自感知、自学习、自决策、自执行、自适应等功能的新型生产方式。”

美国、欧盟、韩国等国重视智能制造（Smart Manufacturing，SM），可以看作智能制造发展更深入的一个阶段，美国国家标准技术局认为，智能制造是完全集成的协同制造系统，能够实时响应企业、供应链和客户的需求及条件的变化。

李培根院士、高亮教授在《智能制造概论》一书中，将智能制造定义为把机器智能融合于制造的各种活动中，以满足企业相应的目标的过程，而智能制造系统是把机器智能融入包含人和资源形成的系统中，使制造活动能动态地适应需求和制造环节的变化，从而满足系统的优化目标。

综合上述众多定义，可以将智能制造定义为：面向产品的全生命周期，以物联网、大数据、云计算、数字孪生等新一代信息技术为基础，以制造装备、制造单元、制造车间、制造企业和企业生态系统等不同层次的制造系统为载体，在设计、生产、管理、服务等制造活动的关键环节，具有一定自主性的感知、学习、分析、决策、通信与协调控制、执行能力，能动态地适应制造环境的变化，从而实现有效缩短产品研制周期、降低运营成本、提高生产效率、提升产品质量、降低资源能源消耗等目标的先进制造过程、系统与模式的总称。

智能制造技术是在现代制造技术、新一代信息技术支撑下，面向产品全生命周期的智能设计、智能加工与装配、智能监测与控制、智能服务、智能管理等专门技术及其集成。

智能制造系统是指应用智能制造技术、达成全面或部分智能化的制造过程或组织，按其规模与功能可分为智能机床、智能加工单元、智能生产线、智能车间、智能工厂、智能制造联盟等层级。

根据以上定义可知，智能制造是数字化、网络化和智能化的制造过程，具备以下三个特点：实时智能感知、智能优化决策和智能动态执行。首先，实时感知需要大量数据支持，通过高效、标准化的方法实时采集和自动识别信息，并将其传输到分析决策系统中。其次，优化决策需要挖掘和分析产品全生命周期的大量异构信息，以推理预测的方式形成制造过程的优化决策指令。最后，动态执行需要根据决策指令控制制造过程的状态，以实现稳定、安全的运行和动态调整。

随着智能制造的内涵的扩展和应用的拓宽，智能制造的目标也从最初的高效高品质拓展得更加宏大，智能制造总体目标可以归结为如下 5 个方面。

（1）优质——制造的产品具有符合设计要求的优良质量，或提供优良的制造服务，或使制造产品和制造服务的质量优化。

（2）高效——在保证质量的前提下，在尽可能短的时间内，高效完成生产，制造出产品和提供制造服务，快速响应市场需求。

（3）低耗——以最低的经济成本和资源消耗，制造产品或提供制造服务，其目标是综合制造成本最低，或制造能效比最优。

（4）绿色——在制造活动中综合考虑环境和资源效益，使产品在全生命周期中，对环境的影响最小，资源利用率最高，并使企业经济效益和社会效益协调优化。

（5）安全——考虑在制造系统和制造过程中涉及的网络安全和信息安全问题，即通过综合性的安全防护措施和技术，保障设备、网络、控制、数据和应用的安全。

1.3 智能制造技术体系结构

1.3.1 支撑技术

智能制造技术的发展基于一系列支撑系统的发展，以确保制造系统高效、稳定地运行。这些支撑系统是智能制造系统发展的基础，包括网络通信、数据管理、信息安全等多种技术。

1. 工业互联网

工业互联网是支撑工业智能化发展的关键信息基础设施，它链接了工业全系统、全产业链和全价值链。它是新一代信息技术和制造业深度融合所形成的新兴业态和应用模式，也是互联网从消费领域向生产领域、从虚拟经济向实体经济延伸拓展的核心载体。作为智能制造的重要支撑技术和系统，工业互联网通过平台将原料、设备、生产线、工厂、工程师、供应商、产品和客户等工业要素紧密连接和融合，形成跨设备、跨系统、跨企业、跨区域和跨行业的互联互通，从而提高整体效率。

工业互联网这个术语最早由美国通用电气公司于2012年提出，随后美国5家行业龙头企业（AT&T、思科、通用电气、IBM 和英特尔）联手组建了工业互联网联盟（Industrial Internet Consortium，IIC），对工业物联网进行推广和应用。利用工业互联网可以拉长产业链，推动整个制造过程和服务体系的智能化，实现制造业和服务业之间的紧密交互和跨越发展，从而推动制造业的融通发展，并使工业经济各种要素和资源实现高效共享。

作为工业智能化发展的重要基础设施，工业互联网的本质就是通过开放的通信网络平台，把设备、生产线、员工、工厂、仓库、供应商、产品和客户紧密地连接起来，共享工业生产全流程的各种要素资源，使其数字化、网络化、自动化、智能化，从而实现效率提升和成本降低，在这个过程中，工业互联网能构建出面向工业智能化发展的三大优化闭环。

（1）面向机器设备/产线运行优化的闭环，核心是通过对设备/产线运行数据、生产环节数据的实时感知和边缘计算，实现机器设备/产线的动态优化调整，构建智能机器和柔性生产线。

（2）面向生产运营优化的闭环，核心是通过对信息系统数据、制造执行系统数据、控制系统数据的集成融合处理和大数据建模分析，实现生产运营的动态优化调整，形成各种场景下的智能生产模式。

（3）面向企业协同、用户交互与产品服务优化的闭环，核心是通过对供应链数据、用户需求数据、产品服务数据的综合集成与分析，实现企业资源组织和商业活动的创新，形成网络化协同、个性化定制、服务化延伸等新模式。

工业互联网对现代工业的生产和商业系统都产生了重大变革性影响。从工业视角来看，工业互联网实现了工业体系的模式变革和各个层级的运营优化，如实时监测、精准控制、数据集成、供应链协同、个性定制、需求匹配和服务增值等。而从互联网视角来看，工业互联网将新型互联网模式和新业态应用于营销、服务和设计环节，推动了生产组织和制造模式的智能化变革。这些新模式和新业态包括精准营销、个性化定制、智能服务、众包众创、协同设计、协同制造和柔性制造等。

2. 5G 技术

智能制造需要具备自我感知、自我预测、智能匹配和自主决策等功能。然而，在制造过程中实现这些功能面临严峻的数据通信挑战，如设备高连接密度、低功耗、通信质量的高可靠性、超低延迟和高传输速率等。为了有效应对这些挑战，5G 作为一种先进通信技术，具有更低的延迟、更高的传输速率以及无处不在的连接等特点。

5G 技术使得无线技术应用于现场设备实时控制、远程维护及操控、工业高清图像处理等工业应用新领域成为可能，同时也为未来柔性产线和柔性车间奠定基础。由于 5G 技术具有媲美光纤的传输速率、万物互联的泛在连接特性以及接近工业总线的实时能力，因此它正逐步渗透到智能制造领域，开启工业领域无线发展的未来。随着智能制造的发展，5G 技术将广泛应用于智能制造的各个领域。

3. 数据库

数据库是一个长期存储在计算机内，有组织、可共享、统一管理大量数据的集合，其按照数据结构来组织、存储和管理数据。用户可以通过接口对数据库中的数据进行新增、查询、更新、删除、共享等操作。在智能制造中，数据库技术是数据分析和处理的重要保障，也是智能制造的重要支撑系统之一。数据库技术经历了层次型数据库、网状型数据库和关系型数据库等各个阶段的发展。在数据库的发展历史上，关系型数据库已经成为目前数据库产品中最重要的一员，几乎所有的数据库厂商新出的数据库产品都支持关系型数据库，即使非关系型数据库产品也几乎都有支持关系型数据库的接口。这主要是因为关系型数据库可以比较好地解决管理和存储关系型数据的问题。

然而，随着云计算的发展和大数据时代的到来，关系型数据库越来越无法满足制造业的需要。这主要是由于越来越多的半关系型和非关系型数据需要用数据库进行存储管理。与此同时，分布式技术等新技术的出现也对数据库技术提出了新的要求，因此越来越多的非关系型数据库受到制造业的关注。

4. 信息安全

信息安全是各个行业面临的重要挑战之一，尤其是在制造业中。虽然新兴技术，尤其是大数据技术，给制造业带来了巨大效益，但同时也带来了巨大的信息安全风险。制造业中存在很多可以被利用的漏洞，如工业控制系统协议采用明文形式、工业环境多采用通用操作系统且更新不及时、从业人员网络安全意识不强等。因此，良好的信息安全技术是企业长期安全稳定发展的重要基础和前提，同时也是维护国家安全的必要手段。

信息安全是跨多领域与学科的综合性问题，需要结合法律法规、行业特点和工业技术等多个维度进行研究。目前常用的信息安全技术体系可以分为三个层次：信息接入安全、信息平台安全和信息应用安全。其中，信息接入安全提供了安全保障机制，以保障工业现场数据的采集、传输和转换流程；信息平台安全为工业数据存储和计算提供了安全保障基础；信息应用安全则为上层应用的接入和数据访问等提供了强力的安全管控。

1.3.2 智能制造系统关键技术

智能制造系统关键技术包括智能产品、智能过程控制、智能制造模式三大方面。三者的内容及相互关系可参考图 1-3。

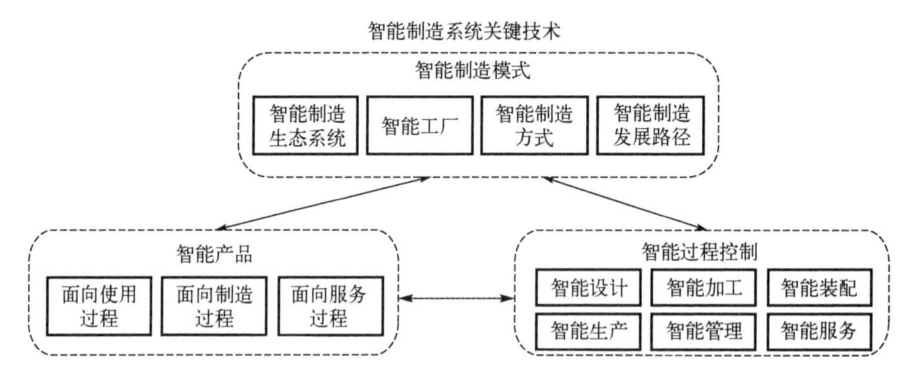

图 1-3 智能制造系统关键技术的关系框图

智能产品是指嵌入高端芯片、新型传感器、智能控制系统、互联网接口等信息技术的产品，具有自感知、自诊断、自适应、自决策等智能特征。这些产品的特点包括：能够感知自身状态和环境，并具备故障诊断功能；具备网络通信功能，并提供标准开放的数据接口，以传送制造商、服务商和用户之间的状态和位置等数据；具备自适应能力，可根据感知的信息调整自身的运行模式，以达到最优状态；同时还能提供运行数据和用户使用习惯数据，支持制造商、服务商和用户进行数据分析和挖掘，实现创新应用等。

智能过程控制是指在整个制造过程（包括产品设计、加工、装配、生产、管理和服务）中，通过智能手段实现高效有序高质量的生产。具体包括以下几个方面：在产品设计阶段，利用智能数据分析的方法获取用户需求和设计概念，通过计算机仿真和优化策略提升产品性能；在产品加工阶段，利用智能制造装备、智能检测等手段进行建模、仿真、预测和加工监控，实时自动优选加工参数和调整自身状态，以获得最优的产品性能和加工质量；在产品装配阶段，通过装配单元自动化、装配过程数字化、信息传递网络化和过程控制智能化等方式，实现高可靠性和全产品周期内的可追溯性；在产品制造管理方面，通过产品全生命周期管理、制造执行系统、智能能源管理技术和智能企业管控技术等手段，实现企业流程数字化、信息集成化和决策智能化，以提高企业的信息集成能力和大数据智能分析能力；在产品服务阶段，通过智能制造过程与电网、物流等配套设施的互连和集成，实现对供应链、制造资源、生产设施、生产系统及过程、营销及售后等环节的管控，从而提升服务品质。

智能工厂是智能设备与信息技术在工厂层级的融合，是智能制造模式的重要呈现方式。数字化智能工厂能够缩短生产准备期，提高规划质量，提高产品数据统一性与生产效率，优化生产线配置，降低设备人员投入，实现制造过程智能化与绿色化。智能工厂的发展催生了离散型智能制造、流程型智能制造、网络协同制造、大规模个性化定制、远程运维服务等丰富多样的新型制造模式。这些模式通过将制造过程由集中生产向网络化异地协同生产转变，逐渐形成智能互联的制造生态系统。

为了推进我国智能制造的发展，我们应该利用后发优势，采用“数字化制造—数字化网络化制造—新一代智能制造”三个基本技术路线的并行推进和融合发展。一方面，我们必须实事求是，按照企业实际情况，循序渐进地推进技术改造和智能升级，特别是中小型制造企业尚未实现数字化制造，需要实现数字化“补课”，并建立数字化基础。另一方面，我们必须坚持创新引领，直接应用互联网、大数据和人工智能等先进技术，实现高端制造的“以高打低”，走出一条并行推进智能制造的新路。企业是推动智能制造的主体，每个企业都应根据自身实际情况，制定总体规划，并分步实施，突破关键技术，全面推进产学研协同创新，实现技术改造和智能升级的目标。

1.4 智能制造典型应用案例

1.4.1 上汽大通汽车有限公司

为应对全球消费者日益增长的个性化需求，上汽大通汽车有限公司（以下简称“上汽大通”）秉承“定制化、智能化、国际化、年轻化”品牌理念，积极探索并实践汽车行业的 C2B（Customer To Business，消费者到企业的商业模式）大规模个性化智能定制模式，以用户需求为中心驱动整个制造体系智能化升级，推动新模式下的组织结构转型。从车型的开发阶段开始，让用户深度参与全过程，并且打通了产品、用户需求、制造过程中的数据壁垒，能够准确响应用户定制的个性化需求，最终实现企业的全价值链数字化产线。建立各类型用户和车主数据库，实现基于大数据的线上和线下一体化用户运营；建立基于产品全生命周期运营的新营销体系，积累了 2 亿多客户标签和 5000 万多人群数据信息；建立贯穿用户、经销商、主机厂和供应商的数据一体化平台与柔性制造体系，满足用户个性化需求。通过大数据分析，建立订单与工厂生产状态的实时匹配，提高库存订单方式的订单满足率至 76%；建立智能生产管理系统，形成柔性化在线制造能力，使库存减少 54%，销量稳步上升，持续保持 60%以上的复合增长率。特别是进入 2019 年以来，实现了连续 11 个月的单月销量逆市增长，累计销量同比增长 38.97%。图 1-4 为上汽大通南京 C2B 工厂照片。

图 1-4　上汽大通南京 C2B 工厂照片

视频 1-2　上汽大通自动化车辆装配定制车间

1.4.2　海尔冰箱互联工厂

沈阳海尔冰箱互联工厂是海尔第一个智能互联工厂，该工厂打造的“智能交互制造平台”前联研发、后联用户，通过打通整个生态价值链，实现用户、产品、机器、生产线之间的实时互联。为实现大规模定制选配组合，该工厂将 100 多米的传统生产线改装成 4 条 18 米长的可柔性选配产品、扩展加工能力、换模响应需求的智能自动化生产线。该工厂让用户参与产品企划、设计、制造、送达、营销等全价值链 360°每个节点的交互和评价，与智能制造生态圈共同创造最佳体验，从而满足动态、个性化需求，并形成体验持续闭环优化的自运转系统。在准确获取用户定制信息后，工厂内的工人只需把这些门体随机放进吊笼里，生产线就可根据用户定制信息进行自动检索、自动换模。该工厂最典型的信息互联案例就是 U 壳智能配送线。该配送线颠覆了传统的工装车运输方式，在行业内首次实现了在无人配送的情况下，点对点精准匹配生产和全自动即时配送。该工厂中的 4 条智能化生产线被优化成十几个主要模块，这些模块可根据用户不同需求进行快速任意组装。目前，沈阳海尔冰箱互联工厂可支持 9 个平台 500 个型号的柔性大规模定制，人员配置减少 57%，单线产能提升了 80%，单位面积产出提升了 100%，订单交付周期降低了 47%，平均每 10 秒钟就能生产一台冰箱，创下了全球冰箱行业的“吉尼斯”纪录，成为全球生产节奏最快的冰箱工厂。图 1-5 为海尔智能互联工厂。

图 1-5 海尔智能互联工厂

视频 1-3 海尔无人工厂

1.4.3 九江石化智能工厂

在全球经济一体化的进程中，信息化占据十分重要的地位，是国有企业提升国际竞争力的重要手段。石化行业是典型的流程行业，通过实现工业领域各个环节的交互和连接，可形成以数据为核心的交互，对数据进行实时分析，方便企业进行智能决策。九江石化作为我国第一批智能制造试点，通过与华为进行战略合作，在信息通信、智能管理等方面进行改造，实现了生产的可视化、实时化和智能化。

九江石化率先在行业内部建成并投入使用智能工厂，并率先出台了企业级别的智能工厂标准规范体系。从设置设备角度来说，在网络安保监控上投入使用智能监控和网络报警装置，能够迅速判断事故的大小，进而迅速确定救援方案，缩短各部门的沟通和救援时间，避免造成更大的损失。九江石化通过与华为在通信方面的合作，已经实现了 LTE（Long Term Evolution，长期演进技术）无线宽带网络、调度系统、视频会议系统等设备终端的布局。虽然目前离“工业 4.0”要求的智能工厂的运营标准还有一段距离，但利用华为在大数据及云计算方面的技术优势，九江石化将会建设一个实现虚拟化、云计算等 IT 智能化管理的云数据中心。

从生产效率上来看，九江石化智能工厂的智能控制投用率提高了 10%，外排污染源自动监控率达到 100%，生产优化由局部优化、离线优化提升到了一体化优化和在线优化。从企业生产组织模式角度来说，员工数量、班组数量都有不同程度的减少。截至 2016 年年底，九江石化基本上实现了智能工厂的试点项目建设。九江石化自主开发了炼油全流程一体化平台，通过持续地开展资源优化配置等工作，2014 年累计效益为 2.2 亿元，2015 年赢利能力位于沿江石化企业的首位。图 1-6 为九江石化智能工厂照片。

图 1-6 九江石化智能工厂照片

思考题

1. 简要阐述制造技术的发展历史。
2. 简要阐述智能制造的内涵、特征及目标。
3. 简要阐述智能制造发展所依托的支撑技术。
4. 简要阐述智能制造关键技术的几个方面及其含义。

第2章 智能控制技术

智能控制器是智能仪器仪表和智能设备中的一种计算机控制单元，通过输入接口、输出接口和通信接口获取被控对象工作状态、工作参数、命令执行结果以及环境数据等信息，执行其内部存储的控制程序，按照预定的控制算法和要求，输出控制信号或者命令，驱动执行结构，实现自动化或智能化控制目标。控制器是现场自动化设备的核心装置，现场所有设备的执行和反馈、所有参数的采集和下达全部依赖控制器的指令。经过几十年的发展，各种控制器的成本越来越低，而性能越来越强大，这使其应用非常广泛，遍及各个领域。在智能制造系统中，智能控制器同样扮演着重要的角色。

引用案例

重大突破！水电机组核心控制系统首次实现全国产化

2022年11月24日，由我国企业自主研发的新一代继电保护系统在澜沧江中下游的小湾水电站正式投运。这意味着被称为水电站“大脑”的核心控制系统全面实现国产化，这也是我国水电控制系统的一项重大技术突破。

计算机监控、调速器、励磁和继电保护四大系统是水电站的核心控制系统，是确保机组及电网稳定的重要基础。以前，这套系统的关键部件一直依赖进口。后来，中国华能集团有限公司牵头组建联合研发团队，对水电核心控制系统的硬件及软件开展大量的适配、比选和研发工作，攻克了关键软硬件存在的“卡脖子”技术难题，实现了水电核心控制系统全流程100%国产化，完成重大技术创新34项，其中17项关键技术填补了国内空白，为我国清洁能源水电开发提供了完全自主可控的“国产大脑”。图2-1为澜沧江中下游小湾水电站。

图2-1　澜沧江中下游小湾水电站

2.1 智能制造中的常用控制器

各种工业控制系统的核心是控制器，用于实现各种控制功能。目前，常见的控制器类型包括通用控制器（如可编程调节器、智能仪表、可编程逻辑控制器和总线式工控机）以及行业专用控制器。

1. 可编程调节器与智能仪表

可编程调节器是一种带微处理器的智能调节器，也称为单回路调节器（Single Loop Controller，SLC）或数字调节器。它通常由微处理器、过程 I/O 单元、面板单元、通信单元、硬手操单元和编程单元等组成。在过程工业（如石油、化工、冶金等）中，特别是在单元级设备控制中，可编程调节器被广泛应用。常用的可编程调节器如图 2-2 所示。

可编程调节器是一种仪表化的微型控制计算机，可以方便地构成各种过程控制系统。与一般的控制计算机不同，可编程调节器使用一种面向问题的语言（Problem Oriented Language，POL）进行软件编程。POL 组态语言为用户提供了多种常用的运算和控制模块，包括四则运算、函数运算以及复杂的控制算法，如 PID（Proportional-Integral-Derivative，比例-积分-微分控制器）、串级、比值、前馈、选择、非线性、程序控制等。这种系统组态方式简单易学，便于修改与调试，提高了系统设计的效率。同时，可编程调节器具有断电保护和自诊断等功能，可靠性较高。用户可以将可编程调节器与上位机通信，以构成集散控制系统。然而，由于其价格较高，目前已被新型的带控制功能的无纸记录仪及智能仪表等取代。

智能仪表是一种功能简化的控制计算机，通常由微处理器、过程 I/O 单元、面板单元、通信单元和硬手操单元等组成，如图 2-3 所示。与可编程调节器相比，智能仪表没有编程功能，而是内嵌了几种控制算法供用户选择，包括 PID、模糊 PID 和位式控制。用户可以通过按键设置和调节各种参数，如输入通道类型及量程、输出通道类型、算法和参数、报警设置、通信设置等。智能仪表也可以选配通信接口，与上位计算机构成分布式监控系统。

图 2-2　常用的可编程调节器

图 2-3　智能仪表

2. 可编程逻辑控制器与可编程自动化控制器

可编程逻辑控制器（Programmable Logic Controller，PLC）是一种将计算机技术与传统的继电器-接触器控制技术相结合的产物。PLC 的基本设计思想是将计算机的灵活性、通用性等优点与继电器控制系统的简单易懂、操作方便、价格便宜等优点相结合，使用通用的硬件来实现控制器的功能。通过软件编程可以将控制内容写入 PLC 的用户程序存储器内，从而实现相应的控制功能。PLC 具有控制能力强、可靠性高、配置灵活、编程简单等优点，是当代工业自动化技术领域中应用场合最多的工业控制装置之一。图 2-4 展示了常见的 PLC 产品模块。更多关于 PLC 的内容，请参见本书后续相关章节。

可编程自动化控制器（Programmable Automation Controller，PAC）是一种将 PLC 的实时控制能力、可靠性、坚固性和易用性与计算机的强大计算能力、通信处理能力和广泛的第三方软件支持相结合的新型控制系统。通常，PAC 系统（见图 2-5）能提供通用开发平台和单一数据库，以满足多领域自动化系统设计和集成的需求，其具有轻便的控制引擎，可以实现多领域的功能，包括逻辑控制、过程控制、运动控制和人机界面等。PAC 可以在同一平台上运行多个不同功能的应用程序，并根据控制系统的设计要求，在各程序之间进行系统资源的分配。此外，PAC 采用开放的模块化硬件架构，以实现不同功能的自由组合和搭配，并支持多种现场总线和工业以太网标准，以满足各种数据交换需求。

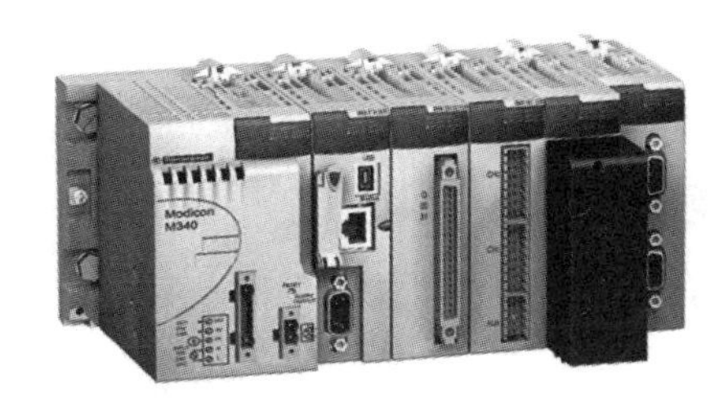

图 2-4　常见的 PLC 产品模块

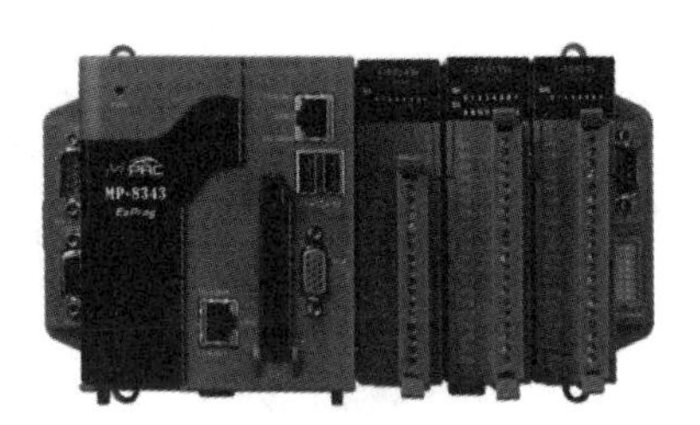

图 2-5　PAC 系统

3．远程终端单元

远程终端单元（Remote Terminal Unit，RTU）是一种智能单元设备，安装在远程现场用于监测和控制远程现场设备。RTU 不仅能够把经过测量而得到的设备状态或者设备测量所得到的信号转变成能够在通信媒体上发送的数据格式，还能把中央计算机发出的数据转变成命令，实现对设备的远程监控。RTU 具有通信距离长、CPU 计算能力强、适应恶劣的温度和湿度环境、模块设计结构化等特点，常见的 RTU 产品如图 2-6 所示。

图 2-6　常见的 RTU 产品

RTU 作为体现“测控分散、管理集中”思路的产品，自 20 世纪 80 年代起被引入到我国并迅速得到广泛应用。在电力自动化系统中，还有更加专门的现场终端设备，包括馈线终端设备（FTU）、配变终端设备（TTU）和开闭所终端设备（DTU）等。

4. 总线式工控机

总线式工控机（IPC）是采用总线技术研制生产的计算机控制系统，具有小型化、模板化、组合化、标准化的设计特点，通过在无源并行底板总线上插接多个功能模板来构成主板和主机，其中包括 CPU、RAM/ROM、人机接口板、A/D、D/A、DI、DO 等数百种工业 I/O 接口和各种通信接口板。这些模板之间通过总线相连，由 CPU 直接控制数据的传输和处理。IPC 结构具有开放性，方便用户进行定制化配置，提高了系统的通用性、灵活性和扩展性。同时，IPC 模板结构小型化、机械强度高和抗震能力强；模板功能单一，便于故障诊断和维修；模板的线路设计布局合理，提高了系统的可靠性和可维护性。此外，密封机箱正压送风、使用工业电源、带有看门狗系统支持板等措施，使其能够适应恶劣的工业现场环境。常见的 IPC 产品如图 2-7 所示。

图 2-7 常见的 IPC 产品

5. 专用控制器

随着微电子技术与超大规模集成技术的不断发展，计算机技术的另一分支——单片微型计算机（Single Chip Microcomputer，SCM，简称单片机）也应运而生。相较于以通用微处理器为核心构成计算机的模式，单片机充分考虑了控制的需求，将 CPU、存储器、串/并行接口、定时计数器等功能部件以及 A/D 转换器、脉宽调制器、图形控制器等集成在一块大规模集成电路芯片上，形成一个完整的微控制器，也被称为片上系统（System on Chip，SoC）。

除了单片机，以 ARM（Advanced RISC Machine，进阶精简指令集机器）架构为代表的精简指令集（Reduced Instruction Set Computing，RISC）处理器以及 DSP、FPGA 等微型控制与信号处理设备发展也十分迅速。基于单片机、ARM、DSP 和 FPGA 开发的专用控制器不仅在各类工业生产、电网、仪器仪表、机器人、军事装备、航空航天、高铁等领域得到了极为广泛的应用，还在消费类电子产品，如家用电器、移动通信设备、多媒体设备、电子游戏装置上得到了大量应用。与通用控制器相比，专用控制器通常面向特种行业或设备，属于定制开发产品。

2.2 PLC 控制技术

2.2.1 PLC 控制技术概论

1. PLC 的基本概念

PLC 是在传统顺序控制器的基础上引入微电子技术、计算机技术、自动控制技术和通信技术等形成的新型工业控制装置。它具有控制能力强、可靠性高、配置灵活、编程简单等优点，是当代工业自动化技术领域中应用场合最多的工业控制装置之一。

根据国际电工委员会（IEC）1987 年颁布的 PLC 标准草案第三稿，PLC 是一种数字运算操作的电子系统，专为在工业环境下应用而设计。它采用可编程存储器，在其内部存储执行逻辑运算、顺序控制、定时、计数和算术运算等操作的指令，并通过数字式和模拟式的输入和输出控制各种类型的机械或生产过程。PLC 及其有关外部设备，都按易于与工业系统连成一个整体、易于扩充其功能的原则设计。

PLC 直接应用于工业环境，必须具有很强的抗干扰能力、广泛的适应能力和广阔的应用范围，这是区别于一般微机控制系统的重要特征；同时，PLC 用软件方式实现“可编程”，区别于传统控制装置中通过硬件或硬接线的改变来改变程序。

2. PLC 的发展

自 20 世纪 20 年代起，人们便开始将继电器、定时器、接触器等元件按一定逻辑关系连接起来形成控制系统，用于控制各种生产机械。这种传统的继电器-接触器控制系统结构简单、易于控制、价格低廉，在一定程度上能够满足控制要求，因此在工业控制领域长期占据主导地位。然而，由于该控制系统主要采用继电器等元件，电气控制线路复杂，可能需要成千上万个继电器和大量导线进行连接，安装和维护成本高昂，运行时还会产生较大噪声，此外排除故障困难，改造工作量大，通用性和灵活性较差，特别是在生产工艺变化时需要大量改动，因此该系统已无法满足现代工业控制的需求。

20 世纪 60 年代，随着小型计算机的问世和大规模生产、多机群控制技术的发展，用小型计算机实现工业控制的技术基础逐渐形成。为了打破传统继电器-接触器控制系统的局限，1968 年，美国通用汽车（GM）制造公司发布了对控制系统的招标要求，其核心要求是使用计算机技术，采用易于掌握的编程语言，同时方便与被控制设备连接和扩展。根据这些要求，美国数字设备公司（Digital Equipment Corporation，DEC）于 1969 年研制开发出了世界上第一台可编程控制器——PDP-14，并将其应用于 GM 公司的汽车生产线，当时人们把它称为可编程逻辑控制器。

限于当时元器件工艺水平和计算机技术的发展情况，初期的 PLC 主要由分立元件和小规模集成电路组成，主要用于顺序控制，虽然采用了计算机的设计思想，但实际只能进行逻辑运算。

20 世纪 70 年代初期，微电子技术和计算机技术快速发展，出现了微处理器。由于微处理器具有体积小、功能强、价格低等优点，很快被应用于 PLC 中。微处理器不仅增强了 PLC 的控制功能，提高了 PLC 的速度，缩小了 PLC 的体积，降低了 PLC 的成本，提高了 PLC 的可靠性，还借鉴微型计算机的高级语言，采用梯形图编程，使得工厂大多数电气技术人员都能够掌握。

随着大规模和超大规模集成电路等微电子技术的快速发展，以 16 位和 32 位微处理器构成的微机化 PLC 得到了惊人的发展。现代 PLC 不仅能实现对开关量的逻辑控制，还具有模拟量输入/输出、运动控制、数值运算、数据处理、闭环调节和网络通信等功能。其应用范围已远远超出了顺序控制，运算速度不断提高，输入/输出规模不断扩大，应用领域也更加广泛。由于 PLC 易于实现数据采集、处理和控制，组成的集散型控制系统广泛应用于各类分层式控制处理系统的中下层，如生产线控制系统、设备运行控制系统、柔性加工与制造系统等，为加速机电一体化和工业自动化提供了强有力的工具。

综上，PLC 是集成了微机技术和传统的继电器-接触器控制技术的产品。它既具备计算机功能完善、灵活、通用等优点，也具备继电器控制系统简单易懂、操作方便、价格便宜等优点。PLC 采用标准的、通用的硬件结构，并将控制内容编写成软件，存储在控制器的用户程序存储器中，可以满足各种复杂的控制要求。

3. PLC 的特点

为适应工业环境，与一般控制装置相比较，PLC 控制系统具有以下特点。

1）可靠性高，抗干扰能力强

高可靠性是电气控制设备的关键性能。PLC 采用现代大规模集成电路技术和严格的生产工艺制造，内部电路采用了先进的抗干扰技术，故障率极低。使用 PLC 构成的控制系统，电气接线及开关接点已减少到数百甚至数千分之一，因此故障率也大大降低。此外，PLC 带有硬件故障自我检测功能，当出现故障时可及时发出警报信息，并且可以编入外围器件的故障自诊断程序，系统整体可靠性高。

PLC 的出厂测试项目中包含抗干扰试验。它要求能承受幅值为 1000V、上升时间为 1ns、脉冲宽度为 1μs 的干扰脉冲。一般，平均故障间隔时间可达几十万至上千万小时，产品寿命可达 4 万～5 万小时，甚至更长时间。

2）通用性强，控制程序可变，使用方便

PLC 有品种齐全的各种硬件装置，可以组成能满足各种要求的控制系统，用户不必自己再设计和制作硬件装置。用户在确定硬件以后，在生产工艺流程改变或生产设备更新的情况下，只需改变程序就可以满足相应的要求。

3）功能强，适应面广

现代 PLC 不仅具有逻辑运算、计时、计数、顺序控制等功能，还具有数字和模拟量的输入/输出、功率驱动、通信、人机对话、自检、记录显示等功能，可以控制一台生产机械、一条生产线，或者一个生产过程。

4）编程简单，容易掌握

目前，大多数 PLC 仍采用继电器控制形式的梯形图编程方式，既继承了传统控制线路清晰、直观的优点，又考虑到大多数工厂企业电气技术人员的读图习惯及编程水平，因此非常容易被接受和掌握。梯形图语言中编程元件的符号和表达方式与继电器控制电路原理图相当接近，电气技术人员很快就能学会用梯形图语言编制控制程序。同时 PLC 还提供了功能图、语句表等编程语言，供电气技术人员灵活使用。

5）减少了控制系统的设计及施工工作量

由于 PLC 采用软件来取代继电器控制系统中大量的中间继电器、时间继电器、计数器等器件，因此控制柜的设计安装接线工作量大为减少。同时，PLC 的用户程序可以在实验室模拟调试，大大减少了现场的调试工作量。而且，由于低故障率及很强的监视功能、模块化等，因此 PLC 的维修也极为方便。

6）体积小、重量轻、功耗低、维护方便

PLC 是将微电子技术应用于工业设备的产品，其结构紧凑、坚固、体积小、重量轻、功耗低。而且 PLC 具有强抗干扰能力，易于装入设备内部，是实现机电一体化的理想控制设备。

4．PLC 的分类

PLC 的品种、型号、规格与功能各不相同，其分类方法有很多，常见的有按 I/O 点数分类、按功能强弱分类、按结构形式分类等。本节仅介绍按 I/O 点数分类和按结构形式分类。

1）按 I/O 点数分类

PLC 的 I/O 点数是指它 I/O 口的数量，一般所控制的系统越庞大和复杂，需要使用的 I/O 口也会越多。除 PLC 自带的 I/O 口外，还可以通过外挂扩展模块来进行 I/O 口的扩展。

根据 PLC 自带的 I/O 点数，可将 PLC 分为小型、中型、大型三类。

（1）小型 PLC：I/O 点数在 256 点以下（包括 256 点），内存容量为 3.6K 字节（4KB）以下，适用于单机控制或小型系统。

（2）中型 PLC：I/O 点数为 256 点以上、2048 点以下，内存容量为 3.6～13K 字节（2～8KB），可用于对设备进行直接控制，或对多个下一级的 PLC 进行监控，适用于中型或大型系统。

（3）大型 PLC：I/O 点数为 2048 点以上，内存容量为 13K 字节（8KB）以上。此类 PLC 不仅能完成较复杂的算术运算，还能进行复杂的矩阵运算等。

2）按结构形式分类

根据 PLC 各部分的组成结构形式，可将 PLC 分为整体式、模块式和叠装式。

（1）整体式

整体式 PLC 是把 PLC 的各组成部分（如 CPU、存储器及 I/O 口等基本单元）安装在一块或少数几块印刷电路板上，并连同电源一起装在机壳内，形成一个单一的整体，称之为主机或基本单元。

（2）模块式

模块式 PLC 又称为积木式 PLC，它是把 PLC 的各基本组成部分做成独立的模块，然后以搭积木的方式将它们组装在一个具有标准尺寸并带有若干个插槽的机架内。

（3）叠装式

叠装式 PLC 是整体式 PLC 和模块式 PLC 相结合的产物。即某系列 PLC 工作单元的外观尺寸一致，CPU、I/O 口及电源也是独立的，并且采用电缆连接各个单元，在控制设备中安装时可以一层层地叠装。

总体来说，整体式 PLC 一般规模较小，I/O 点数固定，较少用于有扩展的场合；模块式 PLC 一般用于规模较大、I/O 点数较多且比例需要灵活调整的场合；叠装式 PLC 兼具两者的优点，整体式 PLC 和模块式 PLC 有结合为叠装式 PLC 的趋势。

5. PLC 的性能指标

常用的评价 PLC 性能的指标包含 I/O 点数、扫描速度、内存容量、编程语言、内部寄存器配置及容量、指令种类及数量和可扩展的智能模块数量等，以下进行简要介绍。

（1）I/O 点数。是指 PLC 向外输入/输出的最大端子路数，表示 PLC 在组成系统时可能的最大规模，是最重要的一项技术指标。

（2）扫描速度。一般以执行 1000 步基本指令所需时间（扫描 1K 字节用户程序所需的时间）作为一个单位，记为 ms/kstep（毫秒/千步），有时也以执行一步的时间来计算，记为 μs/step（微秒/步）。

（3）内存容量（用户程序存储容量）。是 PLC 能存放多少用户程序的一项指标，通常以字（或步）或 K 字为单位。约定 16 位二进制数为 1 个字（即两个 8 位的字节），每 1024 个字为 1K 字。

（4）编程语言。常用的编程语言有梯形图、指令表、顺序功能图。不同的 PLC 采用不同的编程语言。如果一台 PLC 能同时使用的编程方法有很多，则容易被更多的人使用。

（5）内部寄存器配置及容量。PLC 的内部有大量一般寄存器和特殊寄存器，分别用于存放变量状态、中间结果、定时计数、链接、索引等数据，这些数据关系到编程是否方便、灵活。

（6）指令种类及数量。是衡量 PLC 软件功能强弱的主要指标。PLC 具有的指令种类及数量越多，则其软件功能越强，具体编程也越灵活、越方便。

（7）可扩展的智能模块数量。各种智能模块的数量多少、功能强弱是说明 PLC 性能好坏的一个重要标志。智能模块越多、功能越强，则系统配置越高，软件开发越灵活、越方便。

6. PLC 的应用

PLC 已广泛应用于多个行业，包括钢铁、石油、化工、电力、建材、机械制造、汽车、轻纺、交通运输、环保及文化娱乐等领域。其应用主要包括以下 5 个方面。

（1）开关量逻辑控制：取代传统的继电器电路，实现单台设备或多机群控以及自动化流水线的逻辑控制，如注塑机、印刷机、订书机械、组合机床、磨床、包装生产线、电镀流水线等。

（2）模拟量控制：实现模拟量与数字量之间的 A/D 转换及 D/A 转换，可用于处理温度、压力、流量、液位和速度等连续变化的量。PLC 生产厂家提供 A/D 和 D/A 转换模块，以实现 PLC 的模拟量控制。

（3）运动控制：可用于控制圆周运动或直线运动。现在一般使用专用的运动控制模块，如可驱动步进电机或伺服电机的单轴或多轴位置控制模块。

（4）过程控制：实现温度、压力、流量等模拟量的闭环控制。利用PLC能编制各种各样的控制算法程序，以完成闭环控制。PID调节是常用的调节方法，大中型PLC都有PID模块，许多小型PLC也具有此功能模块。过程控制广泛应用于冶金、化工、热处理、锅炉控制等领域。

（5）数据处理：现代PLC具有数学运算、数据传送、数据转换、排序、查表、位操作等功能，可完成数据的采集、分析及处理。数据处理广泛应用于大型控制系统和过程控制系统，如无人控制的柔性制造系统以及造纸、冶金、食品工业中的一些大型控制系统。

视频2-1　PLC在某重要制造领域的应用

7. PLC厂商及市场发展

PLC自问世以来已经经历了40多年的发展，在美、德、日等工业发达国家广泛应用。目前，全球有200多家PLC厂商，其中美国的罗克韦尔，日本的三菱、富士、欧姆龙，以及德国的西门子和法国的施耐德等都是较为知名的品牌。

我国在PLC领域的研制和应用相对较晚，20世纪70年代末和80年代初引进了不少国外的PLC，但由于缺乏资金、后续研发力量不足以及生产技术水平低等因素，国内的PLC产品没有形成批量工业化生产。随后，我国的PLC发展过程更多的是从成套设备引进、可编程控制器引进、消化移植、合资生产到广泛应用的过程。因此，早期国内PLC品牌主要集中在中低档PLC领域，采用OEM（Original Equipment Manufacturer，原始设备制造商）代工模式。为了提升我国PLC的技术水平，中外合资或外商独资企业开始在国内批量生产PLC，并引进关于PLC的先进生产技术。西门子公司首先在大连开办了PLC生产企业。欧姆龙公司在上海生产的PLC远销海内外。中日合资后又成独资的江苏无锡光洋电子有限公司的PLC已有小、中、大系列产品。中外合资和引进技术的实施，使国产PLC迈上了新的台阶。

随着国内工业控制水平的不断提升和“工业4.0”时代的到来，国内PLC持续发展，并在新能源、环保等新兴行业中不断取得突破。同时，在“关键信息基础设施安全保护条例”“‘十四五’软件和信息技术服务业发展规划”等政策的支持下，我国正在积极推进信息化与工业化深度融合，大力发展智能制造装备产品。

虽然目前国内中大型PLC市场仍然被西门子、欧姆龙、三菱等外资厂商占据，但随着我国自动化程度的提高、政策支持和PLC技术的发展，国产PLC已经逐渐进入一些高端应用领域和大型客户供应链体系中。此外，国产PLC在中小型PLC市场上已经表现出与国外同类产品进行竞争的能力，并逐步替代外资份额。国产PLC品牌如台达、汇川等，通过多样化的市场布局，凭借完备的解决方案能力，响应下游进行定制化开发及现场调试，成功获得市场份额。可以预见，随着 PLC 技术的进一步提升和政策的不断支持，国产 PLC 将迎来更好的发展。

2.2.2 PLC 的组成原理

1. PLC 的软硬件基本结构

PLC 是一种专为工业控制而设计的计算机，因此尽管 PLC 的种类繁多，结构和功能多种多样，但其系统组成和工作原理基本相同。简而言之，PLC 系统由硬件和软件两大部分构成，并采用集中采样、集中输出的周期性循环扫描方式进行工作。

PLC 硬件系统是指构成 PLC 的物理实体或装置，即各个结构部件。PLC 的硬件系统结构由微处理器、存储器、I/O 接口电路及编程器等组成。图 2-8 为 PLC 硬件系统结构。

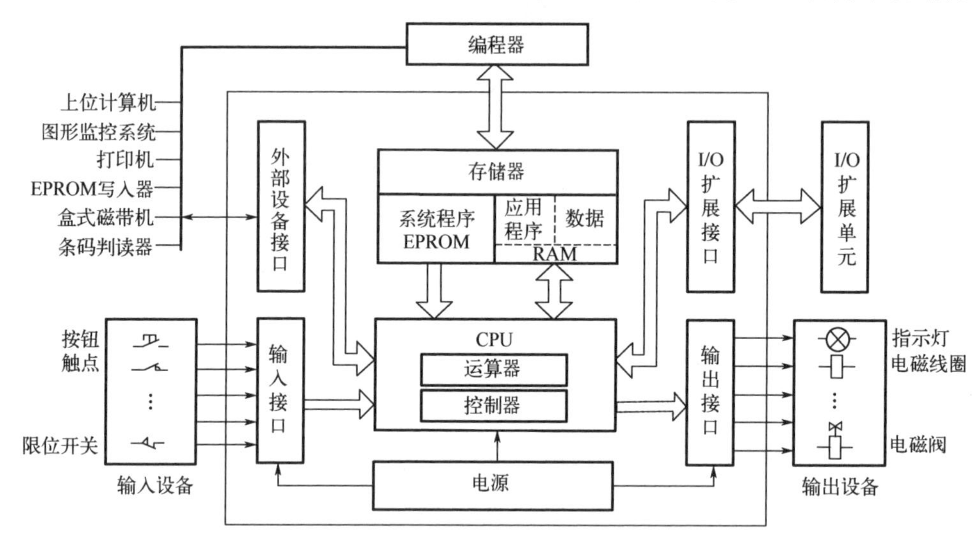

图 2-8 PLC 硬件系统结构

由图 2-8 可以看出，PLC 的主机和扩展机采用微机结构，主机内部由运算器、控制器、存储器、输入/输出单元以及输入/输出接口等部分组成。运算器和控制器集成在一起，构成了微处理器（或称微处理机、中央处理机），即 CPU。主机内各部分通过总线连接，包括电源总线、控制总线、地址总线和数据总线。

PLC 的结构可分为 5 个部分：中央处理器（CPU）、存储器（Memory）、输入部件（Input）、输出部件（Output）以及电源部件（Supply）。其中，CPU 是 PLC 的核心，存储器是程序和数据的存放地，I/O 部件是连接现场设备和 CPU 之间的接口电路，电源部分为 PLC 内部电路提供电力。

PLC 的软件系统是指 PLC 所使用的程序集合，包括系统程序（又称系统软件）和用户程序（又称应用程序或应用软件）。系统程序包括监控程序、编译程序和诊断程序等，通常由 PLC 厂家提供并固化在 EPROM 中，不能由用户直接存取或修改。用户程序是用户根据现场控制需要，用 PLC 程序语言编写的应用程序，能够实现各种控制要求。用户程序按模块结构编写，由各自独立的程序段组成，每个分段用于解决一个确定的技术功能。这种分段的程序设计使得程序的调试、修改和故障排查都变得容易。

2. PLC 的工作原理

虽然 PLC 以微处理器为核心，具有微机的特点，但其工作方式与微机有很大的不同。PLC 采用“顺序扫描，不断循环”的方式进行工作。在运行时，CPU 根据用户编写并存储在用户存储器中的程序，按照指令步序号（或地址号）进行周期性循环扫描，顺序地逐条执行用户程序，直至程序结束。在每次扫描过程中，还要完成输入信号的采样和输出状态的刷新等工作。在 CPU 对程序进行扫描的过程中，每个时刻都只能执行一个操作，然而由于其高速的运算处理能力，从宏观角度看，外部结果的显示几乎同时完成。因此，这种分时操作的过程被称为 CPU 对程序的扫描。

PLC 在运行时，从存储空间地址所存放的第一条用户程序开始扫描。在没有中断或跳转控制的情况下，按存储地址递增的顺序逐条扫描用户程序，形成一个完整的“扫描周期”，然后从头开始下一轮新的扫描。整个扫描周期包括输入采样、程序执行和输出刷新三个阶段。PLC 的 CPU 以一定的扫描速度重复执行这三个阶段，以完成一个扫描周期。PLC 运行过程如图 2-9 所示。

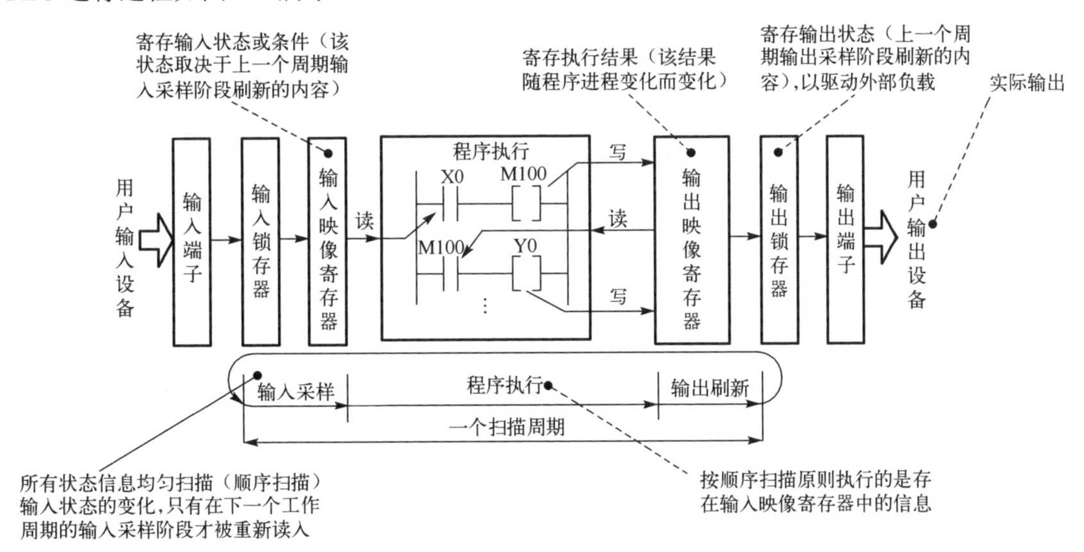

图 2-9　PLC 运行过程

PLC 运行的三个阶段具体的执行状况说明如下。

（1）输入采样阶段。在输入采样阶段，PLC 会以扫描的方式依次读取所有输入设备的状态和数据，并将它们存储到相应的输入映像寄存器单元中。这个过程被称为输入信号采样。一旦输入采样完成，PLC 将进入用户程序执行和输出刷新阶段。在这两个阶段中，即使输入设备的状态和数据发生了变化，相应的输入映像寄存器单元中的状态和数据也不会改变。只有在下一个扫描周期中，这些状态才能被读取。因此，如果输入信号是脉冲信号，那么脉冲信号的宽度必须大于一个扫描周期才能确保在任何情况下都能正确读取该输入信号。

（2）程序执行阶段。在 PLC 的用户程序执行阶段，系统会按照自上而下的顺序扫描程序，并且在扫描到每条指令时，都从输入映像寄存器和元件映像寄存器中读取所需的输入状态和元件状态。然后，执行结果将被写入元件映像寄存器中。对于梯形图程序，控制线路由各触点组成，系统会按照从左到右、从上到下的顺序对梯形图程序中的控制线路进行逻辑运算，并根据逻辑运算的结果刷新对应的逻辑线圈的状态（即内部寄存器变量）或输出映像寄存器中的状态（即输出变量）。在用户程序执行期间，输入映像区内的输入点状态和数据不会发生变化，而其他输出点和软设备在输出映像区或系统 RAM 存储区内的状态和数据有可能发生变化。此外，排在上面的程序执行结果会对排在下面的所有程序产生影响，在梯形图程序中，通常禁止双线圈输出。

（3）输出刷新阶段。当程序执行完毕，PLC 进入输出刷新阶段。在此期间，CPU 将输出映像区中的状态和数据刷新到所有的输出锁存电路中，并驱动相应的执行设备，从而改变被控过程的状态，实现 PLC 的实际输出。

在每次扫描中，PLC 都会对输入信号进行一次采样，对输出进行一次刷新，以确保在执行程序阶段，输入映像寄存器和输出锁存电路的内容或数据保持不变。

3. PLC 的编程语言

PLC 程序要用编程语言表达，可以使用多种编程语言对 PLC 进行编程，其中最常用的有以下几种。

（1）指令表（Instruction List，IL）。也称为助记符或布尔助记符（Boolean Mnemonic），是一种基于字母符号的低级文本编程语言。它是面向累加器（Accumulator，ACCU）的语言，即使用每条指令或改变当前 ACCU 内容。通常，指令总是以操作数 LD（“装入 ACCU 命令”）开始的。

（2）结构化文本（Structured Text，ST）语言。是一种基于文本的高级编程语言，类似于 BASIC 语言、PASCAL 语言或 C 语言。为了应用方便，PLC 在语句表达和语句种类等方面做了简化。

（3）梯形图（Ladder Diagram，LD）。是一种基于梯级的图形符号布尔语言，源自美国。它通过连线将 PLC 指令、功能及功能块的梯形图符号连接在一起，以表达 PLC 指令、功能或功能块以及它们执行的顺序。

（4）功能块图（Function Block Diagram，FBD）。是一种对应于逻辑电路的图形语言，常用于过程控制。在程序中，它可看作两个过程元素之间的信息流，与电子线路图中的信号流图非常相似。

（5）连续功能图（Continuous Function Chart，CFC）。与功能块图类似，也是按需要选用各种功能块，每个功能块也都有输入/输出，功能块间也用连线连接；不同之处在于它更灵活，功能块的位置可任意摆放，特别在有信号反馈时，画起来更方便。

（6）顺序功能图（Sequential Function Chart，SFC）。以描述控制程序的顺序为特征，能够简单、清楚地描述系统的所有现象，对系统中存有的异常现象进行分析和建模，并可在此基础上编程。虽然它不能算是完整的编程语言，但仍然得到了广泛的应用，在实际使用过程中需要与其他语言配合。

2.2.3 台达DVP系列PLC控制器

1. 台达DVP系列PLC控制器概述

台达DVP系列PLC包含多种机型，内部设有多种软件继电器，包括输入继电器、输出继电器、内部辅助继电器、定时器、计数器等软元件，以及数据寄存器和特殊内部寄存器，可方便地进行编程和指令控制。DVP系列PLC控制器有E和S两大系列主机，其中S系列为超薄型主机，适合于空间有限的应用场合；E系列主机有标准型ES、功能提升型EP和高功能高速型EH等机型，它们在软硬件的部分功能和规格方面有所不同。ES/EX采用固定端子台形式，而S机型采用超薄型设计。EP/EH比ES/EX更小巧，功能更加强大，可以更快速、更实时地控制和进行扩充性更丰富的操作。DVP系列PLC控制器提供了足以完成大部分顺序控制的功能，同时还提供了更加强大的数值演算和复杂的PID等控制，以及更便利的通信和伺服定位等能力。因此，DVP系列PLC控制器可以满足几乎所有自动控制的需求。

SV2型控制器是一款高性能薄型控制器，在整个DVP系列中属于中端产品，是DVP-S系列最高阶主机，程序及数据寄存器容量更大，可满足复杂度高的应用。SV2型控制器是灵活且具备简单运动控制功能的薄型PLC，该控制器可支持多种扩展模块，其灵活性可满足各种单机控制应用的需求。

（1）基本配置如下。

① 内置I/O口点数：16。

② 执行速度：4X。

③ 程序容量：30k steps。

④ 数据寄存器容量：12KB。

（2）运动控制功能如下。

① 高速脉冲输出：最高支持4轴200kHz。

② 支持4组200kHz硬件计数器。

③ 增加多种运动控制指令，以实现高速精准定位控制功能。

④ 具有直线/圆弧插补运动控制功能。

⑤ 外部输入中断增加为16个中断输入。

（3）完整的程序保护功能如下。

① 程序自动备份功能：电池没电程序也不会消失。

② 第二备份功能：可储存两份程序与数据备份。

③ 多达4重PLC密码保护，有效保护程序与数据。

（4）通信功能如下。

① 可扩展网络通信模块，支持DeviceNet、CAN、Ethernet、Profibus、RS422/RS485、BACnet等多种通信方式；支持DVP-S系列模块（左侧及右侧），新增Ethernet专用通信指令（ETHEW）。

② SV2型控制器可通过I/O扩展模块进一步提供不同类型的丰富的I/O口功能。该产品的灵活配置可满足不同需求，并最大限度控制成本，因此是小型自动化系统的理想选择。超薄

型的插板设计可在不占用控制柜空间的情况下扩展通信端口、数字量通道和模拟量通道，从而实现更灵活的配置。此外，该控制器还具有强大的通信功能，可与其他 CPU 模块、触摸屏和计算机进行通信和组网。本章及后续相关案例中分析的 PLC 均基于 SV/SV2 型控制器。

2. DVP-SV2 控制器型号与技术参数

表 2-1 列出了 DVP-SV2 系列 PLC 机种、I/O 口点数和类型，这是选择控制器时不可或缺的参考参数。在选择控制器时，除了要关注数字量输入/输出点数，还需要注意模拟量的信号种类（电流或电压、单极性或双极性）、分辨率、采样速率、通道隔离等是否符合要求。其他型号的控制器技术参数可以在台达网站的技术资料中查阅。

对于单机控制器的选型，确定硬件配置需要经过以下步骤：首先确定系统对各种类型 I/O 口点数的要求及通信需求等，然后选择主控制器模块，接着确定功能性插件，最后确定扩展模块。表 2-2 为 DVP-SV2 系列 PLC 通用技术参数，而控制器的输入/输出技术参数可以参考表 2-3 和表 2-4。

表 2-1　DVP-SV2 系列 PLC 机种、I/O 口点数和类型

机种	电源	输入单元		输出单元	
		点数	形式	点数	形式
DVP28SV11R	24 VDC	16	直流（Sink or Source）	12	继电器
DVP28SV11R2		16		12	
DVP28SV11T		16		12	晶体管（NPN）
DVP28SV11T2		16		12	
DVP24SV11T2		10		12	
DVP28SV11S2		16		12	晶体管（PNP）

表 2-2　DVP-SV2 系列 PLC 通用技术参数

机种					
项目	DVP28SV11R	DVP28SV11R2	DVP28SV11T	DVP24SV11T2 DVP28SV11T2	DVP28SV11S2
电源电压	24VDC（−15%～20%）（具有直流输入电源极性反接保护）				
最大电流	Max．2.2A@24VDC				
电源保险丝容量	2.5A/30VDC，　可恢复式（Polyswitch）				
消耗电力	6W				
绝缘阻抗	> 5MΩ（所有输出/入点对地之间500VDC）				
抗干扰能力	ESD（IEC 61131-2，　IEC 61000-4-2）：　8kV Air Discharge EFT（EC61131-2 IEC 61000-4-4）：　Power Line：　2kV．Digital I/O：　1KV Analog&Communication I/O：1kV Damped-Osillatory Wave：　Power Line：　1kV，　Digital I/O：　1kV RS（IEC 61131-2，　IEC 61000-4-3）：　26MHz ～ 1GHz，　10V/m				
接地	接地配线的线径不得小于电源端配线线径（多台PLC同时使用时，请务必单点接地）				
操作/储存环境	操作：0℃ ～ 55℃（温度）5%～95%　（湿度）污染等级2 储存：−25℃ ～ 70℃（温度）5%～95%　（湿度）				
认证标准	UL508 European community EMC Directive 89/336/EEC and Low Voltage Directive 73/23/EEC				
耐振动/冲击	国际标准规范IEC61131-2，　IEC 68-2-6　（TEST Fc）IEC61131-2 & IEC 68-2-27　（TEST Ea）				
重量	260g		240g		230g

表 2-3　输入点的电气规格参数

项目		机种	
		24VDC单端共点输入	
输入点		200kHz	10kHz
		X0，X1，X4，X5，X10，X11，X14，X15	X2，X3，X6，X7，X12，X13，X16，X17
输入信号电压（±10%）		24VDC，　5mA	
输入阻抗		3.3kΩ	4.7kΩ
动作临界点	Off→On	＞5mA　（16.5V）	＞4mA　（16.5V）
	On→Off	＜2.2mA　（8V）	＜1.5mA　（8V）
反应时间 干扰抑制	Off→On	＜150ns	＜8μs
	On→Off	＜3μs	＜60μs
滤波时间		由D1020及D1021可做10～60ms的调整（预设：10ms）	

表 2-4　输出点的电气规格参数

项目		机种		
		继电器	晶体管	
			高速	低速
输出点No.		Y0～Y7，Y10～Y13	Y0～Y4，Y6	Y5，Y7，Y10～Y13
最高切换频率		1Hz	200kHz	10kHz
电压规格		250VAC，　＜30VDC	5～30VDC	
电流规格	电阻性	1.5A/1point（5A/COM）	0.3A/1点@ 40℃	
	灯泡	20WDC/100WAC	1.5W　（30VDC）	
反应时间	Off→On	约10ms	0.2μs	20μs
	On→Off		0.2μs	30μs

3. DVP-SV2 控制器及其扩展配置

1）DVP-SV/SV2 控制器主机

控制器的主机虽然可以外扩模块，但传统上，这类控制器仍属于一体式微控制器，其硬件外部面板指示说明如图 2-10 所示。模块的背后还留有一些通信的接口和模块扩展的接口，具体可参见产品的数据手册。

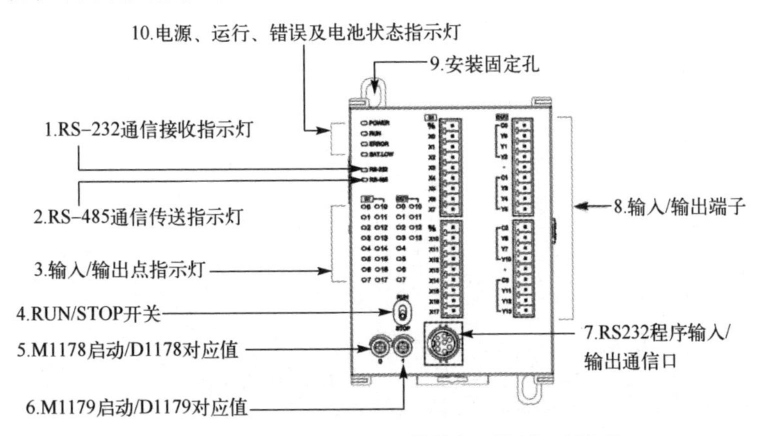

图 2-10　DVP-SV/SV2 硬件外部面板指示说明

2）供电电源注意事项

DVP-SV/SV2 机种为直流电源输入，在使用时应注意以下事项。

（1）电源需接于 24VDC 及 0V 两端，直流电源电压范围为 20.4V～28.8V，当电源电压低于 20.4V 时，PLC 会停止运行，输出为全部 Off，ERROR LED 灯快速闪烁。

（2）当停电时间短于 10ms 时，PLC 不受影响继续运转，当停电时间过长或电源电压下降时，PLC 会停止运转，输出为全部 Off，当电源恢复正常时，PLC 可以自动恢复运转。

3）I/O 口

（1）I/O 口的输入类型。

当选择数字量输入控制器时，需要注意模块的 I/O 口类型，即 Sink 型或 Source 型。Sink 型指电流流入 I/O 口，而 Source 型则指电流从 I/O 口流出。一般来说，“Sink”称为“漏型”，而“Source”则称为“源型”。因为 I/O 口内部经过双向光耦隔离，所以支持同时使用灌入和拉出电流。典型的 Sink 型和 Source 型三极管电路如图 2-11 所示。为什么有这两种区别呢？这是因为某些外设（如接近开关）需要开关电源供电，而接近开关可能有不同的极性接法，如 NPN 或 PNP 型，因此需要考虑电流的方向。同样，如果要驱动外部设备，如发光二极管，那么控制器的数字量输出也需要考虑电流的方向。如果外设对电流方向没有特殊要求，那么可以不考虑电流方向。例如，在工业现场，由于电气隔离的需要，通常会通过继电器来隔离所有开关量信号，再将继电器的触点连接到控制器的数字量输入上，因此在这种情况下可以选择任何一种类型的 I/O 口。

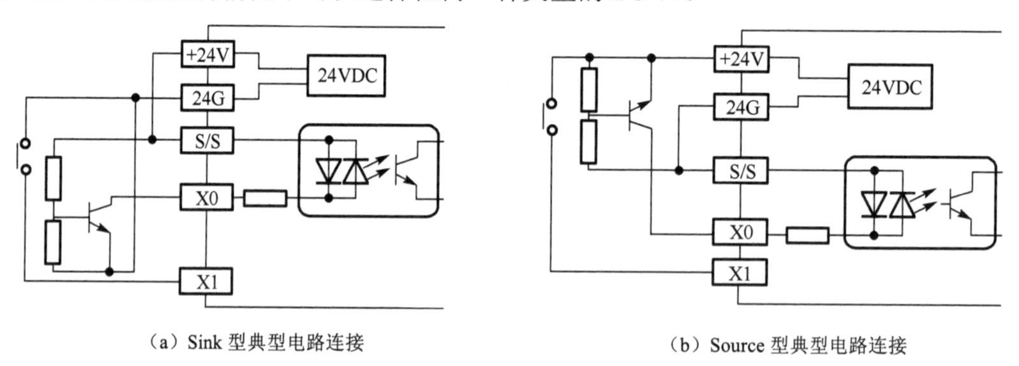

（a）Sink 型典型电路连接　（b）Source 型典型电路连接

图 2-11　典型的 Sink 型和 Source 型三极管电路

（2）I/O 口的输出类型。

DVP-SV/SV2 系列 PLC 的输出模式有两种：继电器输出模式及晶体管输出模式。继电器输出模式可连接直流和交流负载，一般可支持的负载电流比较大；晶体管输出模式需连接直流负载，其开关的速度更快，适用于高频负载，且输出电流也比继电器输出模式的小一些。两种输出形式的负载连接典型电路参见图 2-12（a）和图 2-12（b）。

此外，在实际连接外部电路至控制器 I/O 口时，还需要注意公共端的连接。以采用晶体管输出模式的机型 DVP28SV11T 为例，其输出的多路 I/O 口之间的互连关系如图 2-12（c）所示。Y0、Y1 共享 C0 端，Y2、Y3 共享 C1 端，Y4、Y5 共享 C2 端，Y6、Y7 共享 C3 端，Y10、Y11、Y12、Y13 共享 C4 端，所以在使用多路 I/O 口时，需要将所有用到的 I/O 口对应的公共端进行正确的连接。

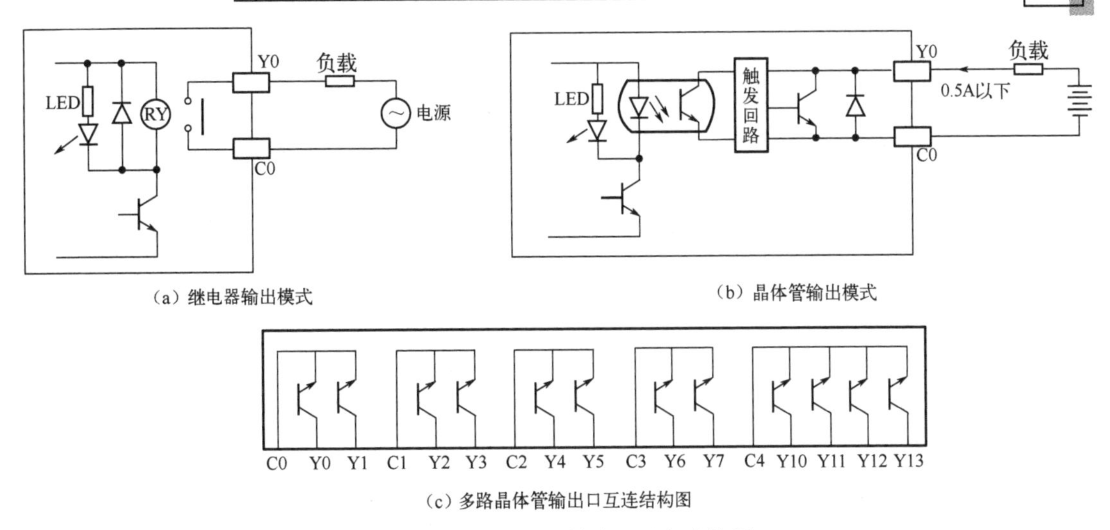

（a）继电器输出模式

（b）晶体管输出模式

（c）多路晶体管输出口互连结构图

图 2-12　PLC 输出模式及对应连接图

4）控制器及其模块扩展

PLC 控制器可根据实际应用需求扩展功能。DVP-SV/SV2 系列 PLC 可添加多个功能插件模块，如 I/O 扩展模块、通信模块、A/D 模块、D/A 模块、运动控制模块等。图 2-13 展示了 DVP-SV/SV2 系列 PLC 添加电源附件、I/O 扩展模块、A/D 模块、D/A 模块和温度传感器模块后的安装配置。由于 DVP-SV/SV2 控制器主机不带电源，因此需根据主机及扩展模块功率要求选择外部电源模块（220VAC 转 24VDC）。数字量输入/输出模块也需要外接电源，通常需单独配备电源模块以驱动负载，控制器电源仅为其本身工作电源。为抑制干扰，在某些应用场合中，控制器工作电源模块的 220VAC 进线需经过隔离变压器。

图 2-13　DVP-SV/SV2 系列 PLC 的模块扩展实物连接图

4．DVP-SV/SV2 系列 PLC 内部装置配置

梯形图是一种用符号组合表示 PLC 程序控制流程的图形。相对于其他方式，梯形图更加直观，因此在自动控制领域得到了广泛应用。它包含许多基本符号和动作，这些符号和动作通常是根据传统自动控制配电盘中常见的机电装置（如按钮、开关、继电器、定时器和计数器等）设计的。

虽然 PLC 内部使用传统电气控制电路中的继电器、线圈和接点等术语来描述其内部装置，但实际上，PLC 内部并不包含这些物理设备。软元件是 PLC 内部具有特定功能的电子器件，由电子电路、寄存器和存储器单元等组成。当软元件扮演继电器的角色时，它被称为软继电器。软继电器是一种存储单元与程序结合而成的元素，对应于PLC内部存储器的一个基本单元（位）。如果该位为1，则表示线圈受电；如果该位为0，则表示线圈不受电。多个软继电器将占据多位，8位组成1字节，2字节组成1个字，2个字组成1个双字。在处理多个继电器时，可以使用字节、字或双字。PLC内部的定时器和计数器不仅包括线圈，还包括计时值和计数值，因此需要以字节、字或双字的形式进行处理。因此，不同类型的内部装置在PLC内部的数值存储区占据不同数量的存储单元。在使用这些装置时，实际上是以位、字节或字的形式对相应的存储内容进行读取的。

表2-5列出了DVP-SV/SV2系列PLC内部装置的配置情况，包括外部输入继电器(X)、外部输出继电器（Y）、辅助继电器（M）、步进点（S）、定时器（T）、计数器（C）等。软元件的数量、类别和规模决定了PLC的整体功能和数据处理能力。以下是对这些基本软元件类型的简要介绍。

1）输入继电器

输入继电器是 PLC 及外部输入点（用来连接外部输入开关并接收外部输入信号的端子）对应的内部存储器储存基本单元。它由外部送来的输入信号驱动，使它为0或1。用程序设计的方法不能改变输入继电器的状态，即不能改写输入继电器对应的基本单元。它的接点可无限制地被多次使用。

输入装置以X表示，用八进制数编号，如X0～X7，X10～X17，在主机及扩展上均有输入点编号的标识，DVP-SV2型主机最多可支持X0～X377共256个输入点。

2）输出继电器

输出继电器是PLC及外部输出点（用来连接外部负载）对应的内部存储器存储基本单元。它可以由输入继电器接点、内部其他装置的接点及其他接点来驱动。它使用一个常开接点接通外部负载，其他接点也像输入接点一样可无限制地被多次使用。

输出装置以Y表示，用八进制数编号，例如，在主机及扩展上均有输出点编号的标识，DVP-SV2型主机最多可支持Y0～Y377共256个输出点。

3）辅助继电器

内部辅助继电器与外部没有直接联系，它是PLC内部的一种辅助继电器，其功能与电气控制电路中的辅助（中间）继电器一样，每个辅助继电器也对应着内存的基本单元，它可由输入继电器接点、输出继电器接点及其他内部装置的接点驱动，它自己的接点也可以无限制地被多次使用。内部辅助继电器无对外输出，要输出时需通过输出装置的输出点来实现。内部辅助继电器装置以M表示，采用十进制数编号，如M0、M1等。

DVP-SV2型主机提供4096个内部辅助继电器，但是需要注意的是，M1000～M1999的辅助继电器用于系统运行状态及模块运行状态设置等系统功能，用户只能根据其功能进行有限操作，不能用于通用辅助继电器。此外，仅有部分辅助继电器具有掉电保持功能，具体参见表2-5中的说明。

4）步进点

DVP-SV/SV2 系列 PLC 提供一种属于步进动作的控制程序输入方式，利用指令 STL 控制步进点S的转移，便可很容易写出控制程序。如果程序中完全没有使用到步进程序，那么步进点 S 既可以被当成内部辅助继电器 M 来使用，也可以被当成警报点使用。

步进装置用 S 表示，采用十进制数编号，如 S0，S1，…，S1023。

5）定时器

定时器是用来完成定时的控制模块。定时器具有线圈、接点及定时值寄存器，当线圈受电达到预定时间时，它的接点便动作。定时器的定时值由设定值给定。每种定时器都有规定的时钟周期（定时单位：1ms、10ms、100ms）。一旦线圈断电，则接点不动作，原定时值归零。

定时器装置用 T 表示，采用十进制数编号，如 T0，T1，…，T255，不同的编号范围对应不同的时钟周期和定时器类型。

6）计数器

计数器是用来实现内、外部信号计数操作的模块。在使用计数器时，要事先给定计数的设定值（即要计数的脉冲数）。计数器具有线圈、接点及计数值寄存器，当线圈由 Off 状态转换为 On 状态时，即视为该计数器有一个脉冲输入，其计数值加 1，当计数值达到设定值时，对应的接点动作。

计数器装置用 C 表示，采用十进制数编号，如 C0，C1，…，C255。计数器的类型有 16 位、32 位及高速计数器，供使用者选用。

7）数据寄存器

PLC 在进行各类顺序控制、定时值控制、计数值控制时，常常要进行数据处理和数值运算，而数据寄存器是专门用于储存数据或各类参数的寄存器。每个数据寄存器内有 16 位二进制数，即存有一个字；处理双字用相邻编号的两个数据寄存器。

数据寄存器用 D 表示，采用十进制数编号，如 D0，D1，…，D11999。

表 2-5　DVP-SV/SV2 系列 PLC 内部装置的配置情况

<table>
<tr><th>类别</th><th>装置</th><th colspan="2">项目</th><th colspan="2">范围</th><th>功能</th></tr>
<tr><td rowspan="11">继电器位型态</td><td>X</td><td colspan="2">外部输入继电器</td><td>X0～X377，256点，八进制数编码</td><td rowspan="2">合计512点</td><td>对应至外部的输入点</td></tr>
<tr><td>Y</td><td colspan="2">外部输出继电器</td><td>Y0～Y377，256点，八进制数编码</td><td>对应至外部的输出点</td></tr>
<tr><td rowspan="3">M</td><td rowspan="3">辅助继电器</td><td>一般用</td><td>M0～M499，500点（×2）</td><td rowspan="3">合计4096点</td><td rowspan="3">接点可于程序内做On/Off切换</td></tr>
<tr><td>停电保持用</td><td>M500～M999，500点（×3）
M2000～M4095，2096点（×3）</td></tr>
<tr><td>特殊用</td><td>M1000～M1999，1000点（部分为停电保持）</td></tr>
<tr><td rowspan="3">T</td><td rowspan="3">定时器</td><td>100ms</td><td>T0～T199，200点（×2）
T192～T199为子程序用
T250～T255，6点（×4）</td><td rowspan="3">合计256点</td><td rowspan="3">TMR指令所指定的定时器，若计时到达，则同编号T的接点将会切换为On</td></tr>
<tr><td>10ms</td><td>T200～T239，40点（×2）
T240～T245，6点（×4）</td></tr>
<tr><td>1ms</td><td>T246～T249，4点（×4）</td></tr>
<tr><td rowspan="3">C</td><td rowspan="3">计数器</td><td>16位上数</td><td>C0～C99，100点（×2）
C100～C199，100点（×3）</td><td rowspan="3">合计253点</td><td rowspan="3">CNT（DCNT）指令所指定的计数器，若计数到达，则同编号C的接点将会切换为On</td></tr>
<tr><td>32位上下数</td><td>C200～C219，20点（×2）
C220～C234，15点（×3）</td></tr>
<tr><td>32位高速计数器</td><td>C235～C244，1相1输入10点（×3）
C246～C249，1相2输入4点（×3）
C251～C254，2相2输入4点（×3）</td></tr>
</table>

续表

<table>
<tr><th>类别</th><th>装置</th><th colspan="2">项目</th><th colspan="2">范围</th><th>功能</th></tr>
<tr><td rowspan="5">继电器 位型态</td><td rowspan="5">S</td><td rowspan="5">步进点</td><td>初始步进点</td><td>S0～S9，10点（×2）</td><td rowspan="5">合计1024点</td><td rowspan="5">步进阶梯图（SFC）使用装置</td></tr>
<tr><td>原点复归用</td><td>S10×S19，10点（搭配IST指令使用）（×2）</td></tr>
<tr><td>一般用</td><td>S20×S499，480点（×2）</td></tr>
<tr><td>停电保持用</td><td>S500-S899，400点（×3）</td></tr>
<tr><td>警报用</td><td>S900-S1023，124 点（×3）</td></tr>
<tr><td rowspan="7">暂存器 字数据</td><td>T</td><td colspan="2">定时器现在值</td><td colspan="2">T0～T255，256点</td><td>当计时到达时，该定时器接点导通</td></tr>
<tr><td>C</td><td colspan="2">计数器现在值</td><td colspan="2">C0～C199，16位计数器200点
C200～C254，32位计数器53点</td><td>当计时到达时，该计数器接点导通</td></tr>
<tr><td rowspan="4">D</td><td rowspan="4">数据寄存器</td><td>一般用</td><td>D0～D199，200点（×2）</td><td rowspan="4">合计12000点</td><td rowspan="4">作为数据储存的内存区域，E、F可用于间接指定的特殊用途</td></tr>
<tr><td>停电保持用</td><td>D200～D999，800点（×3）
D2000～D11999，10000点（×3）</td></tr>
<tr><td>特殊用</td><td>D1000～D1999，1000点</td></tr>
<tr><td>间接指定用</td><td>E0～E7，F0～F7，16（×1）</td></tr>
<tr><td>无</td><td colspan="2">档案寄存器</td><td colspan="2">K0～K9999，10000点（×4）</td><td>作为数据储存的扩充寄存器</td></tr>
<tr><td rowspan="2">常数</td><td>K</td><td colspan="2">十进制</td><td colspan="3">K-32768 ～ K32767（16位运算）
K-2147483648 ～ K2147483647（32位运算）</td></tr>
<tr><td>H</td><td colspan="2">十六进制</td><td colspan="3">H0000 ～ HFFFF （16位运算），00000000 ～ HFFFFFFF （32位运算）</td></tr>
</table>

注：1. 非停电保持区域不可变更。

2. 对于非停电保持区域，可使用参数设定变更为停电保持区域。

3. 对于停电保持区域，可使用参数设定变更为非停电保持区域。

4. 停电保持固定区域不可变更。

5. DVP-SV2 控制器的编程

梯形图编程语言是从继电器-接触器控制基础上发展起来的一种编程语言，清晰、直观、可读性强，与传统继电逻辑的表达非常相似，在实际工业中得到了比较广泛的应用。故本章介绍的 PLC 编程主要采用梯形图编程语言。

IEC61131-3 标准定义了梯形图中用到的元素，包括电源轨线、连接元素和状态、触点、线圈、功能和功能块等。

（1）电源轨线。电源轨线的图形元素也称为母线。它的图形表示是位于梯形图左侧和右侧的两条垂直线。在梯形图中，PLC 每次扫描从左电源轨线开始向右执行，经过连接元素和其他连接在该梯级的图形元素最终到达右电源轨线，右电源轨线有时可省略。

（2）连接元素和状态。连接元素是指梯形图中连接各种触点、线圈、功能和功能块及电源轨线的线路，包括水平线路和垂直线路。连接元素的状态是布尔量。连接元素将最靠近该元素左侧图形符号的状态传递到该元素的右侧图形元素。连接元素在进行状态传递的过程中遵循以下规则。

①水平连接元素从它的紧靠左侧的图形元素开始，将该图形元素的状态传递到紧靠它右侧的图形元素。连接到左电源轨线的连接元素的状态在任何时刻都为 1，表示左电源轨线是能流的起点。右电源轨线类似于电气图中的零电位。

②垂直连接元素总是与一个或多个水平连接元素连接。它由一个或多个水平连接元素

在每侧与垂直线相交组成。垂直连接元素的状态根据与其连接的各左侧水平连接元素状态或运算表示。

（3）触点。是梯形图的图形元素。梯形图的触点沿用电气逻辑图的触点术语，用于表示布尔量的状态变化。触点是向其右侧水平连接元素传递一个状态的图形元素。按静态特性分，触点可分为常开触点和常闭触点。常开触点在正常工况下断开，其状态为 0；常闭触点在正常工况下闭合，其状态为 1。此外，在处理布尔量的状态变化时，要用到触点的上升沿和下降沿，这也称为触点的动态特性。

（4）线圈。是梯形图的图形元素。梯形图的线圈也沿用电气逻辑图的线圈术语，用于表示布尔量状态的变化。线圈是将其左侧水平连接元素状态直接传递到其右侧水平连接元素的梯形图元素。在传递过程中，将左侧连接的有关变量和直接地址的状态存储到合适的布尔量中。线圈按照其特性可分为瞬时线圈（不带记忆功能）、锁存线圈（置位和复位）和跳变线圈（上升沿跳变触发或下降沿跳变触发）等。

（5）功能和功能块。用于支持梯形图编程语言和调用功能块。

一个简单的 PLC 梯形图如图 2-14 所示，该梯形图中包含了上述所介绍的多种元素。

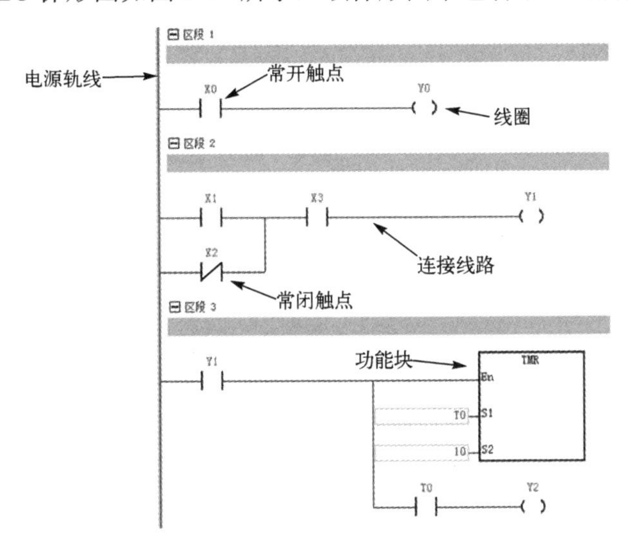

图 2-14　一个简单的 PLC 梯形图

在梯形图执行时，首先，从最上层区段开始执行，从左到右确定各图形元素的状态，并确定其右侧连接元素的状态，逐个向右执行，操作执行的结果由执行控制元素输出，直到最右侧。然后，进行下一个区段的执行过程。

当梯形图中有分支时，同样根据从上到下、从左到右的执行顺序分析各图形元素的状态，对垂直连接元素根据上述有关规则确定其右侧连接元素的状态，从而逐个从左到右、从上到下执行求值过程。

在使用梯形图进行编程的过程中需要注意以下 6 点。

（1）对所使用的编程元件进行编号。

（2）每个梯形图自上而下，从左到右。

（3）同一个继电器的线圈和它的触点要用同一个编号。

（4）输入继电器仅受外部输入信号控制，不能内部驱动。

（5）输出继电器供 PLC 输出控制用。

（6）PLC 的内部辅助继电器、定时器、计数器等的线圈不能用于输出。

2.3 控制器案例分析

电气设备的开关控制是自动化控制领域中的常见问题，本节以三相异步电动机的降压启动为例，设计一个 PLC 控制的异步电机降压启动控制装置。

2.3.1 问题描述

三相异步电动机在刚启动时，流过电机绕组的电流很大，可达到额定电流的 4～7 倍。对于容量大的电动机，若采用普通的全压启动方式，则会出现因启动时电流过大而造成供电电源电压骤降的情况，这样可能会影响采用同一电源的其他设备的正常工作。一种常用的解决方法是先对三相异步电动机进行降压启动，待电动机运转后再提供全压。

对于正常运行时定子绕组接成三角形的三相异步电动机，可采用 Y-△降压启动。启动时先将定子绕组接成星形，使得每相绕组电压为正常运行时线电压的 $1/\sqrt{3}$，启动完毕再恢复成三角形连接，电动机便进入全压下正常运行，其优点是启动设备成本低、方法简单易操作。

Y-△降压启动的主电路示意图如图 2-15（a）所示，图中的 M 为被控电机，KM0 为电机启动供电的接触器。KM1 和 KM2 为控制电机接线方式的控制器，当 KM1 闭合、KM2 断开时，电机采用星形连接；当 KM2 闭合、KM1 断开时，电机采用三角形连接。

问题描述：通过对 PLC 的控制，实现电机在启动时，电机启动接触器和星形降压方式启动接触器先启动（电机低速运行），经过一段延时之后切换至三角形连接（电机高速运行）的控制目标。

2.3.2 系统主要设备及连接线路介绍

各模块选型情况如下。

（1）主控模块：台达 DVP28SV2 型号 PLC。

（2）被控对象：三相异步电动机。

（3）START/STOP 按钮：按压式按钮。

（4）KM0～KM2：三相交流接触器。

降压启动电路的 PLC 外部连接示意图参见图 2-15（b）。其中 START 和 STOP 两个按钮分别连接到 PLC 的输入口 X0 和 X1，连接方式均采用 Source 型连接方式（参见图 2-11）。输出的 Y0～Y2 分别与 KM0～KM2 的接触器控制端相连，例如，当图 2-15（b）中的 KM0 控制端受电时，图 2-15（a）中受 KM0 控制的三相接触器开关闭合。由于采用的是交流控制的接触器，因此输出端连接了交流电源。在实际应用中，如果被控负载是直流装置，则可选择合适的直流电源进行供电。

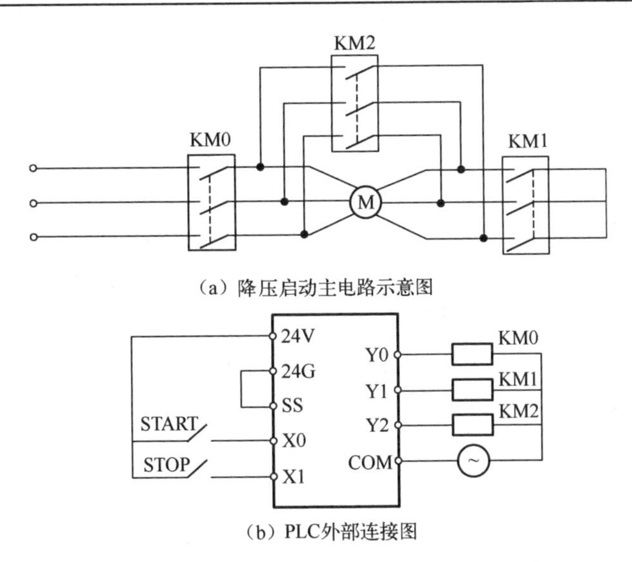

（a）降压启动主电路示意图

（b）PLC外部连接图

图 2-15　降压启动主电路与 PLC 外部连接示意图

2.3.3　程序设计分析

Y-△降压启动过程为：按下 START 按钮后，电动机启动，接触器和星形降压方式启动接触器先启动。待 10s 延时后，星形降压方式启动接触器断开，再经过 1s 延时后，三角形正常运行接触器接通，电动机主电路接成三角形接法正常运行。采用两级延时的目的是确保星形降压方式启动接触器完全断开后才去接通三角形正常运行接触器。

可以采用 PLC 实现上述功能，其对应 PLC 软元件分配说明参见表 2-6。

表 2-6　PLC 软元件分配说明

PLC软元件	控制说明
X0	当按下START按钮时，X0状态为On
X1	当按下STOP按钮时，X1状态为On
T1	计时10s，时基为100ms的定时器
T2	计时1s，时基为100ms的定时器
Y0	电动机启动接触器KM0
Y1	星形降压方式启动接触器KM1
Y2	三角形正常运行接触器KM2

降压启动梯形图如图 2-16 所示。

由图 2-16 可知，按下启动按钮 X0，程序中的 X0=On，Y0=On，前后形成自锁，保持为导通状态。电动机启动接触器 KM0 接通，同时 T0 计时器开始计时，因为 Y0=On，T0=Off，Y2=Off，所以 Y1=On，此时星形降压方式启动接触器 KM1 导通。

当 T0 计时器到达 10s 预设值后，T0=On，Y1=Off，T1 计时器开始计时，当 T1 计时器到达 1s 预设值后，T1=On，所以 Y2=On，三角形正常运行接触器 KM2 导通。

当按下 STOP 按钮时，X1=On，无论电动机处于启动状态还是运行状态，Y0、Y1、Y2 都变为 Off，电动机停止运行。

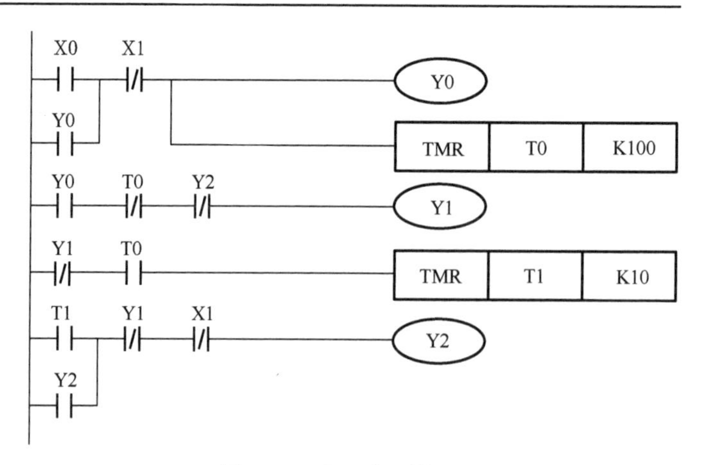

图 2-16 降压启动梯形图

视频 2-2 用 PLC 实现电动机降压启动实验

2.4 电动机的变频控制

2.4.1 变频器简介

变频器是能够将直流电或交流电转换为电压和频率可调的交流电（变压变频控制 VVVF）的静止变流设备，它的主要功能是为交流电动机等交流用电设备提供可控的电源，从而对电动机进行控制。变频器作为一种常见的电力传动设备，被广泛应用于机械设备的调速、节能、准确控制等领域。

目前国内有超过 200 家变频器厂商，其中具有一定占有率和影响力的厂商包括汇川、英威腾、台达和森兰等。国外具有代表性的厂商有 ABB、安川、西门子、施耐德、富士和丹佛斯等。

变频器的控制方法包括 V/F 控制、矢量控制、直接转矩控制、模糊控制和 PID 控制等。V/F 控制是最简单的控制方法之一，通过控制输出电压和频率来控制电动机转速，适用于以节能为目的和对速度精度要求较低的场合。矢量控制和直接转矩控制是更高级的控制方法，可以实现对电动机的精确控制。模糊控制基于模糊控制原理，适用于控制对象模型难以建立或掌握的场合。PID 控制基于比例、积分、微分控制原理，适用于控制对象具有稳定动态特性的场合。根据不同的控制要求和应用场合，选择适合的控制方法可以达到最佳的控制效果。

1. 使用变频器的目的

使用变频器的主要目的是实现对电动机的调速，以满足生产过程中对电动机转速的要求。对电动机调速具有以下 4 个好处。

（1）节能：利用变频器实现调速节能运行，是变频器应用的最典型的优点之一，尤其在风机和泵类机械上表现最显著。很多实践结果表明，节电率一般在 10%～30%，有的高达 60%。此外，变频器还可以解决生产中对调速的要求，并解决一些技术难点。

（2）提高生产效率：变频器传动的重要目的之一是保证加工工艺中的最佳转速，并适应负载的不同工况。通过变频器传动，可以使各类搬运机械、金属加工机械等的运行速度提高，进而提高产品的产量和生产效率。此外，变频器还可以用于实现高精度电动机准停等效果。

（3）提高产品质量：在生产中引入变频器传动可以使机械性能提高，而装置、机械性能的提高又可以提高产品质量。通用变频器在机械加工中的应用，可以提高产品质量和加工效率，如印制电路板的基板钻孔机和木工机械中的高速刻纹机等。

（4）设备的合理化：使用变频器可以实现设备的自动化、多台电动机的统一控制、机械装置的简单化和标准化，从而提高设备运行的可靠性。例如，一台变频器可以控制多台电动机，轧钢厂中的输送滚道也可以采用一台变频器传动多台异步电动机。

因此，使用变频器可以提高生产效率、降低能源消耗、提高产品质量、延长设备寿命、提高生产灵活性等，是现代工业生产中必不可少的电动机调速手段。

2．变频器的应用领域

变频器已经广泛应用于交流电动机的速度控制中，从工厂设备到家用空调都可以采用，在节能、减少维修次数、提高产量、保证质量等方面都取得了明显的经济效益，其主要的特点是具有高效的驱动性能及良好的控制特性。在风机、水泵压缩机等流体机械上应用变频器可以节约大量的电能；在建筑、纺织、化纤、塑料等领域，应用变频器的自动控制性能可以提高控制质量及产品数量；在机械行业中，应用变频器是改造传统产业、实现机电一体化的重要手段；在工厂自动化技术中，交流伺服系统取代了直流伺服系统。发展变频器的应用技术，可以有效地提高质量和经济效益。

2.4.2 三相交流异步电动机概述

三相交流异步电动机是所有电动机中构造最简单的一种，目前它的应用也是最广泛的，它主要由定子与转子两部分构成。

1．基本结构

（1）定子铁心由硅钢片叠成，铁心槽中安置三相绕组。所谓三相绕组，就是三组在空间位置上互差 2π/3 电角度（120°）的绕组，其构造如图 2-17（a）所示。

（2）转子铁心也由硅钢片叠成，铁心槽中安置短路绕组，用得最多的是笼型转子。转子绕组由铜条或铝条构成，两端由铜环或铝环将所有导体短路，如图 2-17（b）所示。转子的绕组不必和外电路相连，故结构十分简单、坚固，该结构是电力拖动领域应用最多的一种。

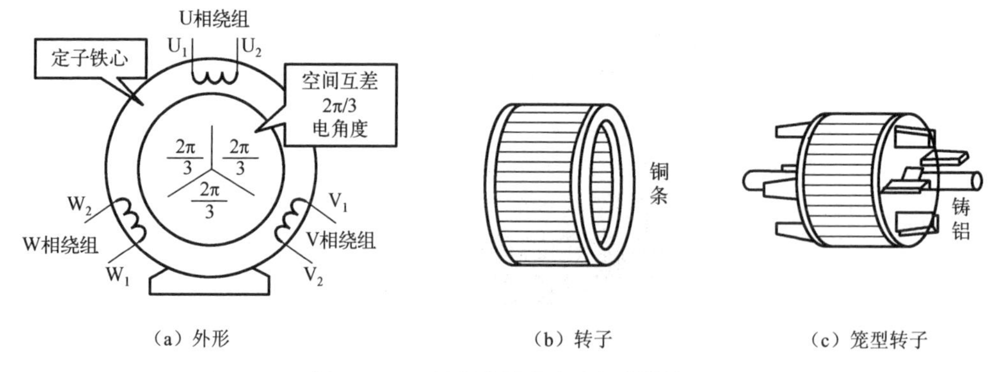

（a）外形　（b）转子　（c）笼型转子

图 2-17　三相交流异步电动机的构造

2．变频调速原理

三相交流异步电动机的变频调速是通过改变供电频率来控制电动机转速的，其转速公式可根据电动机的电磁原理推导得出。与电动机转速相关的主要参数有电源频率、电动机磁极对数和转差率。转差率的一个相关参数是同步转速。

（1）同步转速。

三相交流异步电动机的同步转速就是电动机定子绕组产生的旋转磁场的转速，即

$$n_0=\frac{60f}{p} \tag{2-1}$$

式中，n_0为同步转速（r/min）；f为电流的频率（Hz）；p为磁极对数。

式（2-1）表明，当电动机的磁极对数一定时，同步转速与电流的频率成正比；而在额定频率下，同步转速与磁极对数成反比，具体参见表 2-7。

表 2-7　同步转速与磁极对数的关系

磁极对数	1（2 极）	2（4 极）	3（6 极）	4（8 极）	6（12 极）
同步转速/（r/min）	3000	1500	1000	750	500

（2）转差。转子的转速与同步转速之差，即

$$\Delta n=n_0-n_M \tag{2-2}$$

式中，Δn为转差（r/min）；n_M为转子转速（r/min）。

（3）转差率。转差与同步转速之比为转差率，即

$$s=\frac{\Delta n}{n_0}=\frac{n_0-n_M}{n_0} \tag{2-3}$$

式中，s为转差率。

（4）转子转速。n_M由式（2-1）和式（2-3）可得

$$n_M=n_0(1-s)=\frac{60f}{p}(1-s) \tag{2-4}$$

3．变频调速

由式（2-4）可知，改变电流的频率f，就改变了旋转磁场的转速（同步转速），也就改

变了电动机输出轴的转速，所以调节频率可以调节转速，并且可以实现平滑的无级调速，如图 2-18 所示。

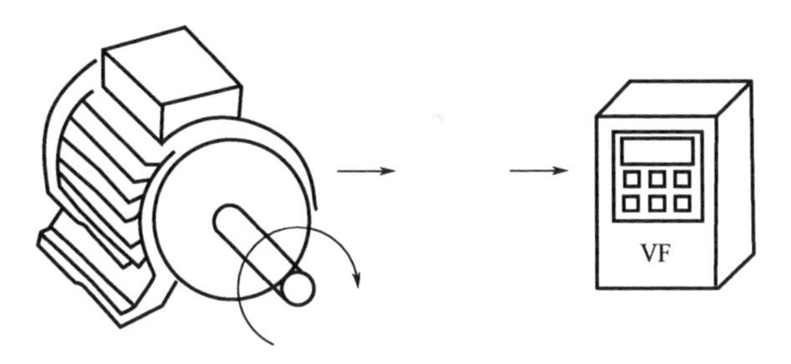

图 2-18　改变电源频率进行调速

总之，变频器就是一种可以任意调节输出电压频率，使三相交流异步电动机实现无级调速的装置。生产机械常常需要无级调速，而在变频器问世之前，三相交流异步电动机是无法实现无级调速的。

2.4.3　三相交流异步电动机的变频控制

当前，通用型变频器绝大部分是交-直-交型变频器，它是变频器的核心电路。变频器主电路如图 2-19 所示，主要由整流电路和逆变电路两部分组成，整流电路一般由三相全波整流桥组成，主要作用是对外部交流电源供应的工频电流进行整流，为逆变电路和控制电路提供所需的直流电源。逆变电路的主要作用是通过逆变器中主开关器件有规律的通与断输出可改变电压和频率的交流电。中间直流环节安装有电容器。逆变器的负载主要是异步电动机，它属于感性负载。直流环节与电动机之间总会有无功功率的交换，这种无功能量通过电容器进行缓冲。控制电路主要由运算电路、检测电路、控制信号的输入/输出电路和驱动电路等组成。

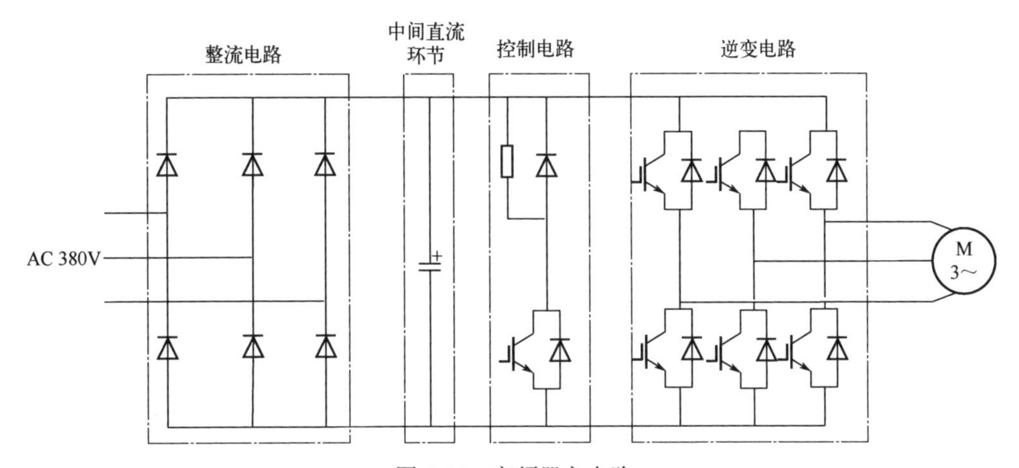

图 2-19　变频器主电路

图 2-20 为台达 DVP-1 型变频器（22kW）主电路，三相整流桥上桥臂由 3 个单向晶闸管组成，下桥臂为整流二极管，将交流电整流为直流电。通过绝缘栅双极晶体管（IGBT）输出幅值与频率可变的三相交流电到输出电路中，有电流互感器 CS1、CS2、CS3，将电流信号送入控制电路中，供后续电流检测电路处理后用于控制和保护。

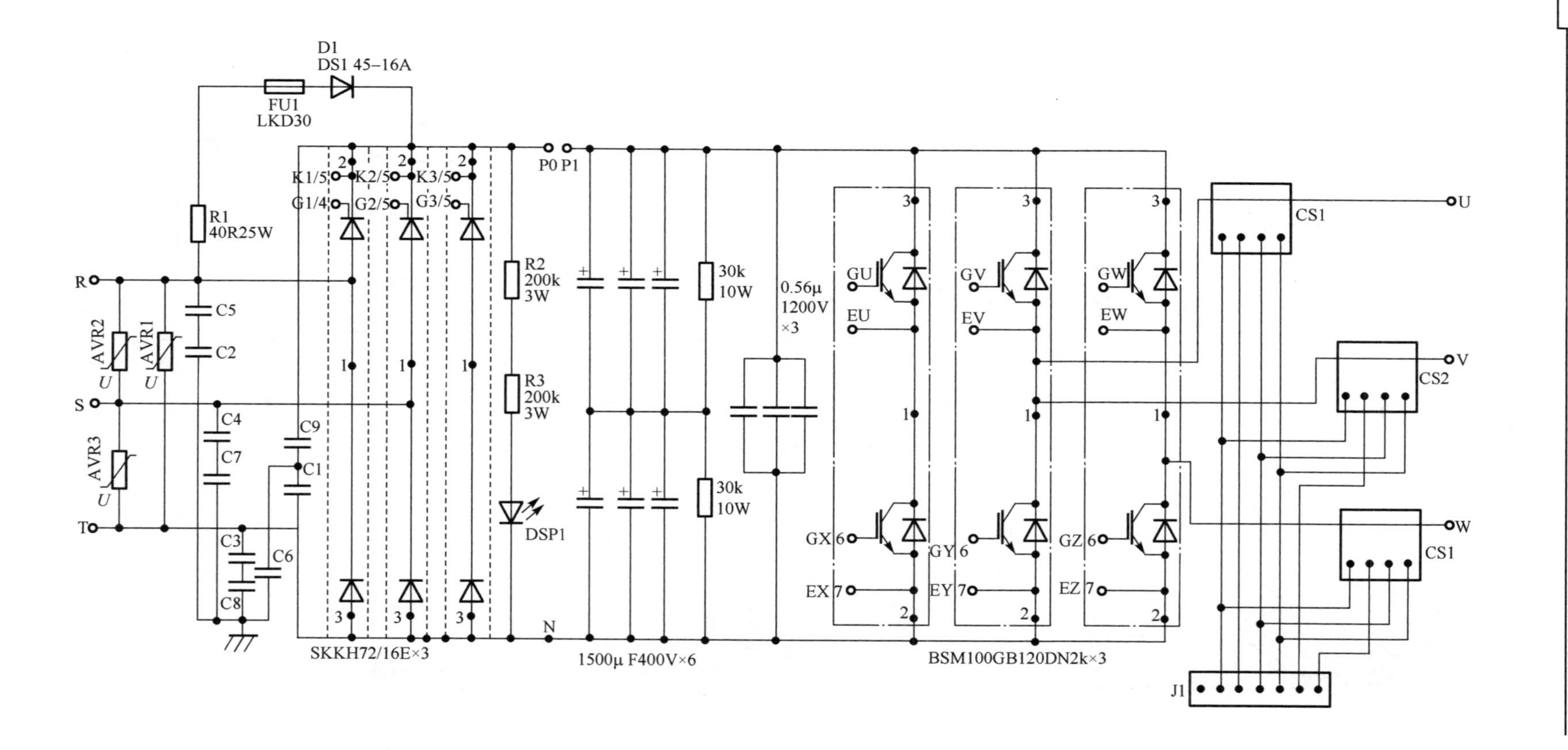

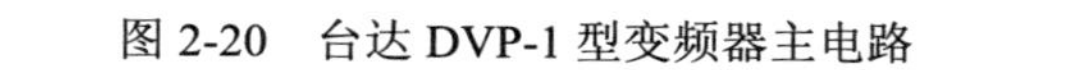
图 2-20 台达 DVP-1 型变频器主电路

变频器输出电压方波经 L、R 滤波后，电流波形近似为正弦波。由于变频器的使用对象为电机负载，因此电机绕组中的 L 与 R 可起到滤波作用。输出波形见图 2-21。图 2-21 中 $u(t)$为桥臂中点电压，$i_{Ref}(t)$为滤波后得到的电流波形。

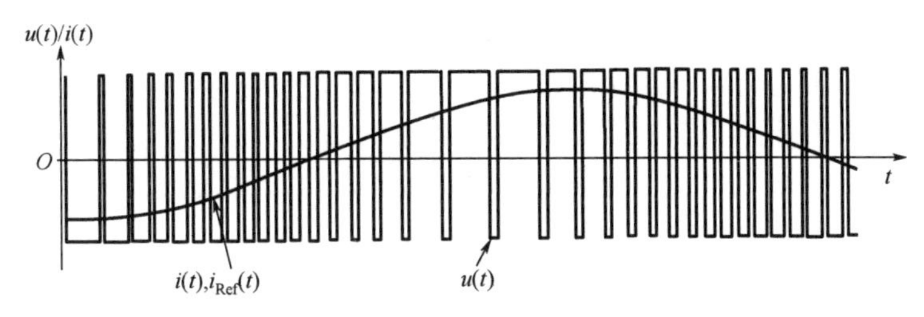

图 2-21　变频器输出电压与电流波形

1. 机械负载特性

交流异步电动机的负载是指电动机在工作过程中所承受的物理负荷，如风扇的风阻、泵的水阻等。负载对电动机控制有着重要的影响，因为负载的变化会对电动机的运行状态和性能产生直接影响。负载的变化会导致电动机的转矩需求发生变化，进而影响电动机的转速，也会影响电动机的效率和能耗。因此，负载及其特性对电动机的控制有着重要影响。

机械负载的种类很多，但按其转速、转矩的特性，主要可分为三大类：恒转矩负载、平方降转矩负载、恒功率负载。下面就各类负载特性进行说明。

（1）恒转矩负载。对于传送带、搅拌机、挤压成形机等摩擦负载，吊车或升降机等重力负载，无论其速度变化与否，负载所需要的转矩基本上是一个定值，此类负载称为恒转矩负载，其特性如图 2-22（a）所示。

（2）平方降转矩负载。对于风扇、风机、泵等流体机械（风机水力机械），在低速时，由于其流体的流速低，因此负载只需要很小的转矩；而随着电动机转速提高，流速加快，所需转矩越来越大。其转矩大小以转速的平方成比例增减，这样的负载称为平方降转矩负载，其特性如图 2-22（b）所示。在这种场合下，因为负载所消耗的能量正比于转速的三次方，所以通过变频器控制流体机械的转速可以得到显著的节能效果。

（3）恒功率负载。机床的主轴驱动和纸机、塑料胶片产生机械的中央传动部分、卷扬机等的输出功率为恒定值，与转速无关，这样的负载称为恒功率负载，如图 2-22（c）所示。

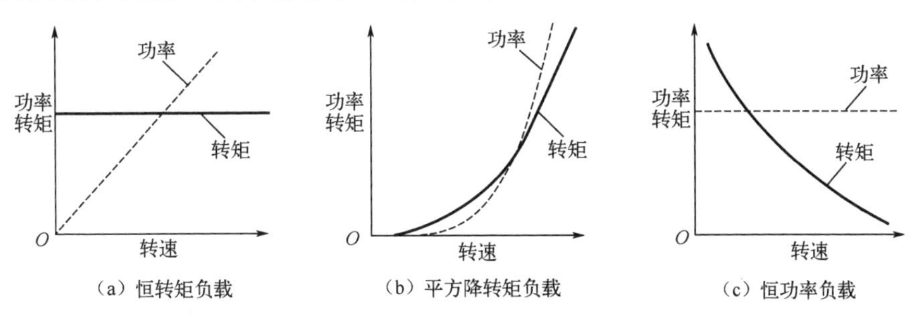

图 2-22　各种负载的转速-转矩特性

2. 变频器的正确选型

（1）根据不同的负载类型选择变频器。生产机械的典型特性有恒转矩负载、恒功率负载和风机、水泵类平方降转矩负载三种类型。选择变频器时应以负载特性为基本依据。例如，恒转矩负载特性的变频器可以用于风机、水泵类负载，而降转矩负载特性的变频器不能用于恒转矩特性的负载。恒功率负载特性是通过 *U/f* 控制方式来实现的，实际工作中并没有恒功率变频器。有些通用变频器三种负载都可以适用。

（2）变频器容量的选择。一般有三种基本的容量可供选择，可从电流的角度、效率的角度和计算功率的角度来考虑，选择匹配的变频器容量。

（3）变频器箱体结构的选择。主要要求是箱体结构要与环境条件相适应。

2.4.4　变频器与三相交流异步电动机的接线

三相交流异步电动机变频器接线部分分为主回路及控制回路，必须按照设备要求的接线回路进行连接。若仅用数字控制面板操作，则只有主回路端子接线即可。变频器接线图如图 2-23 所示。

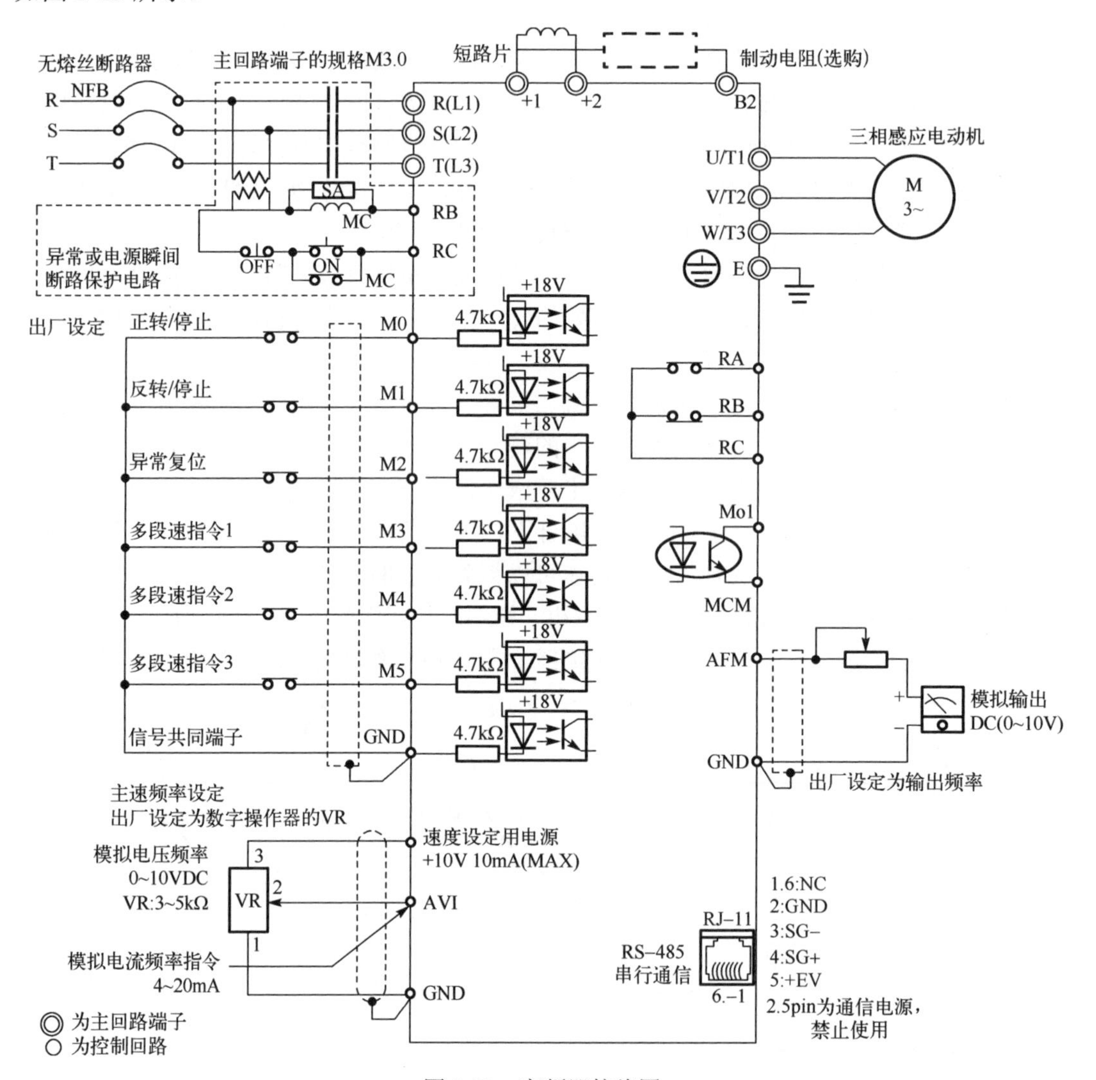

图 2-23　变频器接线图

1. 控制方式

1）通过控制面板控制

用户通过控制面板控制变频器是最简单的操作指令方式之一。用户可以通过变频器操作界面上的操作键、停止键、复位键、正/反转键、点动键直接控制变频器的运行。

通过控制面板控制的最大特点是方便、实用，同时可以对故障进行报警，并能告知用户变频器是否正在运行、是否发生故障。因此，用户无须接线即可判断变频器是否运行，并通过数字液晶屏显示故障类型。

2）通过外部终端控制

外部终端控制是通过变频器的外部输入端子从外部输入开关信号来控制变频器运行的一种方式。这些按钮、选择开关、继电器、PLC或继电器模块取代了操作键盘上的操作键、停止键、点动键和复位键，可以远距离控制变频器的运行。变频器外部输入控制端子接收开关信号，所有端子大致可分为以下三类。

（1）基本控制输入端子。如运行、停止、正转、反转、点动、复位端子等。

（2）可编程控制输入端子。由于变频器最多可以接收几十个控制信号，因此每个驱动系统同时使用的输入控制端子并不多。为了节省接线端子，减小体积，变频器只提供一定数量的可编程控制输入端子，也称多功能输入端子。虽然变频器的具体功能是在工厂设置的，但并不是固定的，用户可以根据自己的需要进行预设。常见的可编程功能有多速控制、加减速控制等。

（3）通信控制端子。通信控制的方式与信号通信的方式相同，即无须增加线路，通过改变上位机到变频器的传输数据就可以控制变频器，如正反转、点动、故障复位等。为了正确建立通信，必须在变频器中设置与通信相关的参数，如站号、波特率和奇偶校验。当多台变频器设备需要同步运行时，主机以主从模式与变频器通信，变频器作为从机运行。注意，网络中只能有一台主机。主机通过站号区分不同的从机，从机只有接收到主机的读/写命令后才发送数据。

2.5　变频器与电动机控制案例

2.5.1　问题描述

利用变频器控制电动机广泛应用于工业和商业领域。本节以台达的 MS300 变频器为例，介绍变频器的具体使用方法。整个电动机控制系统包括 PLC、变频器、HMI 和电动机。用户可以在 HMI 界面中设置目标速度并调节 PID 的三个参数，启动后系统将按照设定速度运行，并将实际速度和给定速度在 HMI 中显示，同时，以曲线方式展示速度的调节过程。电动机调速系统示意图如图 2-24 所示。

触摸屏显示的内容如图 2-25 所示，包括可以让用户输入参数的“设定电动机转速”文本框，显示采集回来的实际转速的“电动机实际转速”文本框，用于控制整个系统启停的“电动机启动”按钮。

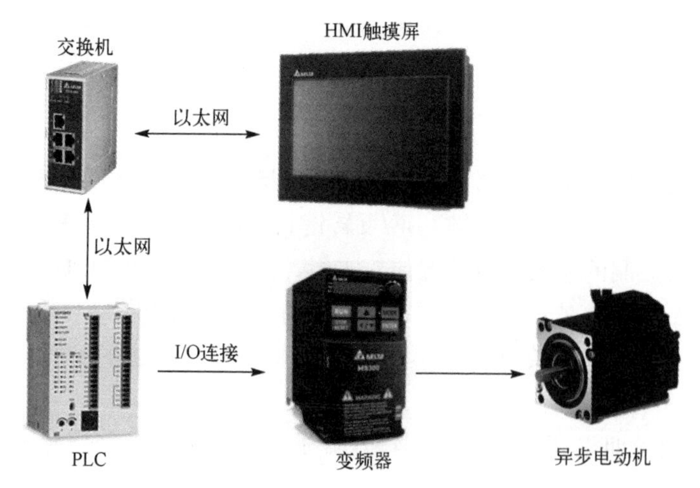

图 2-24 电动机调速系统示意图

图 2-25 触摸屏显示的内容

2.5.2 项目实施及代码设置

在该系统中，电动机的转速控制及 PID 调节、HMI 的数据传递等均由 PLC 完成，所以首先分配 PLC 的 I/O 地址（见表 2-8）。

表 2-8 PLC 的 I/O 地址

PLC 输入		PLC 输出	
端子	功能说明	端子	功能说明
X0	电动机编码器 A 输入	Y0	变频器正转控制端口
Y0	电动机编码器 B 输入	Y1	变频器反转控制端口
		V1+	D/A 模块输出电压控制变频器的转速

在使用过程中，触摸屏会读取 PLC 中的参数并显示，故也需要预先设计好触摸屏所需要的寄存器。触摸屏 I/O 地址如表 2-9 所示。

表 2-9 触摸屏 I/O 地址

触摸屏输入		触摸屏输出	
组件	功能说明	组件	功能说明
M1	电动机启动键	D104	给定转速
		D15	实际转速

需要对采集到的电动机实际转速进行调速，而电动机的转速可以通过读取编码器的脉冲数经过转换后求得。电动机的实际转速和采集到的脉冲数之间的关系为

$$N = \frac{60(D_0)}{nt} \times 10^3 \tag{2-4}$$

式中，N 为电动机的实际转速；D_0 为 PLC 采集到的编码器脉冲数；n 为电动机转一圈所产生的脉冲数；t 为 PLC 读转速的间隔时间（ms）。

在本实验中，对应的参数为：接收脉冲时间 t=100ms；转一圈脉冲数 n=600；编码器脉冲输出 I/O 口为 X0。PLC 经过运算后，将转换求得的转速信息存储在数据寄存器 D15 中。此过程对应的梯形图如图 2-26 所示。

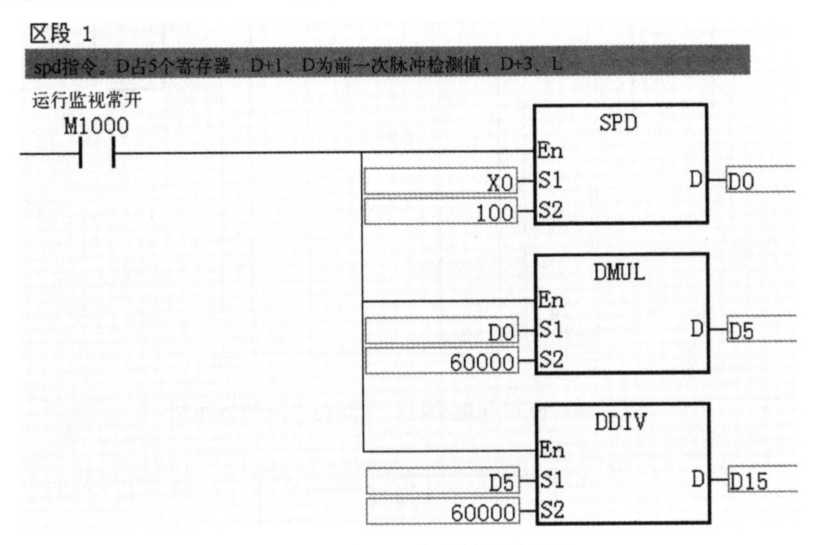

图 2-26　编码器脉冲转换梯形图

读取到转速信息后，需要经过 PID 运算得到需要设定的电动机转速。但是 PLC 输出的设定转速是数字量，还需要将数字量转换为模拟值。可以通过 D/A 模块将数字的设定转速值转换为电压值，然后控制变频器模块的输出频率，进而控制电动机的转速。

本实验中对应的 D/A 转换关系经过实验拟合可以近似为 Y=(X×233+933)/10。其中 X 为模拟量，Y 为数字量。转换器的数字量存储在数据寄存器 D104 中，转换后的数据存储于 D136。此过程对应的梯形图如图 2-27 所示。

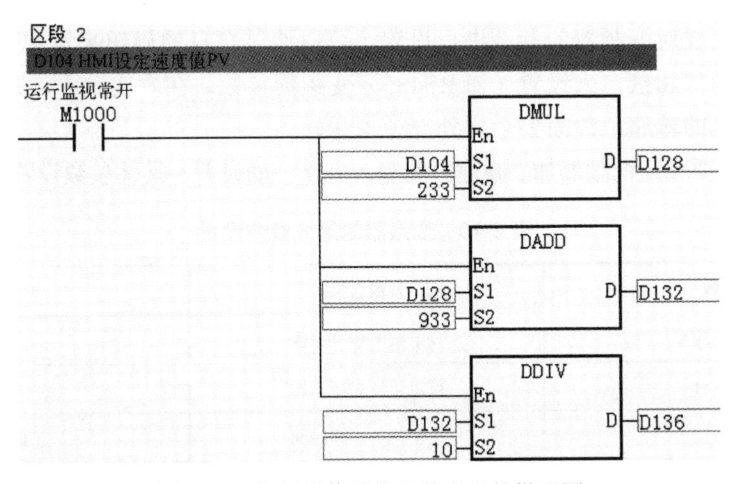

图 2-27　将模拟值转换为数字量的梯形图

2.5.3 硬件连接

PLC与电动机、变频器之间的接线图，以及D/A模块与变频器之间的接线图分别如图2-28和图2-29所示。

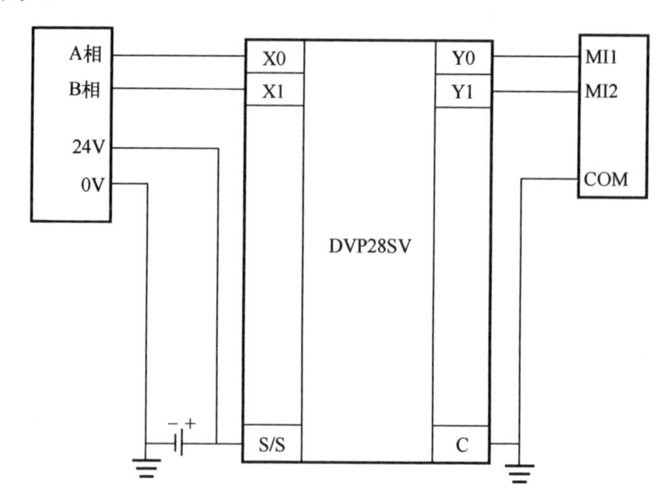

图2-28 PLC与电动机、变频器之间的接线图

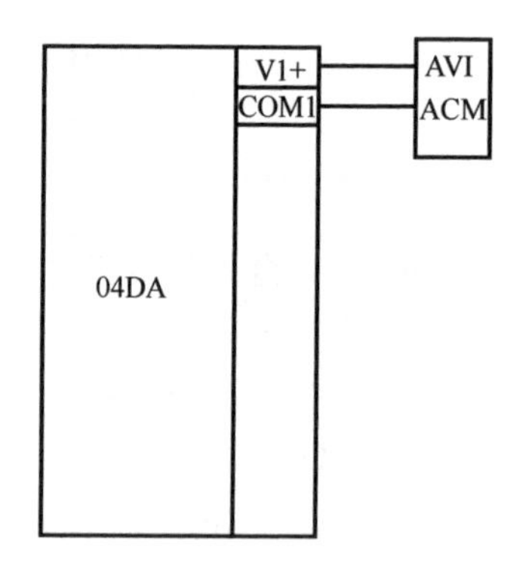

图2-29 D/A模块与变频器之间的接线图

此外，还需要对变频器的参数进行设置。可以通过自身的旋钮来设置变频器参数，也可以通过外部模拟和接口来设置（如RS485）变频器参数。在本实验中，采样D/A的输出量来控制电动机的转速，故需要采样外部模拟量输入。

另外，还需要设定变频器加、减速时间等，可以手动设置。具体参数设置如表2-10所示。

表2-10 变频器的具体参数设置

参数	参数含义	设定值
00～20	设定频率指令来源	2
00～21	设定运转指令来源	1
01～12	设定第一加速时间	1.00
01～13	设定第一减速时间	1.00

（1）00～20 用于设定频率指令来源，初值为 0。若将其设置为 2，则表示由外部模拟输入。

（2）00～21 用于设定运转指令来源，初值为 0。若将其设置为 1，则表示由外部端子操作。

（3）01～12 用于设定第一加速时间，初值为 10.00，将其设置为 1.00。

（4）01～13 用于设定第一减速时间，初值为 10.00，将其设置为 1.00。

2.6　伺 服 系 统

伺服系统（见图 2-30）是高端工业自动化控制系统之一，其以位置、速度、转矩为控制量，能够动态跟踪目标变化，实现自动化控制，是实现工业自动化精密制造和柔性制造的核心系统。伺服系统具备定位精度高、动态响应快、稳定性强等性能特点。近年来，随着电子、控制理论、计算机等技术的快速发展以及电机制造工艺水平的不断提高，伺服系统得到快速发展，应用范围也日益扩大，包括工业机器人、机床工具、纺织机械、电子制造设备、医疗设备、印刷机械自动化生产等领域。

图 2-30　伺服系统

“伺服（Servo）”一词源于希腊语“奴隶”，意即“伺候”和“服从”。人们想把“伺服系统”当成一个得心应手的工具，“服从”控制信号进而进行动作：在信号到来之前，转子静止不动；在信号到来之后，转子立即转动；当信号消失时，转子能立即自行停转。由于其“伺服”性能而得名——伺服系统（Servomechanism）。伺服系统中的伺服电机有多种类型，包括交流伺服电机、直流伺服电机、无刷直流伺服电机、位置旋转伺服电机、连续旋转伺服电机和线性伺服电机。这些不同类型的伺服电机根据应用领域的不同而有所差异。

在欧美市场，如西门子、博世力士乐、施耐德和罗克韦尔等品牌主要面向大中型高功率市场。在我国伺服市场，汇川、安川和台达等企业占据着主要的市场份额。中达电通的伺服电机可以精确地控制自动化控制系统中机械元件的速度、转矩和位置。中达电通的伺服电机主要是交流伺服电机，分为 ASDA 伺服驱动器和 ECM 伺服电机两种系列，是应用非常广泛的中低功率伺服驱动器。

2.6.1　伺服系统的组成和工作原理

1. 伺服系统的组成

伺服系统是一种为控制机械系统而设计的闭环电机控制系统。无论是直流还是交流伺服电机，系统组成和工作原理都基本相同，区别仅在于选用的伺服电机类型和相应的控制方法。伺服系统主要由伺服电机和伺服驱动器组成，其中伺服驱动器负责向伺服电机发送所需的电压和电流，进而控制转矩、速度或位置，使其能够实现所需的运动。伺服驱动器的控制器根据被控对象所需的路径和设计的控制方法，首先计算发送的低压指令信号，然后触发伺服驱动器向伺服电机发送相应的电能，最终为伺服电机提供指令。伺服控制器的结构和控制模式将在下一节详细描述。伺服电机在该系统中的角色是接收伺服驱动器所计算的电力控制信号，并将电能转化为机械能，保证较高的速度和位置精度。一个典型的工业用伺服系统的组成如图 2-31 所示，其中深灰色为伺服驱动器组成部分，浅灰色为伺服电机组成部分。伺服电机包括反馈装置，如光电编码器、旋转编码器或光栅等（位置传感器）；其中伺服控制器的功能为提供整个伺服系统的闭环控制，如转矩控制、速度控制、位置控制等，伺服驱动器通常包括伺服控制器和功率放大器。

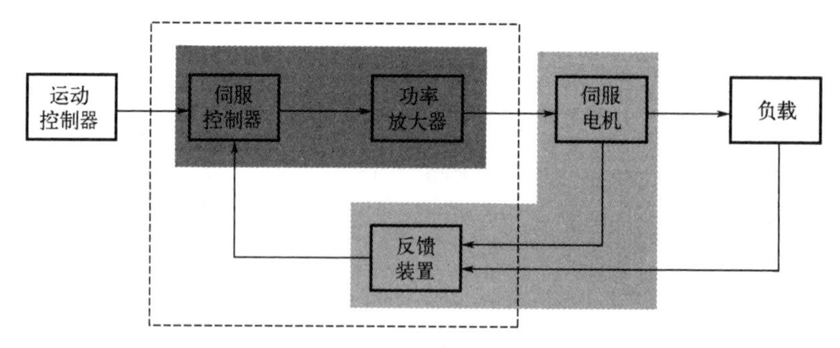

图 2-31　一个典型的工业用伺服系统的组成

2. 伺服电机

伺服电机是指在伺服系统中控制机械元件运转的发动机，是一种辅助马达间接变速装置。伺服电机在伺服系统中的作用是将伺服驱动器提供的电压信号转化为转矩和转速以驱动控制对象，其位置精度非常高。

伺服电机是一种自动控制系统，可以跟随输入目标的任意变化精确控制物体的位置、方位和状态等输出量。伺服电机通过接收脉冲来定位和控制位置，发出的脉冲与接收的脉冲形成闭环控制，以实现精确的定位，精度可达 0.001mm。直流伺服电机分为有刷和无刷两种，有刷电机成本低、调速范围宽，但维护成本高且易产生电磁干扰，适用于普通工业和民用场合；无刷电机具有体积小、出力大、响应快、效率高等优点，但控制复杂，可用于各种环境。交流伺服电机分为同步和异步两种，同步电机功率范围大，适合低速平稳运行，而异步电机控制较复杂。伺服电机的内部转子为永磁铁，在驱动器的控制下，U/V/W 三相电形成电磁场，使转子转动。编码器反馈信号给伺服驱动器进行比较，调整转子转动的角度，编码器的精度决定了伺服电机的精度。

选择伺服电机需要考虑多种因素，包括品种、型号、规格等。不同厂商的伺服电机具有不同的功能特点。按照伺服电机的驱动方式，伺服系统可以分为电气式、液压式和气动式三种；按照伺服电机的功能，伺服系统可以分为功率伺服、计量伺服、位置伺服、速度伺服和加速度伺服等。

在选择伺服电机时，最首要的是根据电机的电气信号确定电机的直流或交流类型。因此，伺服电机最常用的分类为直流（DC）伺服电机和交流（AC）伺服电机。本节只介绍按照电机信号类型的直流和交流分类。

直流伺服电机由带刷的直流电机驱动，相对于交流伺服电机，直流伺服电机更容易控制，并且其体积小、价格低，曾经被广泛使用。但随着交流电机控制技术的发展，现在直流伺服电机使用得越来越少。直流伺服电机的基本构造与直流电动机相似，具有良好的线性调节特性和快速的时间响应。直流伺服电机的优点是速度控制精确、控制原理简单、使用方便、价格低廉，但其缺点是会产生磨损微粒、电刷要换方向、速度有限制，不适用于无尘易爆环境。

交流伺服电机由交流电机驱动，相对于直流伺服电机，其控制较为复杂。但随着控制技术的发展，交流伺服电机的控制问题已经得到解决，现在已经成为市场上最广泛使用的伺服电机。交流伺服电机的基本构造与交流感应电机相似，可分为永磁同步型和感应电机型两类。永磁同步型使用永磁体，成本较高，主要用于输出功率较小的领域；感应电机型不使用永磁体，虽然转矩控制较为复杂，但具有很多优点，适用于较大容量的伺服系统。

交流伺服电机的优点是速度控制特性良好、效率高、发热少、控制平稳、位置控制精度高、低噪音、无电刷磨损、适用于无尘易爆环境等；其缺点是控制较为复杂，需要现场调整 PID 参数并需要更多的连线。因此，在选择伺服电机时，需要综合考虑其优缺点，并根据具体需求和应用环境选择合适的型号和规格。

3. 伺服系统闭环控制

作为具有反馈的闭环的自动控制系统，伺服系统具有电流反馈、速度反馈和位置反馈的三闭环结构，其中电流环和速度环为内环，位置环为外环。本章以交流伺服系统为例，简单阐述其构成原理，伺服系统的三闭环结构如图 2-32 所示。

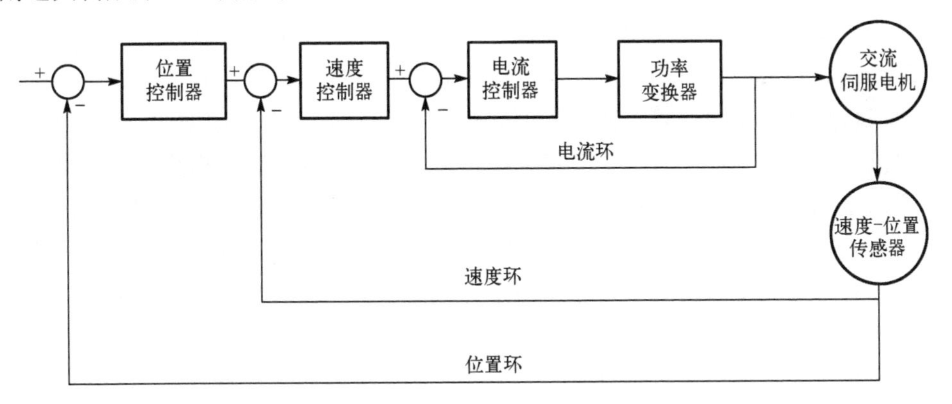

图 2-32 伺服系统三闭环结构

如图 2-32 所示，交流伺服系统由交流伺服电机、功率变换器、速度-位置传感器及位置、速度、电流控制器组成。整个系统由三个环控制，分别为电流环、速度环和位置环，都是闭环负反馈 PID 调节系统。

最内部的环路是电流环，其作用是能够使电机电流实时跟踪指令信号，使得电枢电流在可控范围内变化，让系统能够有足够大的加速转矩。此环完全在伺服驱动器内部进行，通过霍尔装置检测驱动器给电机的各相输出电流，负反馈对电流的设定进行 PID 调节，从而使输出电流尽可能等于设定电流，电流环用于控制电机转矩，所以在转矩模式下驱动器的运算量最小，动态响应速度最快。

中间环是速度环，通过检测电机编码器的信号来进行负反馈 PID 调节，它的环内 PID 输出直接就是电流环的设定，所以在控制速度环时就包括速度环和电流环，换句话说，任何模式都必须使用电流环，电流环是控制的根本，在控制速度和位置的同时，系统实际也在控制电流（转矩）。

最外层是位置环，可以在驱动器和电机编码器间构建，也可以在外部控制器、电机编码器或最终负载间构建，要根据实际情况来定。由于位置环内部输出就是速度环的设定，因此在位置控制模式下，系统进行了三个环的运算，此时系统运算量最大，动态响应速度也最慢。

4．伺服系统的三种控制方式

上面介绍了伺服系统的三种闭环结构及其作用，用户根据自己的需求来选择不同环。伺服系统有三种控制方式：位置控制方式、转矩控制方式、速度控制方式。

1）位置控制方式

位置控制方式一般通过外部输入脉冲频率来确定转度大小，通过脉冲的个数来确定转动的角度，也有些伺服电机可以通过通信方式直接对速度和位移进行赋值，由于位置控制方式可以对速度和位置都有很精确的控制，所以该方式一般应用于定位装置。

2）转矩控制方式

转矩控制方式通过外部模拟量的输入或直接的地址赋值来设定电机轴对外的输出转矩的大小。

在转矩控制方式下，通过电流环路控制电机，转矩与电流成正比，伺服系统的控制器会通过驱动器获得实际电机的电流，并以此来确定实际电机转矩。在闭环条件下，实际转矩值与所需转矩进行差值计算，闭环控制回路中的控制器实时调整电机的电流以实现所需转矩。电机产生的转矩大小取决于其接收的电流大小。转矩决定了电机的加速度，该加速度会影响速度和位置。因此，伺服系统的电流控制回路是必要的。电流控制回路通常使用 PI（比例积分）控制器进行调节，电流回路参数通常由制造商设置。在实际工作中，用户可以通过实时改变模拟量来改变需要的转矩大小，也可以通过通信方式改变对应的地址数值进而来改变转矩大小。

转矩控制方式主要应用在对材质的受力有严格要求的情况，例如，在工业生产中的绕线装置或拉光纤设备，转矩的设定要根据缠绕的半径变化随时更改，以确保材质的受力不会随着缠绕半径的变化而改变。

3）速度控制方式

通过改变模拟量的输入或改变脉冲的频率都可以控制转速，当上位控制装置使用外环 PID 控制时，可以利用速度控制方式进行定位，但必须把电机的位置信号或直接负载的位置信号给上位控制装置做运算用。速度控制方式也支持直接利用负载外环检测位置信号，此时的电机轴端的编码器只检测电机转速，位置信号由最终负载端的检测装置来提供。这样做的优点在于可以减小中间传动过程中的误差，提高整个系统的定位精度。

根据三种控制方式的特点可以总结出，从伺服驱动器的响应速度来看，转矩控制方式的运算量最小，驱动器对控制信号的响应速度最快；位置控制方式的运算量最大，驱动器对控制信号的响应速度最慢。

在工业场景中，如果对电机的速度、位置都没有特别要求，只需要输出一个恒转矩，但又对材质的受力有严格要求，那么此时最适合采用转矩控制方式，如工业生产中的绕线装置或拉光纤设备。

在工业场景中，当对转动中的动态性能有比较高的要求，并且需要实时对电机进行调整时，适合采用速度或者位置控制方式，如数控机床、印刷机械等场合。根据厂商的具体条件进行分析，如果伺服系统的控制器本身的运算速度很慢（如 PLC 或低端运动控制器），就采用位置控制方式。如果控制器运算速度比较快，可以用速度控制方式，把位置环从驱动器移到控制器上，减少驱动器的工作量，进而提高效率。

速度控制和转矩控制都是通过模拟量来控制的，位置控制是通过脉冲信号来控制的。具体采用什么控制方式要根据用户的要求及满足哪种功能来选择。

一般来说，评价驱动器控制的好坏，有一个直观的指标，即响应带宽。当进行转矩控制或速度控制时，通过脉冲发生器给电机一个方波信号，使其不断地正转、反转，不断地调高频率，示波器上显示的是一个扫频信号，当包络线的顶点到达最高值的 70.7%时，表示已经失步，此时频率的高低就能说明控制的好坏了，一般电流环能做到 1000Hz 以上，而速度环只能做到几十赫兹。

伺服系统位置 PT 模式、位置 PR 模式、速度模式、转矩模式的接线方式不完全一样，使用时要注意。

2.6.2　伺服驱动器模式控制及应用

伺服驱动器是一种用于控制伺服电机的电子设备，负责接收来自控制器的指令，控制伺服电机的转速和位置，并将驱动信号转换为电机可接收的信号。伺服驱动器一般包括电源模块、控制模块和功率模块。

伺服驱动器通过控制电机的电压、电流、相位等参数，实现对电机的精准控制，确保电机能够按照预期的速度和位置进行转动。此外，伺服驱动器还具有过载保护、过流保护、过压保护等多种安全保护功能，以保障伺服系统的正常运行和电机的安全使用。

不同的伺服驱动器适用于不同类型、不同功率和不同规格的伺服电机。因此，在选择伺服驱动器时，需要考虑伺服电机的型号和规格，并根据具体需求选择合适的伺服驱动器。

台达的伺服驱动器产品广泛应用于工业自动化、机器人、数控机床、半导体制造等领域，具有稳定可靠、功能性强、易于操作和节能环保等优点。下面以台达 ASDA-B2 伺服驱动器为例进行简单介绍。

ASDA-B2 伺服驱动器的内部结构如图 2-33 所示。其中上半部分是控制器，主要由整流和逆变两个环节组成，可以产生电机所需的具有特定频率和相位的三相交流电源，以提供电机运行所需的电压和电流。下半部分的虚线框中为控制器，可根据编码器的反馈信号对伺服电机的位置、速度、转矩进行精确控制。

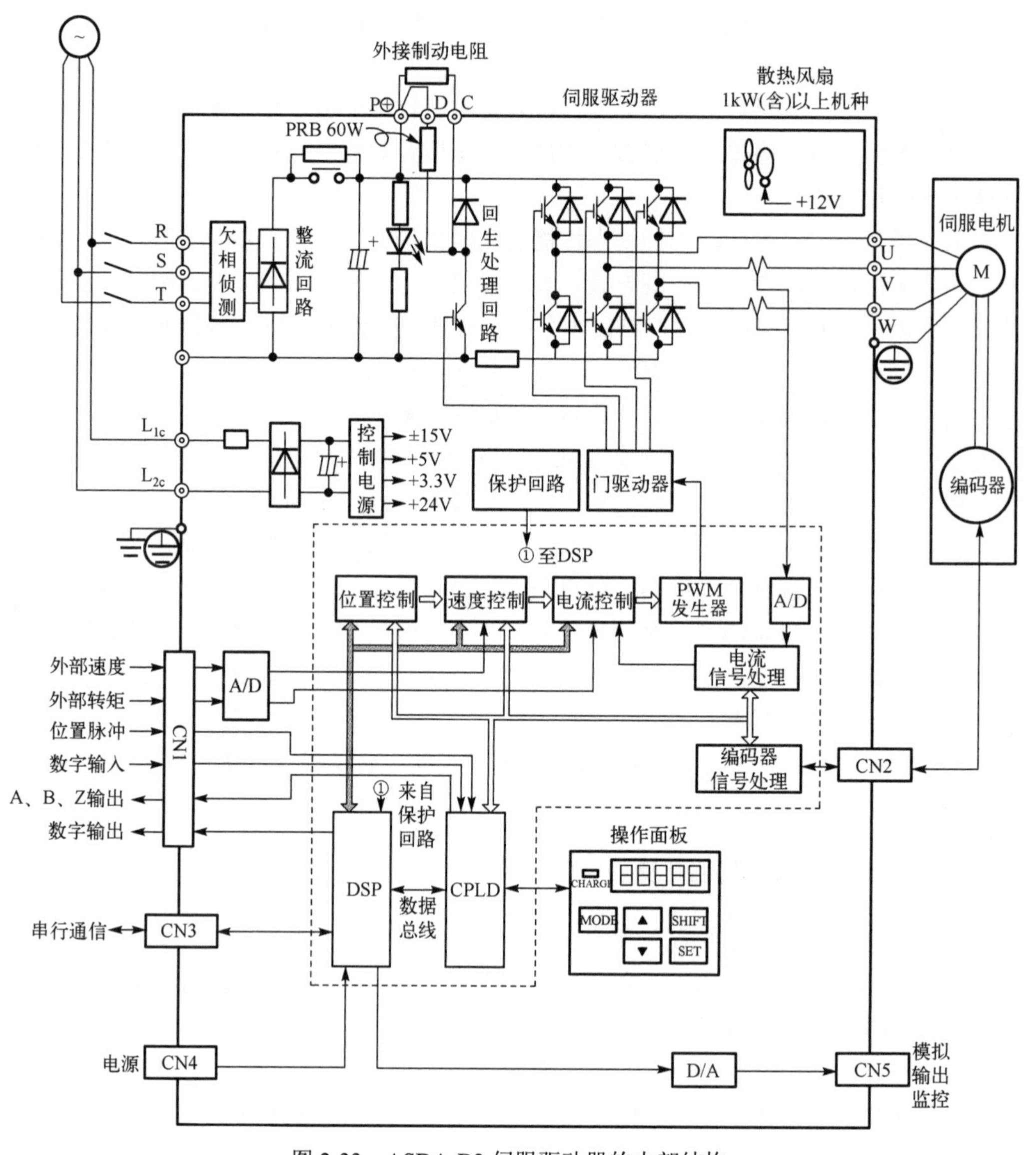

图 2-33　ASDA-B2 伺服驱动器的内部结构

ASDA-B2 伺服驱动器的外观如图 2-34 所示。用户通过操作部分按键设置不同的控制参数，并且支持 RS485 和 RS232 等多种通信连接方式。应用该驱动器时的周边装置接线图如图 2-35 所示。对于交流伺服电机，台达伺服驱动器采用多种不同的接线方式，包括单相接线、三相接线等。其中，单相接线适用于单相感应电机和永磁同步电机；三相接线适用于三相感应电机和三相永磁同步电机。此外，需要按照图 2-34、图 2-35，正确连接驱动器和电机的各个接口和信号线，以确保系统正常运行。在使用过程中，还需要根据具体使用需求，调整伺服驱动器的参数和控制模式，以实现所需的运动控制效果。

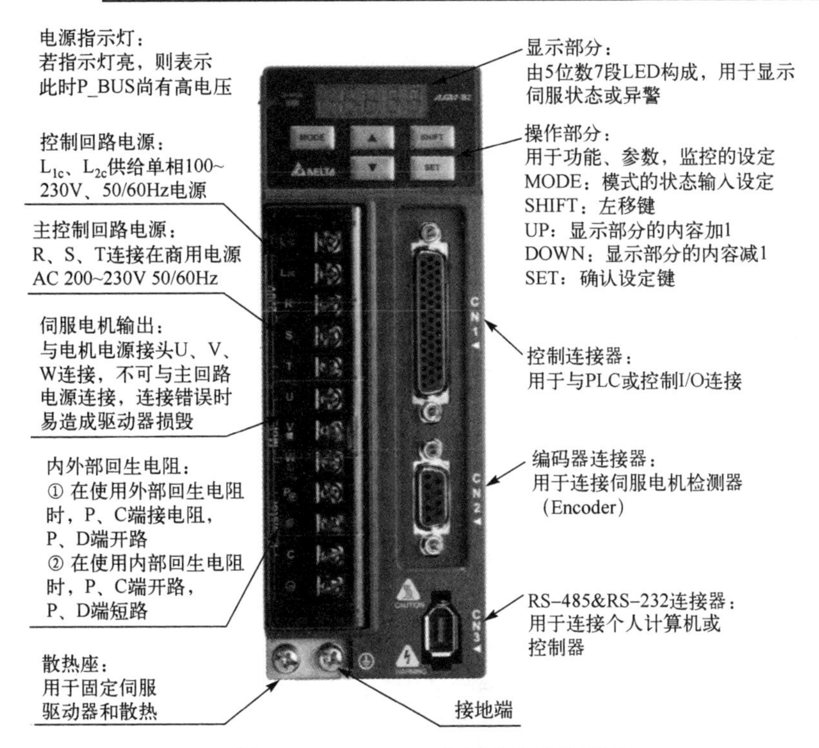

图 2-34 ASDA-B2 伺服驱动器的外观

ASDA-B2 可支持交流伺服电机的位置控制、速度控制和转矩控制三种控制方式，其驱动操作的模拟选择见表 2-11，具体功能及应用场景说明如下。

1）位置控制模式

在位置控制模式下，伺服驱动器通过外部输入的脉冲频率来确定转动速度的大小，并通过脉冲的个数来确定转动的角度，这也被称为脉冲伺服。此外，还有一些伺服可以通过总线通信方式直接对速度和位移进行赋值，称之为总线伺服。

位置控制模式通常应用于需要精确定位的场合，如产业机械中的定位装置。伺服驱动器提供了两种命令输入模式：脉冲输入和内部寄存器输入。方向性的命令脉冲输入可通过外界脉冲来操纵电机的转动角度，伺服驱动器可以接收高达 4Mpps 的脉冲输入。

2）速度控制模式

速度控制模式（S 或 Sz）适用于需要精确控制转速的场合，如 CNC 加工机。ASDA-B2 提供两种命令输入模式：模拟输入和寄存器输入。模拟输入可通过外部电压来控制电机转速，而寄存器输入则有两种应用方式：第一种是在操作前将不同速度命令值设定在三个命令寄存器中，然后通过 CN1 中 DI 的 SP0、SP1 来切换；第二种是利用通信方式改变命令寄存器的内容。为避免命令寄存器切换时产生转速不连续的问题，该模式提供完整的 S 形曲线规划。在闭环系统中，采用增益-积分型（PI）控制器。同时，也提供两种操纵模式（手动、自动）供用户选择。

3）转矩控制模式

转矩控制模式（T 或 Tz）通常应用于需要进行扭力控制的场合，如印刷机、绕线机等。ADSA-B2 有两种命令输入模式：模拟输入和寄存器输入。模拟输入可通过外界电压来操纵电机的转矩。寄存器输入则使用内部参数数据（P1-12～P1-14）作为转矩命令。

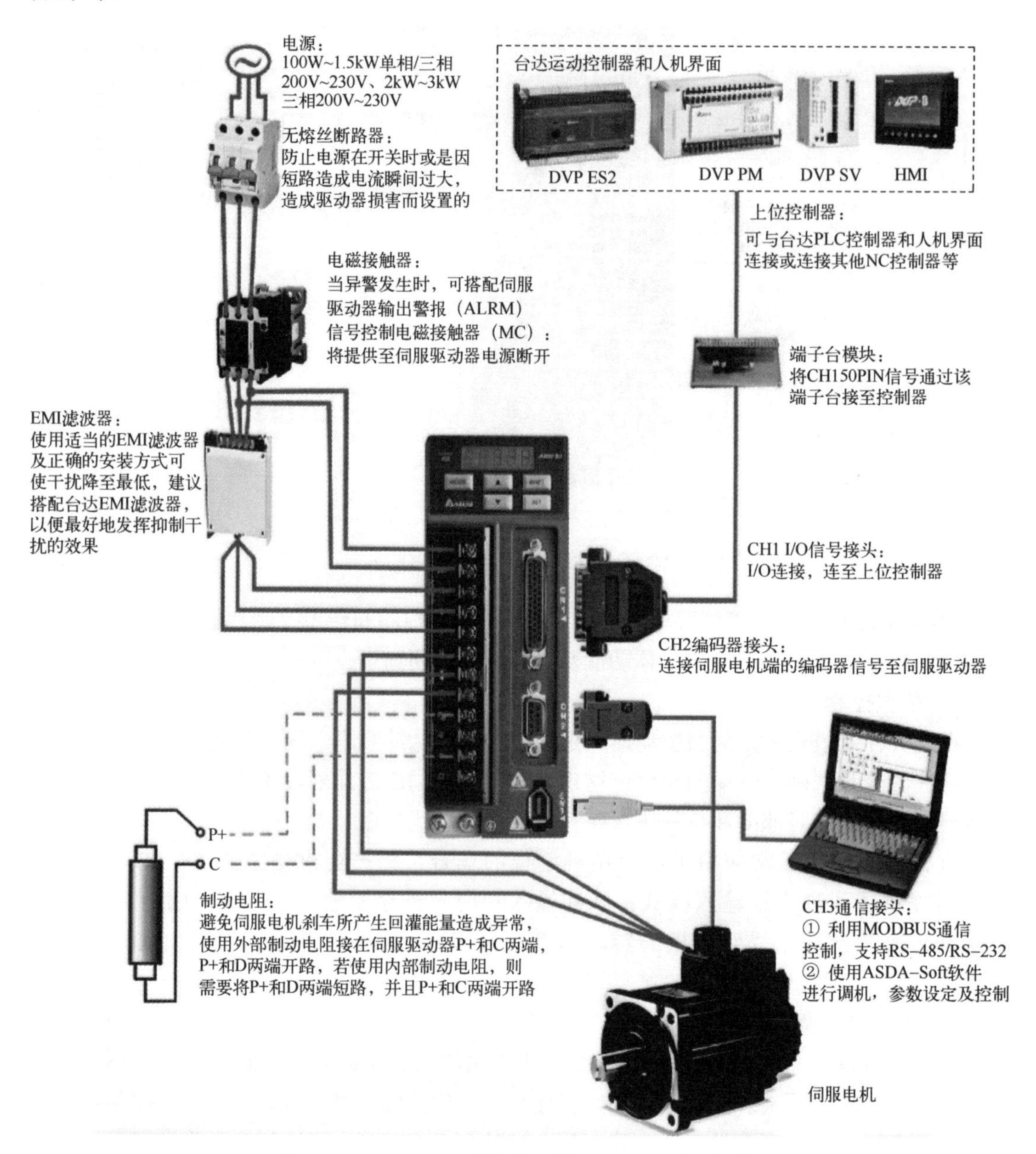

图 2-35　ASDA-B2 伺服驱动器的周边装置接线图

视频 2-3　台达伺服产品简介

表 2-11　ASDA-B2 驱动操作的模拟选择

模式名称	模式代号	说明
位置模式（端子输入）	PT	驱动器接收位置命令，控制电机至目标位置。位置命令由端子台输入，信号形态为脉冲
位置模式（内部寄存器输入）	PR	驱动器接收位置命令，控制电机至目标位置。位置命令由内部寄存器提供（共 64 组寄存器），可利用 DI 信号选择寄存器编号
速度模式	S	驱动器接收速度命令，控制电机至目标转速。速度命令可由内部寄存器提供（共三组寄存器），或由外部端子台输入模拟电压（–10V～+10V）。命令的选择是根据 DI 信号来选择的
速度模式（无模拟输入）	Sz	驱动器接收速度命令，控制电机至目标转速。速度命令仅可由内部寄存器提供（共三组寄存器），无法由外部端子台提供。命令的选择是根据 DI 信号来选择的
转矩模式	T	驱动器接收转矩命令，控制电机至目标转矩。转矩命令可由内部寄存器提供（共三组寄存器），或由外部端子台输入模拟电压（–10V～+10V）。命令的选择是根据 DI 信号来选择的
转矩模式（无模拟输入）	Tz	驱动器接收转矩命令，控制电机至目标转矩。转矩命令仅可由内部寄存器提供（共三组寄存器），无法由外部端子台提供。命令的选择是根据 DI 信号来选择的

视频 2-4　伺服控制方式的特点简介

4）混合控制模式

除了上述三类的单一控制模式，ASDA-B2 伺服驱动器也提供混合控制模式可供用户根据需求灵活运用。混合控制模式的具体功能参见表 2-12。

（1）速度/位置混合模式（PT-S）。

（2）速度/转矩混合模式（S-T）。

（3）转矩/位置混合模式（PT-T）。

表 2-12　ASDA-B2 伺服驱动器混合控制模式的具体功能

模式名称	模式代号	功能
混合模式	PT-S	PT 与 S 可通过 DI 信号进行 S-P 切换
	PT-T	PT 与 T 可通过 DI 信号进行 T-P 切换
	S-T	S 与 T 可通过 DI 信号进行 S-T 切换

2.7　伺服电机案例

2.7.1　问题描述

本节讲解利用台达 ASDA-B2 伺服驱动器对 ECMA-C20602RS 伺服电机进行控制的相关内容。

本案例实现以下控制目标。

（1）正反转：实现电机的正反转，并在到达左右限位时停止。

（2）回原点：实现电机的回原点运动，并在到达原点限位时停止。

（3）绝对值：实现电机的绝对值运动，并在到达所设定的值时停止。

2.7.2 参数设置

首先需要对 B2 伺服驱动模块的相关参数进行设置，主要包括对电子齿轮比的分子和分母的设置、确定数字输入引脚 DI1、DI6、DI7 和 DI8 功能等，详细介绍可以查阅伺服驱动器数据手册（《ASDA-B2 系列标准泛用型伺服驱动器应用技术手册》）。B2 伺服驱动模块的相关参数设置如表 2-13 所示。

表 2-13 B2 伺服驱动模块的相关参数设置

参数	参数含义	设定值
P1-44	电子齿轮比的分子	16
P1-45	电子齿轮比的分母	360
P2-10	数字输入引脚 DI1	001
P2-15	数字输入引脚 DI6	000
P2-16	数字输入引脚 DI7	000
P2-17	数字输入引脚 DI8	000

P1-44 和 P1-45 分别为电子齿轮比的分子和分母，初值分别为 16 和 10。通过程序的编写与试运行，可以得到电机转动一圈的脉冲数为 100000，为了程序的编写方便，因此将 P1-45 的值设定为 360。

P2-10 为数字输入引脚 DI1，初值为 101。本案例将其设置为 001，数字输入引脚 DI1 为常闭接点，具有上电使能功能。

P2-15、P2-16 和 P2-17 分别为数字输入引脚 DI6、DI7 和 DI8，初值分别为 22、23 和 21。本案例分别将其设置为 000、000 和 000，表示功能不使用。

由于当电机转动时，需要实现反馈权限位置、控制启停等功能，伺服驱动器不能直接完成，因此需要通过 PLC 来实现。所以还要设置 PLC 的输入/输出端口与伺服控制器端口进行连接，具体需要 PLC 实现的控制功能包括正转、反转、右限位、左限位、回原点、原点限位、启动、停止等。B2 伺服驱动模块和 PLC 的 I/O 地址分配如表 2-14 所示。

表 2-14 B2 伺服模块和 PLC 的 I/O 地址分配

输入		输出	
器件（触摸屏 M）	说明	器件	说明
X0（M0）	正转	Y0	脉冲信号
X1（M1）	反转	Y1	方向信号
X2（M2）	右限位		
X3（M3）	左限位		
X4（M4）	回原点		
X5（M5）	原点限位		
X6（M6）	启动		
X7（M7）	停止		

2.7.3　代码编程

实现本案例的完整 PLC 梯形图如图 2-36 所示。

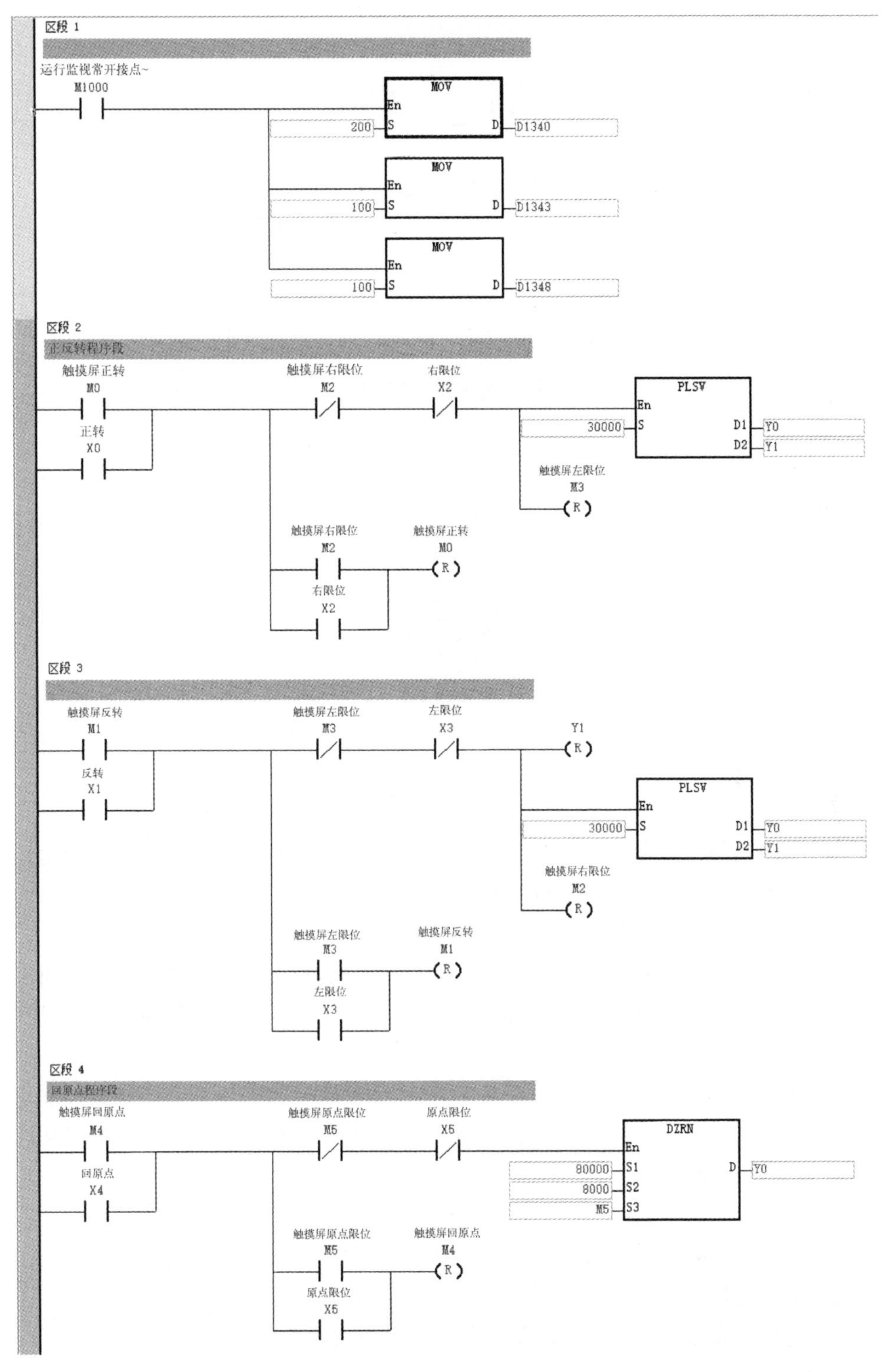

图 2-36　PLC 梯形图（1）

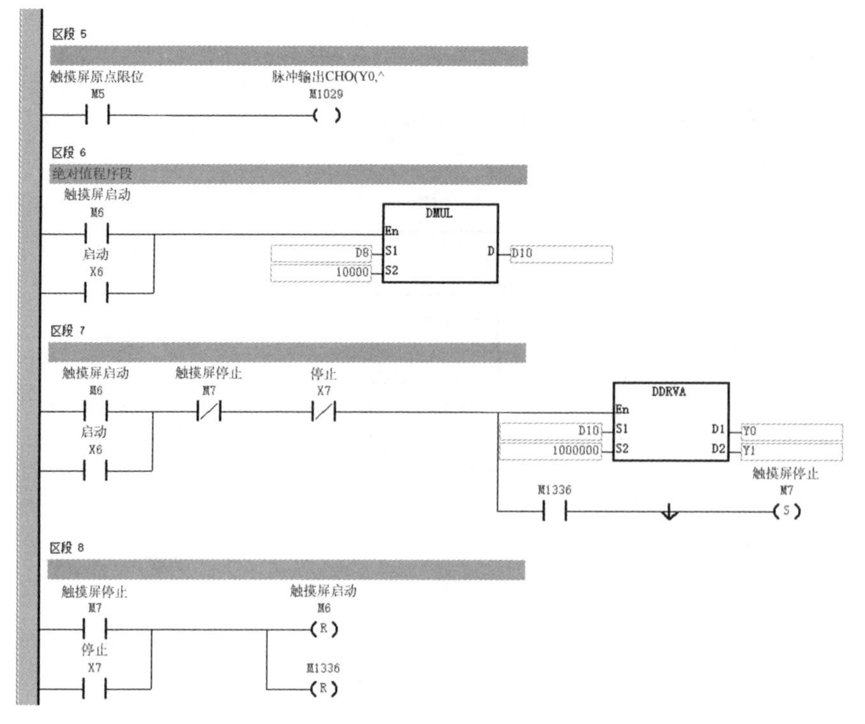

图 2-36 PLC 梯形图（续）

视频 2-5 伺服系统的参数说明

思考题

1．工业现场常见的控制器有哪些类型？

2．什么是 PLC？它与单片机、计算机等控制器相比有什么区别？

3．DVP-SV2 型 PLC 支持哪几种编程语言？

4．如何利用 PLC 实现一个智能舞台灯光的控制任务？要求按下“开始”按钮后，三种不同颜色的灯串依次循环闪烁，直至按下停止按钮才停止闪烁。请简述其设计过程并给出梯形图。

5．利用变频器实现电机调速控制，并在 HMI 设置速度和 PID 的三个参数，要求启动后系统按照设定速度运行，并将实际的速度和给定的速度进行实时对比，并将实际速度以实时曲线的方式显示出来。

（1）完成系统的硬件设计、软件设计、HMI 设计。

（2）调整 PID 参数，记录系统的性能（稳定性、稳态误差、动态特性）变化。

6．简述伺服电机的结构。

7．什么是伺服系统？它与伺服电机、伺服驱动器之间有什么关系？

8．台达伺服电机有哪些控制模式？

第3章 智能传感器技术

人们为了从外界获取信息，必须借助于感觉器官。而单靠人们自身的感觉器官研究自然现象和规律以及生产活动是远远不够的。为了解决这类问题，就需要一种特殊的信息获取器件——传感器。因此可以说，传感器是人类五官的延伸，故又称之为电五官。

随着新技术革命的到来，开始进入信息时代。在利用信息技术的过程中，首先要获取准确可靠的信息，而传感器是获取信息最为主要的途径与手段。故在日常生活和工业生产中，传感器均有广泛应用。

市场上有各种各样的工业传感器，因此为特定应用选择合适的传感器是一个挑战。工业传感器几乎涵盖了所有传感器类别，包括位置、速度、温度、压力、流量等传感器，应用领域覆盖汽车电子、工业控制、智能家居、能源、航空、安全和安保、医疗和建筑等。

引入案例

国产红外温度传感器的精度达 0.1℃

高性能耳温枪、额温枪等非接触式测温工具是发热筛查的主要工具之一，其核心部件 MEMS（微机电系统）红外温度传感器长期依赖进口。华东光电集成器件研究所通过技术攻关，已完成传感器芯片各类单项试验，性能指标精度达到 0.1℃，抗干扰能力优于目前市场主流产品（性能指标精度为 0.3℃）。

随着全球健康监测意识的提升和个人健康管理的普及，对高性能耳温枪和额温枪等非接触式人体测温工具的需求持续增长。华东光电集成器件研究所自 2020 年 1 月底紧急调整产品研制计划，组建党员突击队和技术攻关小组，24 小时不间断轮班开展研制工作，完成了传感器芯片各类单项试验，同时，该所还采购全自动化组封装关键设备、补充芯片制造的关键设备，推动传感器芯片制造、组封装的国产化，月产能从 2 万颗提升到 100 万颗以上，以满足市场对于高精度非接触式测温工具的广泛需求。

3.1 工业中的常用传感器

传感器是一种检测装置，能获取被测物理量。它能按一定规律将被测量信号转换成电信号或其他所需形式的信息，以满足对信息的传输、处理、存储、显示、记录和控制等要求。

现代传感器的特点为：微型化、数字化、智能化、多功能化、系统化、网络化。

传感器是实现自动检测和自动控制的关键元器件。传感器的存在和发展，让物体有了“触觉”“味觉”“嗅觉”等感官，让物体慢慢变“活”了。在现代工业生产尤其是自动化生产过程中，要用各种传感器来监视和控制生产过程中的各个参数，使设备工作在正常状态或最佳状态。可以说，如果没有众多性能优良的传感器，那么现代化生产就失去了基础。

视频 3-1 常用传感器

在基础学科研究中，传感器更具有突出的地位。随着现代科学技术的发展，科学家们开始研究许多新领域。例如，宏观上要研究上千光年的茫茫宇宙，微观上要研究小到 fm（飞米）的粒子世界；纵向上要研究长达数十万年的天体演化，短到 ns（纳秒）甚至更短的瞬间反应。此外，还出现了对深化物质认识、开拓新能源和新材料等具有重要作用的各种极端技术的研究，如超高温、超低温、超高压、超高真空、超强磁场、超弱磁场等。显然，要获取大量人类感官无法直接获取的信息，没有合适的传感器是不可能的。许多基础科学研究的障碍在于对象信息的获取存在困难，而一些新机理和高灵敏度的检测传感器的出现，往往会突破这些障碍。

传感器早已渗透到诸如工业生产、宇宙探索、海洋探测、环境保护、资源调查、医学诊断、生物工程，甚至文物保护等极其广泛的领域。可以毫不夸张地说，从茫茫的太空到浩瀚的海洋，以至各种复杂的工程系统，几乎每个现代化项目都离不开传感器。

传感器一般由敏感元件、转换元件、转换电路和辅助电源组成，如图 3-1 所示。

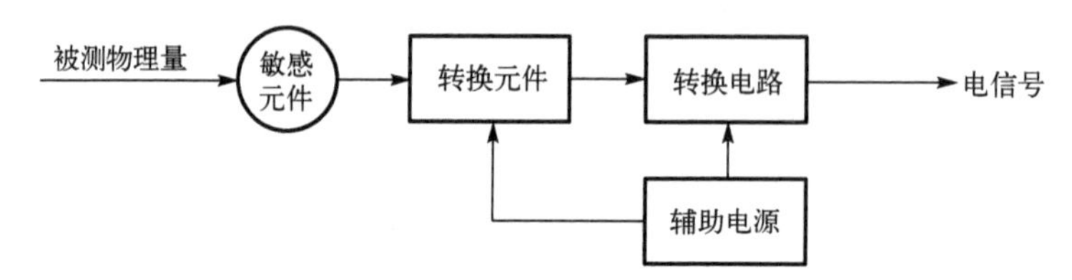

图 3-1 传感器的组成

敏感元件直接感受被测物理量，并输出与被测物理量有确定关系的物理量信号；转换元件将敏感元件输出的物理量信号转换为电信号；转换电路负责对转换元件输出的电信号进行放大调制使其适于传输或测量。敏感元件和转换元件分别完成传感器的检测和转换两个基本功能。转换元件和转换电路一般还需要辅助电源供电。

传感器的分类方法有很多种。通常，按照用途可以分为压力传感器、位置传感器、液位传感器、速度传感器、加速度传感器等；按照原理可以分为振动传感器、湿敏传感器、磁敏传感器、气敏传感器、生物传感器等；按照输出信号可以分为模拟传感器、数字传感器、开关传感器等。还有其他的分类方法，在此不再列举。

3.2　传感器的工作原理与应用案例

本节主要介绍几种在工业智能制造领域中常用到的传感器。

3.2.1　温度传感器

温度是工业生产和科学实验中最常见、最重要的参数之一。根据被测对象的实际测量需要，测量温度的方法有很多种。以测量体与被测介质是否接触为依据，可以将测量方法分为接触式和非接触式两种。如图 3-2 所示为非接触式红外测温传感器。

图 3-2　非接触式红外测温传感器

温度传感器的分类如表 3-1 所示。

表 3-1　温度传感器的分类

测温方式	类别	原理	典型仪表	测温范围/℃
接触式	膨胀类	利用液体或气体的热膨胀及物质的蒸汽压变化	玻璃液体温度计	−100～600
			压力式温度计	−100～500
			双金属温度计	−80～600
		利用两种金属的热膨胀差	双金属温度计	−80～600
	热电类	利用热电效应	热电偶	−200～1800
	电阻类	固体材料的电阻随温度变化而变化	铂热电阻	−260～850
			铜热电阻	−50～150
			热敏电阻	−50～300
	电学类	利用半导体器件温度的效应	集成温度传感器	−50～150
		晶体固有频率随温度变化而变化	石英晶体温度计	−50～120
非接触式	光纤类	利用光纤的温度特性或将光纤作为传光介质	光纤温度传感器	−50～400
			光纤辐射温度计	200～4000
	辐射类	利用普朗克定律	光电高温计	800～3200
			辐射传感器	400～2000
			比色温度计	500～3200

热电偶是工业生产中一种应用较为广泛的温度传感器。图 3-3 为普通型热电偶的结构。

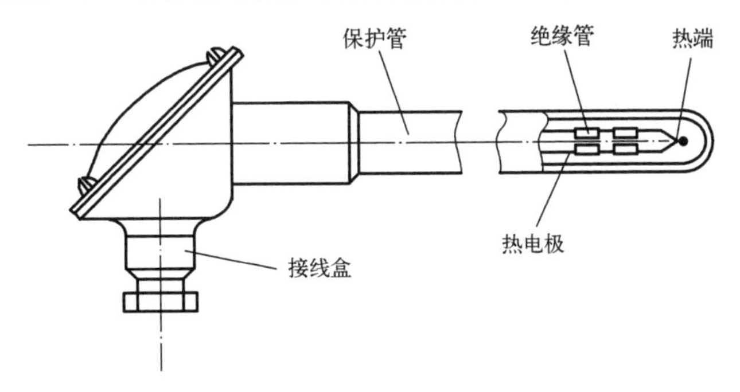

图 3-3　普通型热电偶的结构

除此之外，常见的还有铠装型热电偶、薄膜型热电偶等，其结构如图 3-4 所示。铠装型热电偶是由热电极、绝缘材料和金属导管一起拉制加工而成的坚实缆状组合体，如图 3-4（a）所示。该热电偶可以做成细长型，使用过程中可根据需要随意弯曲，测温范围通常在 1100℃以下，其优点是测温端的热容量小，故其热惯性小，动态响应快；寿命长，机械强度高，弯曲性好，可安装在结构复杂的装置上。薄膜型热电偶（见图 3-4（b））是将两种薄膜热电极材料用真空蒸镀、化学涂层等方法蒸镀到绝缘基板（云母、陶瓷片、玻璃及酚醛塑料纸等）上制成的一种特殊热电偶。薄膜型热电偶的接点可以做得很小、很薄（0.01～0.1μm），具有热容量小、响应速度快（ms 级）等特点。该热电偶可以测量微小面积上的表面温度以及快速变化的动态温度，测温范围在 300℃以下。

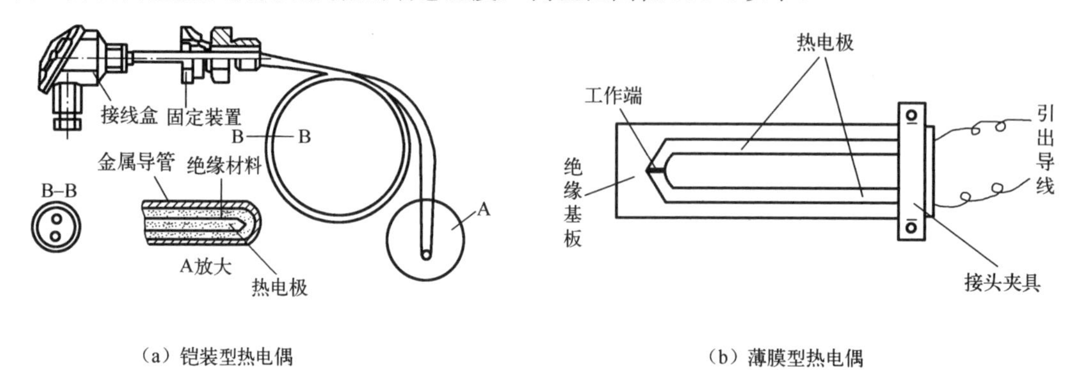

（a）铠装型热电偶　　（b）薄膜型热电偶

图 3-4　常见热电偶的结构

热电偶温度传感器的工作原理是基于热电效应来测量温度的。热电偶的简化结构原理图如图 3-5 所示，它由两种不同的导体组成，两端相互紧密地连接组成一个闭合回路。当闭合回路两接点间温度不相等（假设 $t > t_0$）时，忽略导体中温差电势影响，回路中就会产生大小和方向与导体材料及两接点的温度有关的电势，这种现象称为热电效应（也称塞贝克效应），该电势称为热电势。把这两种不同导体的组合称为热电偶，称 A、B 两导体为热电极。热电偶有两个接点，一个为工作端或热端（t），测温时将该端置于被测温度场中；另一个为自由端或冷端（t_0），一般要求该端恒定在某一温度场中。

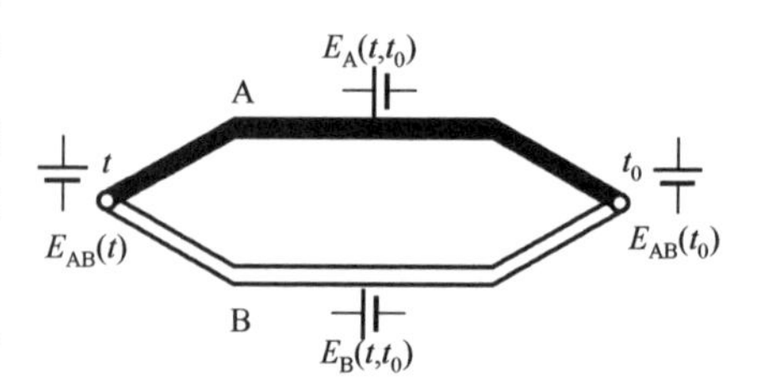

图 3-5　热电偶的简化结构原理图

热电偶遵循均质导体定律、中间导体定律和中间温度定律。

均质导体定律：由一种均质导体（或半导体）组成闭合回路，无论导体（或半导体）的截面积和长度如何，以及各处的温度分布如何，都不能产生热电势，温差电势相抵消，回路中总电势为零。

中间导体定律：在热电偶测温回路内接入第三种导体，只要接入的第三种导体两端温度相同，就对回路的总热电势没有影响。中间导体定律的意义在于：在实际的热电偶测温应用中，可以将测量仪表（如直流毫伏表、电子电位差计等）和连接导线作为第三种导体，通过测量仪表直接读取热电偶的热电势大小。

中间温度定律：两接点的温度分别为 t 、t_0 时的热电势 $E_{AB}(t,t_0)$ 等于温度 t 、t_c 时的热电势 $E_{AB}(t,t_c)$ 与温度 t_c 、t_0 时的热电势 $E_{AB}(t_c,t_0)$ 的代数和，即

$$E_{AB}(t,t_0)=E_{AB}(t,t_c)+E_{AB}(t_c,t_0) \tag{3-1}$$

中间温度定律为补偿导线的使用提供了理论依据。该定律表明：如果热电偶的两个电极通过连接两根导体的方式来延长，只要接入的两根导体的热电特性与被延长的两个电极的热电特性一致，且它们之间连接的两点间温度相同，则回路总的热电势只与延长后的两端温度有关，与连接点温度无关。同时，中间温度定律也为非线性输出的热电偶（热电势输出大小与温度呈非线性关系）查表法测温提供了理论依据，即在获取热电偶热端相对环境温度输出的热电势基础上，叠加上环境温度相对 0℃的热电势，就可得到热电偶热端相对 0℃的热电势，再由该电势查询相对应的分度表（我国常用的标准化的热电偶 K、E、B、S、T 都是基于冷端为 0℃时给出的热电势与温度间的对应关系），即可获取热端温度。

由热电偶的测温原理可知，热电偶产生的热电势大小与两端温度有关，热电偶的输出电势只有在冷端温度不变的条件下才与工作端温度为单值函数关系。在测量过程中为确保冷端温度不变，通常需要进行冷端温度补偿，常用的方法有以下 4 种。

（1）补偿导线法。热电偶的长度一般只有 1m 左右，要保证热电偶的冷端温度不变，可以把热电极加长，使冷端远离热端，将冷端放置到恒温或温度波动较小的地方。但这种方法对于由贵金属材料制成的热电偶来说会使成本增加，解决的方法是：采用一种称为补偿导线的特殊导线，将热电偶的冷端延伸出来。补偿导线实际上是一对与热电极化学成分不同的导线，在 0～150℃温度范围内与配接的热电偶具有相同的热电特性，但价格相对便宜。利用补偿导线将热电偶的冷端延伸到温度恒定的场所（如仪表室），相当于将热电极延长，根据中间温度定律，只要热电偶和补偿导线的两个接点温度相同，就不会影响热电势的输出。

（2）冷端恒温法。把热电偶的冷端置于某些温度不变的装置中，以保证冷端温度不受热端测量温度的影响。恒温装置可以是电热恒温器或冰点槽（槽中装冰水混合物，温度保持在 0℃）。

（3）冷端温度校正法。如果热电偶的冷端温度偏离 0℃，稳定在 t_0℃，则按式（3-1）（即中间温度定律）对仪表指示值进行修正。

（4）自动补偿法也称电桥补偿法。该方法在热电偶与仪表间加上一个补偿电桥，当热电偶冷端温度升高，导致回路总电势降低时，该电桥感受冷端温度的变化，产生一个电位差，其数值刚好与热电偶降低的电势相同，两者互相补偿。这样，测量仪表上所测得的电势将不随冷端温度变化而变化。自动补偿法解决了冷端温度校正法不适合连续测温的问题。

视频 3-2　电阻温度传感器

3.2.2 压力传感器

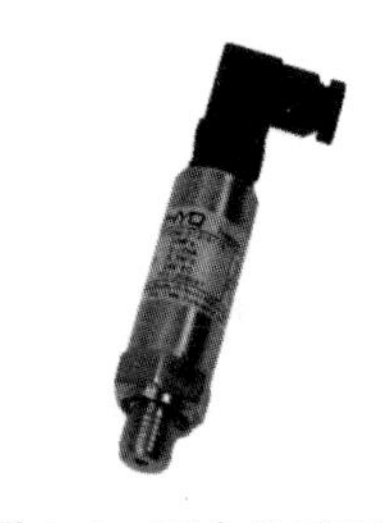
图 3-6 压力传感器

压力是工业生产过程中重要的过程参数之一。如图 3-6 所示为压力传感器。

在许多工业过程中，压力可以直接被测量出来，如锅炉的炉膛压力、烟道压力、加热炉压力等。此外，有些过程参数如温度、流量等往往要通过压力来间接测量。压力检测在生产过程自动化中具有特殊地位。常见的压力传感器有弹性式、液柱式、电气式及活塞式。

常见的压力传感器如表 3-2 所示。

表 3-2 常见的压力传感器

种类	主要特点	应用场合
弹性式压力计	测压范围宽，使用范围广；结构简单，使用方便，价格低廉；但是有弹性滞后现象	用于测压力或负压力，可现场指示、远传、记录、报警和控制，还可测易结晶、腐蚀性介质的压力与负压力
液柱式压力计	结构简单，使用方便；测量精度受工作液毛细管作用、密度等因素影响；测压范围较窄，只能测低压与微压；若用水银作为工作液，则易造成环境污染	用于测低压与负压力，用于作为标准计量仪器
电气式压力计	按作用原理不同，可分为振频式、压电式、压阻式等；根据不同形式，输出信号可以是电阻、电流、电压或频率等；适用范围较广	用于远传、发信与自动控制，可用于压力变化快、脉动压力、高真空与超高压场合
活塞式压力计	测量精度高，可达 0.05%～0.02%；结构复杂，价格较高；精度受温度、浮力等因素影响，使用时需要修正	可用作标准计量仪器，用于检测低一级活塞式压力计或检验精密压力计

下面简单介绍两种压力计。

（1）弹性式压力计。弹性式压力计是利用各种形式的弹性元件在被测介质压力的作用下，弹性元件受压后产生弹性变形的原理而制成的测压仪表，其优点是结构简单、可靠性强、读数清晰、牢固可靠、价格低廉、测量范围大以及有足够高的精度等。弹性式压力计可用来测量几百帕到数千兆帕范围内的压力。弹性元件是一种简易可靠的测压敏感元件。当测量的压力范围不同时，所用的弹性元件也不一样。图 3-7 为几种弹性元件，其中图 3-7（a）和（b）为弹簧管式弹性元件，图 3-7（c）和（d）为薄膜式弹性元件，图 3-7（e）为波纹管式弹性元件。

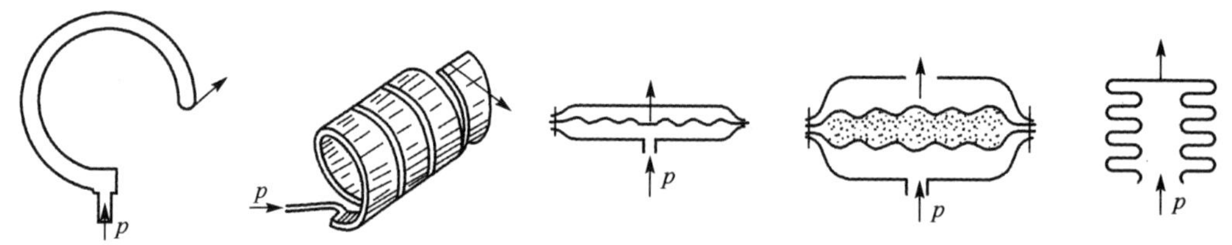

（a）弹簧管式弹性元件 （b）弹簧管式弹性元件 （c）薄膜式弹性元件 （d）薄膜式弹性元件 （e）波纹管式弹性元件

图 3-7 几种弹性元件

（2）应变式压力计。应变式压力计利用电阻应变原理测量压力，如图 3-8 所示。

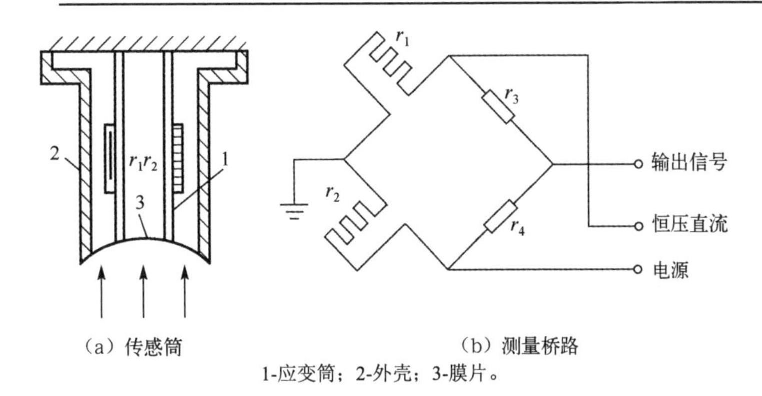

（a）传感筒 （b）测量桥路

1-应变筒；2-外壳；3-膜片。

图 3-8 应变式压力计

应变式压力计的敏感元件为应变片，是由金属导体或半导体材料制成的电阻体。应变片基于应变效应工作，当它受到外力作用产生机械形变（伸长或收缩）时，应变片的阻值也发生变化。

在应变片的测压范围内，其阻值的相对变化与应变系数成正比。通常应变片要与弹性元件结合使用，将应变片粘贴在弹性元件上，构成应变片压力传感器。应变片压力传感器所用弹性元件可以根据被测介质和测量范围的不同而采用各种形式，常见的有圆膜片式、弹性梁式、应变筒式等。

3.2.3 流量传感器

流量是使生产过程达到优质高产、确保安全生产以及进行经济核算的一个重要参数。由于流量检测条件的多样性和复杂性，因此检测流量的手段多样，目前还没有统一的分类方法。按照检测量的不同，可分为体积流量检测和质量流量检测；按照测量原理，又可分为容积式、速度式、节流式和电磁式。如图 3-9 所示为电磁流量计。

图 3-9 电磁流量计

几种主要流量计的性能比较如表 3-3 所示。

表 3-3 几种主要流量计的性能比较

名称	被测介质	测量精度	安装直管段要求	成本
容积式（椭圆齿轮流量计）	气体、液体	±(0.2～0.5)%	不需要直管段	较高
涡轮流量计	气体、液体	±(0.5～1)%	需要直管段	中等
转子流量计	气体、液体	±(1～2)%	不需要直管段	低
差压流量计	气体、液体、蒸汽	±2%	需要直管段	中等
电磁流量计	导电性液体	±(0.5～1.5)%	上游需要直管段，下游不需要直管段	高

下面简要介绍两种常见流量计。

1. 差压式流量计

差压式（也称节流式）流量计是基于流体流动的节流原理，利用流体在流经节流装置时产生的压力差而实现流量测量的。

当流体在有节流装置的管道中流动时，在节流装置前后的管壁处，流体的静压力产生差异的现象称为节流现象。孔板装置及压力、流速分布如图 3-10 所示。节流装置是在管道中放置的一个局部收缩元件，应用最广泛的是孔板，其次是喷嘴和文丘里管。

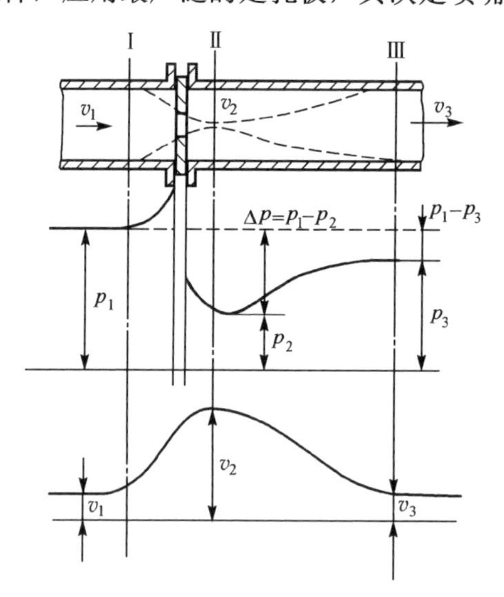

图 3-10 孔板装置及压力、流速分布

流体在管道界面 I 前，未受到截流元件影响，此处静压力记为 p_1，平均流速为 v_1，流体密度为 ρ_1；在接近节流元件处，流通截面积减小，流量减小，流速增大；通过孔板后，在截面 II 处流量达到最小，流速达到最大 v_2，此时静压力记为 p_2，流体密度为 ρ_2；之后流量逐渐变大，速度减慢，到截面III后平均流速 v_3 恢复为 v_1；但是由于流通截面积的变化，使流体产生了局部涡流，损耗了能量，所以静压力 $p_3 < p_1$，存在压力损失。在孔板前后的管壁上分别选择两个固定的取压点测量压差，即可根据流量基本方程式计算出流量大小。

2. 质量流量计

科里奥利式质量流量计是一种常用的质量流量计。利用流体在振动管道中流动时产生的科里奥利力与质量流量成正比来直接测量质量流量。如图 3-11 所示为科里奥利式质量流量计原理示意图。

在 U 型管道的 A、B、C 三处分别安装压电换能器。换能器 A 在外加交流电压的作用下产生交变力，使管道振动；换能器 B 和 C 对管道相应位置的振动进行检测，C 处的振动信号相位超前 B 处，根据相位差与质量流量成正比的关系，可以测得质量流量。如图 3-12 所示为科里奥利式质量流量计。

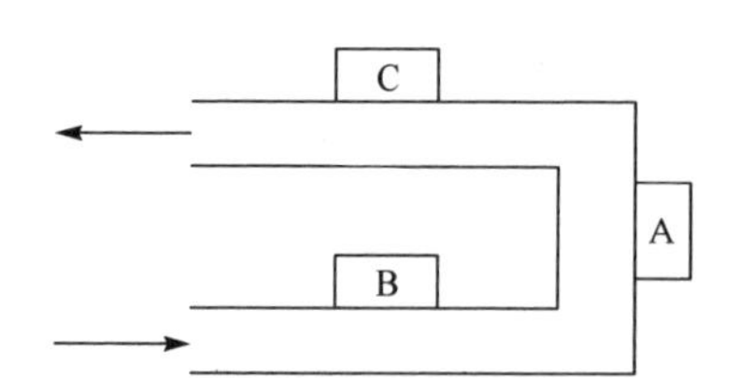

图 3-11 科里奥利式质量流量计原理示意图

图 3-12 科里奥利式质量流量计

3.2.4　光电式传感器

光电式传感器（又称光敏传感器）是利用光电器件把光信号转换成电信号（电压、电流、电荷、电阻等）的装置。光电式传感器在工作时，先将被测量转换为光量的变化，然后通过光电器件把光量的变化转换为相应的电量变化，从而实现对非电量的测量。

光电开关也称为光电接近开关，是一种通过检测物体对光路的阻断或反射来触发信号的设备。它由发射器发射光线，当有物体接近时，物体会阻断或反射这些光线。接收器接收到变化后，通过同步电路激活或断开相应的电信号，从而能够检测并响应物体是否存在。物体不限于金属，所有能反射光线（或者对光线有遮挡作用）的物体均可以被检测。光电开关将输入电流在发射器上转换为光信号射出，接收器再根据接收到的光线的强弱或有无对目标物体进行检测。安防系统中常见的光电开关是烟雾报警器，工业中经常用光电开关来统计机械臂的运动次数。

常用的红外线光电开关是利用物体对近红外线光束的反射原理，由同步回路感应反射回来的光的强弱而检测物体是否存在。光电式传感器首先发出红外线光束到达或透过物体或镜面对红外线光束进行反射，光电式传感器接收反射回来的光束，根据光束的强弱判断物体是否存在。红外线光电开关的种类也非常多，一般来说有镜面反射式、漫反射式、槽式、对射式、光纤式等几个主要种类。如图 3-13 所示为光电开关。

在不同场合使用不同的光电开关，例如，在电磁振动供料器上经常使用光纤式光电开关，在间歇式包装机包装膜的供送过程中经常使用漫反射式光电开关，在连续式高速包装机中经常使用槽式光电开关。

视频 3-3　光电开关的原理

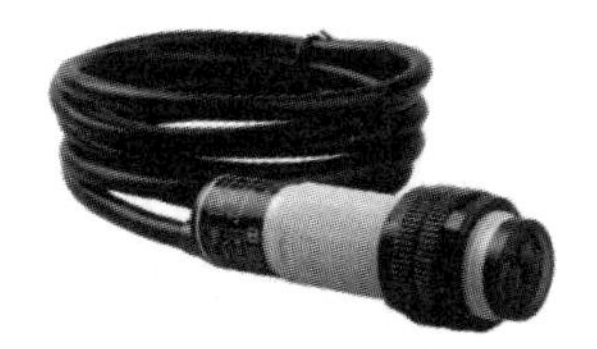

图 3-13　光电开关

3.2.5　激光位移传感器

激光位移传感器利用激光技术测量位移，它由激光器、激光检测器和测量电路组成。激光位移传感器是一种新型测量仪表，能够非接触精确测量被测物体的位置、位移等变化，它可以实现位移、厚度、振动、距离、直径等精密的几何量的测量。因为激光具有直线度好的优良特性，所以激光位移传感器相对于超声波传感器有更高的精度。但是，激光的产生装置相对比较复杂且体积较大，这对激光位移传感器的应用环境要求较苛刻。根据测量原理的不同，激光位移传感器采用的技术手段主要分为激光三角测量法和激光回波分析法。激光三角测量法通过几何关系计算激光在物体表面的散射光点位置，从而确定物体的位移。激光回波分析法则是通过测量激光束往返于传感器与目标物体之间所需的时间或相位变化来计算物体的距离。激光三角测量法一般适用于高精度、短距离的测量，而激光回波分析法则适用于远距离测量。对这两种技术方法的具体介绍如下。

1．激光三角测量法

激光发射器通过镜头将可见红色激光射向被测物体表面，经被测物体表面散射的激光通过接收器镜头，被内部的 CCD 线性相机接收，根据不同被测物体与镜头之间的距离，CCD 线性相机可以在不同的角度下“看见”这个光点。根据这个角度及已知的激光和相机之间的距离，数字信号处理器就能计算出传感器和被测物体之间的距离。同时，光束在接收元件处通过模拟和数字电路处理，并通过微处理器分析，计算出相应的输出值，并在用户设定的模拟量窗口内按比例输出标准数据信号。若使用开关量输出，则在设定的窗口内导通，在窗口外截止。另外，可独立设置模拟量与开关量输出的检测窗口。如图 3-14 所示为激光三角测量法示意图及激光位移传感器实物图。

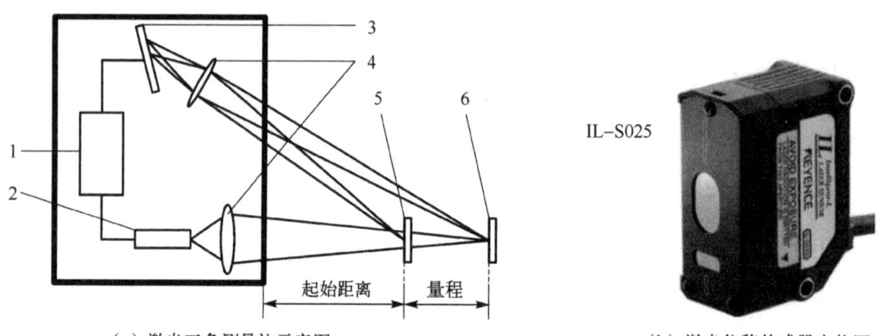

（a）激光三角测量法示意图　　（b）激光位移传感器实物图

1—信号处理器；2—半导体激光器；3—线性 CCD 阵列；4—镜片；5—被测物体 a；6—被测物体 b

图 3-14　激光三角测量法示意图及激光位移传感器实物图

2．激光回波分析法

激光位移传感器采用回波分析原理来测量距离可达到一定的精度，该传感器内部是由处理器单元、回波处理单元、激光发射器、激光接收器等部分组成。激光位移传感器通过激光发射器每秒发射一百万个激光脉冲到检测物体并返回到接收器，处理器计算激光脉冲遇到检测物体并返回到接收器所需的时间，以此计算出距离值，该输出值是将上千次的测量结果进行平均的输出结果，即所谓的脉冲法测量时间。激光回波分析法适用于长距离检测，但测量精度相对于激光三角测量法要低，最远检测距离可达 250m。

激光位移传感器的主要应用场景有以下 4 种。

（1）尺寸测定：微小零件的位置识别、传送带上有无零件的监测、材料重叠和覆盖的探测、机械手位置（工具中心位置）的控制、器件状态检测、器件位置的探测（通过小孔）、液位的监测、厚度的测量、振动分析、碰撞试验测量、汽车相关试验等。

（2）金属薄片和薄板的厚度测量：根据薄板厚度的变化，可以测出皱纹、小洞或者重叠，进而避免机器发生故障。

（3）电子元件的检查：先将被测元件摆放在两个激光扫描仪之间，然后通过传感器读出数据，从而检测该元件尺寸是否精确以及组成是否完整。

（4）长度的测量：先将测量的组件放在指定位置的输送带上，然后激光位移传感器检测到该组件并与触发的激光扫描仪同时进行测量，最后得到组件的长度。

3.2.6 光栅传感器

光栅传感器是指采用光栅叠栅条纹原理测量位移的传感器。图 3-15 为光栅尺。光栅是在一块长条形的光学玻璃上密集等间距平行的刻线，刻线密度为 10～100 线/mm。由光栅形成的叠栅条纹（也称莫尔条纹）具有光学放大作用和误差平均效果，因而能提高测量精度。光栅传感器由标尺光栅、指示光栅、光路系统和测量系统 4 部分组成，如图 3-16 所示。

图 3-15　光栅尺

标尺光栅
透镜
指示光栅
光源
光电元件
光路系统
X
测量系统

图 3-16　光栅传感器

当标尺光栅相对于指示光栅移动时，便形成大致按正弦规律分布的明暗相间的叠栅条纹。这些条纹以光栅的相对运动速度移动，并直接照射到光电元件上，在它们的输出端得到一串电脉冲，通过放大、整形、辨向和计数产生数字信号输出，直接显示被测位移量。光栅传感器的光路形式有两种：一种是透射式光栅，它的栅线刻在透明材料（如工业用白玻璃、光学玻璃等）上；另一种是反射式光栅，它的栅线刻在具有强反射的金属（不锈钢）或玻璃镀金属膜（铝膜）上。这种传感器的优点是量程大、精度高。光栅传感器应用在程控机床、数控机床和三坐标测量机构中，可测量静态、动态的直线位移和整圆角位移。在机械振动测量、变形测量等领域也有应用。叠栅条纹如图 3-17 所示。

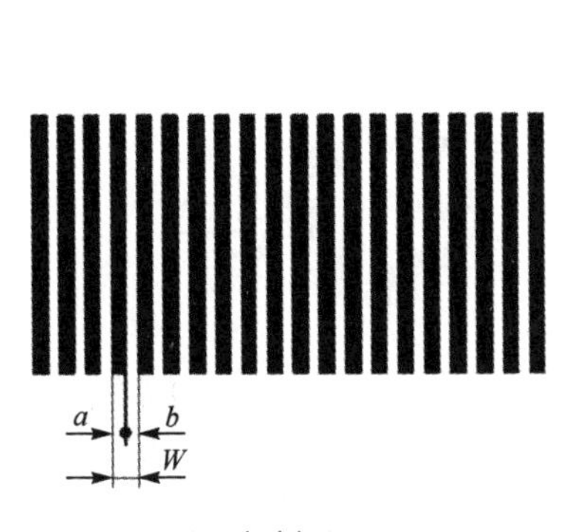

（a）长光栅尺

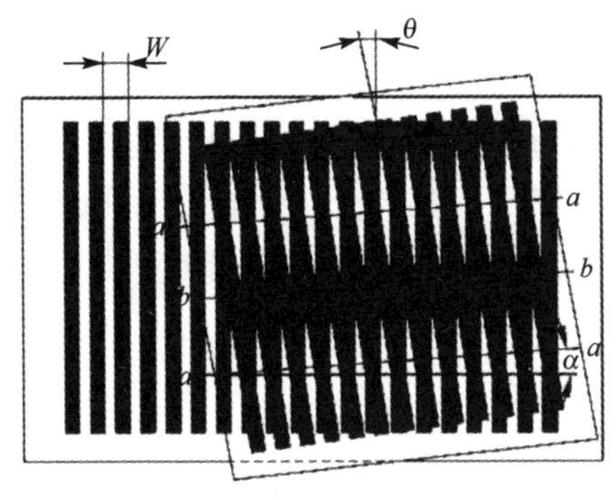

（b）长光栅叠栅条纹

图 3-17　叠栅条纹

视频 3-4　叠栅条纹动画原理

3.2.7 编码器

编码器是一种可以将物理位置或运动转换为电信号的设备，它将信号或数据流进行编码和转换，以便它们可以被有效地用于通信、传输和存储。具体来说，编码器把原始的信号（如比特流）按照特定的规则编制成适合传输或存储的格式，确保信息在不同的系统或媒介中能够被正确解读和复原，其结构如图 3-18 所示。

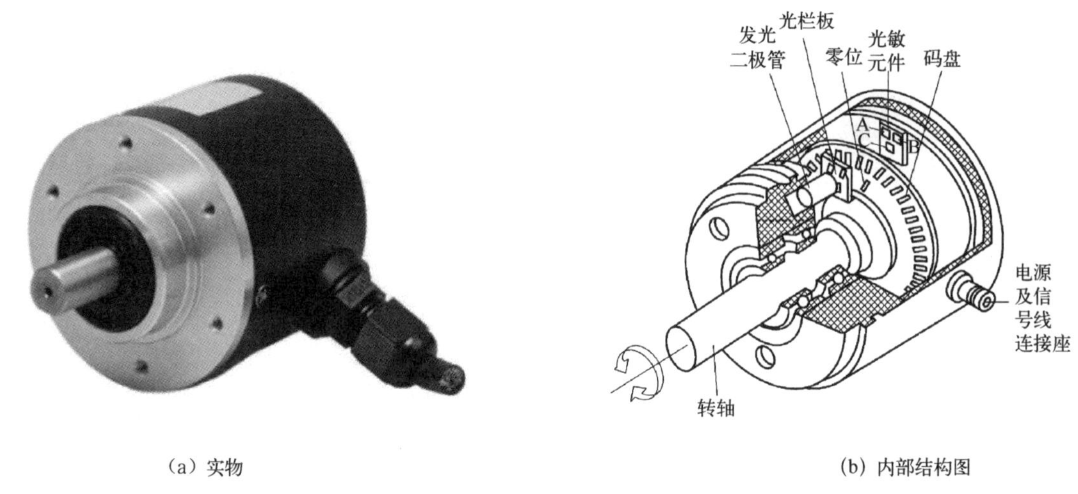

（a）实物　　（b）内部结构图

图 3-18　增量式编码器

编码器把角位移或直线位移转换成电信号，前者称为码盘，后者称为码尺。按照读出方式，可将编码器分为接触式和非接触式两种。按照工作原理，可将编码器分为增量式和绝对式两类。增量式编码器（见图 3-19）是将位移转换成周期性的电信号，再把这个电信号转变成计数脉冲，用脉冲的个数表示位移的大小。绝对式编码器（见图 3-20）的每个位置都对应一个确定的数字码，因此它的数值只与测量的起始位置和终止位置有关，而与测量的中间过程无关。

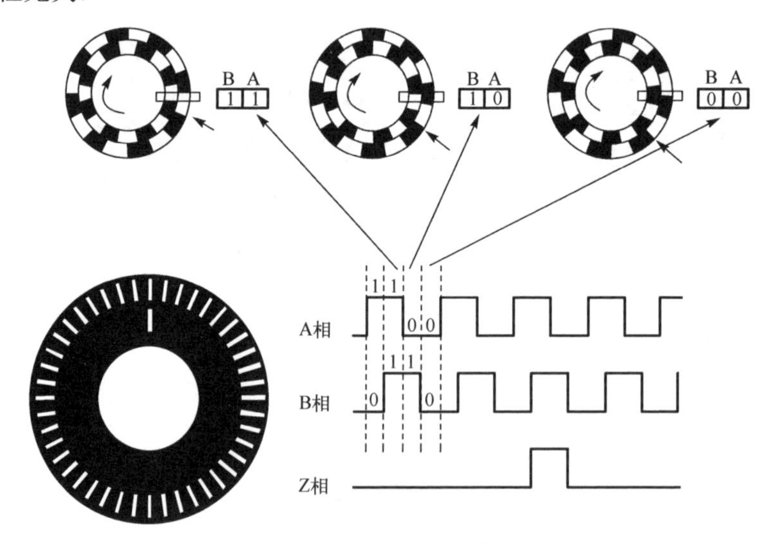

图 3-19　增量式编码器

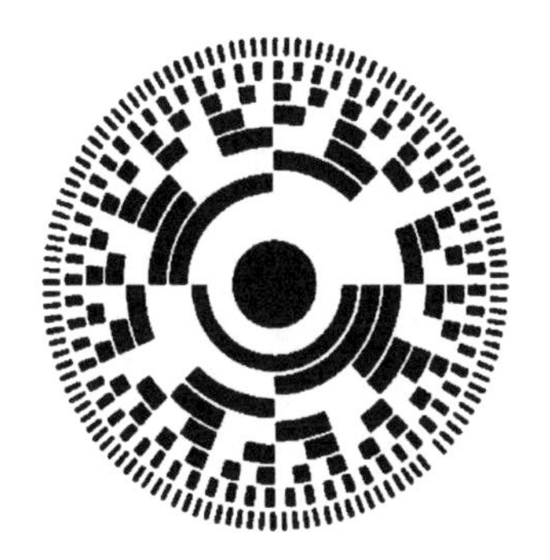

绝对式码盘-自然二进制

绝对式码盘格雷码

图 3-20　绝对式编码器

增量式编码器是每转过单位的角度就发出一个脉冲信号（也有正余弦信号，然后对其进行细分，斩波出频率更高的脉冲信号），通常 A 相、B 相、Z 相均为输出，A 相、B 相为相互延迟 1/4 周期的脉冲输出，根据两者的延迟关系可以区别正反转，而且通过取 A 相、B 相的上升沿和下降沿可以进行 2 倍频或 4 倍频；Z 相为单圈脉冲，即每圈发出一个脉冲。一般意义上的增量式编码器内部无存储器件，故其不具有断电数据保持功能，数控机床必须通过“回参考点”操作来确定计数基准，并对实际位置进行清零操作。

绝对式编码器的光码盘上有许多道刻线，每道刻线依次以 2 线、4 线、8 线、16 线…编排，通过读取每道刻线的明、暗，获得一组 2^0～2^{n-1} 的唯一的二进制编码（格雷码），这就称为 n 位绝对式编码器。这样的编码器由码盘的机械位置决定，它不受停电和外界干扰的影响。绝对式编码器的机械位置决定了每个位置的唯一性，它无须有记忆功能，无须找参考点，而且不用一直计数，什么时候需要知道位置，什么时候就去读取它的位置。

由于绝对式编码器在定位方面明显优于增量式编码器，因此它已经越来越多地应用于工控定位中。绝对式编码器的精度高，输出位数较多，如仍用并行输出，其每位输出信号都必须确保连接好，对于较复杂工况还要隔离，并且连接电缆芯数量较多，由此会带来诸多不便并且会降低可靠性。因此，绝对式编码器在输出多位数时，一般选用串行输出或总线型输出，德国生产的绝对式编码器串行输出最常用的是 SSI（同步串行输出）。

3.2.8　格雷母线

格雷母线定位系统利用格雷码母线和天线箱之间的电磁耦合进行通信，并在通信的同时检测天线箱在格雷码母线长度方向上的位置。可以理解为在平行于轨道一定间隙处架起一把精确的刻度尺，轨道机车行驶到任何位置都可以被准确检测出来，并且能够通过程序控制轨道机车定点起停。图 3-21 为格雷母线定位系统示意图。

格雷母线定位系统包括地面电气柜（含地址解码器等）、车载电气柜（含地址编码器等）、格雷码母线及天线箱等。其中格雷码母线由扁平状的尼龙加纤合成材质外壳材料和内部按照二进制数编码规律编制的芯线构成，类似一把刻度尺，一般安装在沿移动搬运设备运行轨道单侧，或者铺设在沿运行轨迹的地面上，或者安装在轨道旁的栅栏立柱上，需要检测多长的距离就铺设多长的格雷码母线。天线箱安装在移动搬运设备上，用于识别该移动搬运设备所在的位置。天线箱相对格雷码母线平行且非接触移动，天线箱指向的刻度即是当前位置值，可以在车上或地上得到位移量，不需要初始参考点，定位精度为 5mm，分辨率为 2mm；可以断续或连续检测，尤其适用于轨道不平整的大车或环形运动机械位移检测。格雷母线定位系统具有防水、防油、防尘、耐酸碱等特点，适用于冶金厂、矿山、水利水电厂、港口码头堆场、仓库、化工厂等条件比较恶劣的环境。

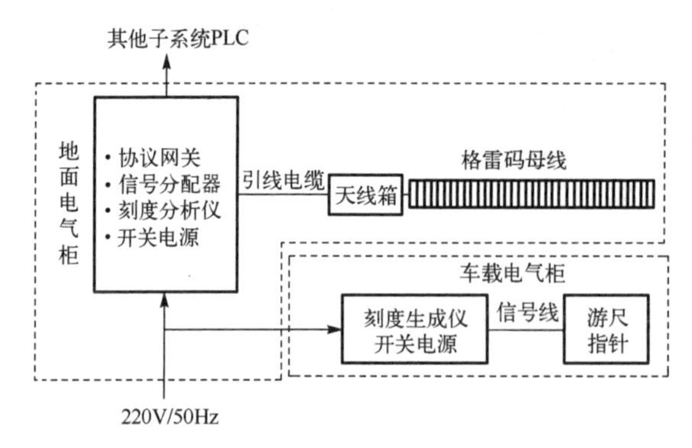

图 3-21 格雷母线定位系统示意图

格雷母线定位系统具有如下特点。

（1）无磨损的非接触式位置检测，使用寿命长。

（2）可以断续或连续检测，测距长达 5km，位移检测长度可以根据需要设定。

（3）耐污染能力超强，可用在水下工作，并且防蒸汽、耐酸碱。

（4）安装简单，更换方便（无须改变现场环境），免维护。

（5）高稳定性、高可靠性、多种信号输出方式可选择。

（6）具有反向极性保护功能，防雷击、防射频干扰、防静电。

（7）无须参考点的位移量输出，并且不怕掉电。

（8）位置的取样时间和测量长度没有关系，可以用于环形运动机械位置的检测。

（9）可以埋在水泥地面以下，方便安装和防护，并且不影响作业环境。

3.2.9 加速度传感器

加速度传感器是一种能够测量加速度的传感器。图 3-22 为三轴加速度传感器。

加速度传感器通常由质量块、阻尼器、弹性元件、敏感元件和适调电路等部分组成。加速度传感器在加速过程中，通过对质量块所受惯性力的测量，利用牛顿第二定律获得加速度值。根据敏感元件的不同，常见的加速度传感器有电容式、电感式、应变式、压阻式、压电式、伺服式等。图 3-23 为压电式加速度传感器的结构示意图。

图 3-22 三轴加速度传感器

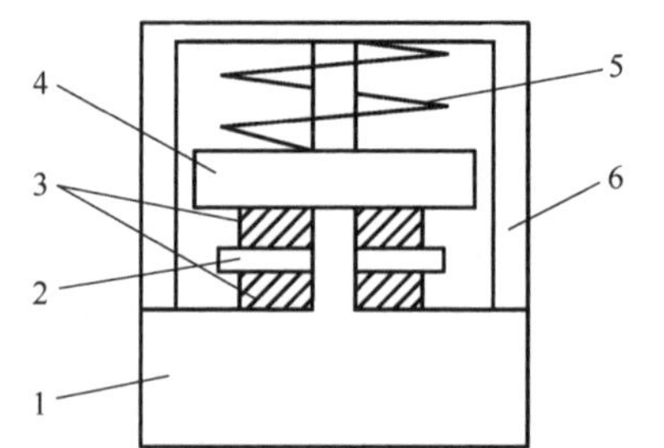

1-基座；2-电极；3-压电镜片；4-质量块；5-弹性元件；6-外壳

图 3-23 压电式加速度传感器的结构示意图

下面介绍三种常见的加速度传感器。

（1）压电式加速度传感器又称压电加速度计，它也属于惯性式传感器。压电式加速度传感器的原理是利用压电陶瓷或石英晶体的压电效应，在该传感器受振时，质量块加在压电元件上的力也随之变化。当被测振动频率远低于压力式加速度传感器的固有频率时，力的变化与被测加速度成正比。

（2）电容式加速度传感器（又称电容式加速度计）是比较通用的加速度传感器。在某些领域内，该传感器无可替代，如安全气囊、手机移动设备等。电容式加速度传感器采用了微机电系统（Micro Electro Mechanical Systems，MEMS）工艺，在大量生产时成本较低。

（3）伺服式加速度传感器类似于一种闭环测试系统，具有动态性能好、动态范围大和线性度好等特点。其工作原理简述为：传感器的振动系统由“m-k”系统组成，与一般加速度传感器相同，但质量块上还接着一个电磁线圈，当基座上有加速度输入时，质量块偏离平衡位置，该位移大小由位移传感器检测出来，经伺服放大器放大后转换为电流输出，该电流流过电磁线圈，在永久磁铁的磁场中产生电磁恢复力，力图使质量块保持在仪表壳体中原来的平衡位置上，所以伺服式加速度传感器在闭环状态下工作。

加速度传感器应用在汽车安全领域，包括汽车安全气囊、防抱死系统、牵引控制系统等方面。在GPS导航领域中通过加装加速度传感器及惯性导航探测系统死区。

3.3 案例分析

液位控制问题是工业生产和日常生活中的一类常见问题。例如，在饮料、食品、化工生产等多种行业的生产加工过程中都需要对液位进行适当的控制，并且不同系统对稳定性、响应快速性和鲁棒性的要求也有所不同。

本节以水箱实验装置为研究对象，设计水箱液位控制系统，对水箱液位控制系统的各种数据进行实时采集及监控。该系统的控制核心是台达PLC，由液位检测装置、管压检测装置、水阀、水泵、水箱和储水箱构成。液位检测装置将液位信号转换为电信号传到台达PLC，台达PLC对采集到的液位信号做出判断，以此来控制水泵和阀。

3.3.1 问题描述

液位控制系统的控制对象是单容水箱，该系统的输入量为液位和管道的压力，均为4～20mA电流信号，该系统输出量为变频器的给定电压和阀门的给定电流，从而控制电机的转速和阀门的开闭程度。通过构建液位控制结构，设计相应的PID控制算法，精确控制水箱液位。

检测装置将液位、管压信号转换为电信号传送给台达PLC，台达PLC对采集到的信号做出判断，通过控制器的输出控制水泵和阀。根据台达PLC采集到的信息开发DIAViewPC组态界面和DOPSoft触摸屏组态界面，通过以太网实时进行系统控制、参数调整、绘制报表、绘制趋势图等。液位控制系统结构如图3-24所示。下面分别对主要的硬件设备设计进行介绍。

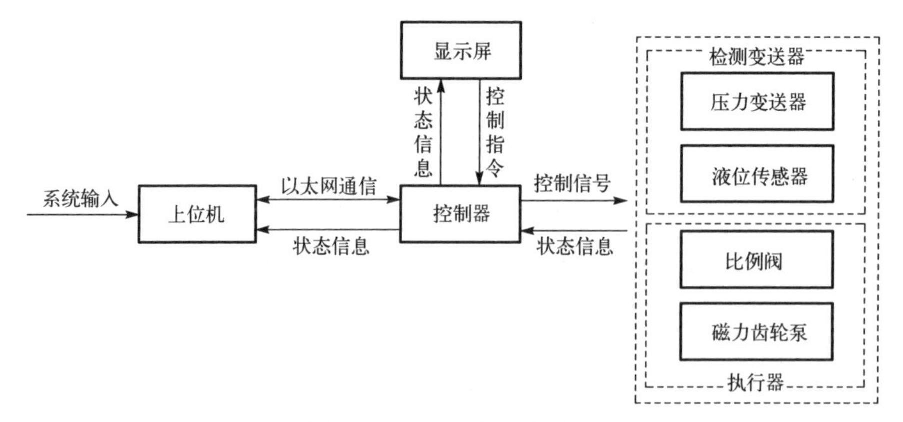

图 3-24　液位控制系统结构

3.3.2　主要设备介绍及分析

1. 主控模块

液位控制系统的 CPU 选用台达 DVP28SV，如图 3-25 所示。该 CPU 属于 Slim 系列高端主机，供电电源为 24V 直流电源，输入信号形式支持 NPN 或者 PNP，输出信号支持 NPN，标配 16 个输入引脚和 12 个输出引脚，4 轴 200kHz 高速脉冲输入和脉冲输出，2 个串行通信接口（COM1:RS-232、COM2:RS-485），支持 MODBUS 通信协议（ASCII 和 RTU）和任何第三方自由口通信协议。

图 3-25　台达 DVP28SV

此外，该 CPU 主控模块除台达 DVP28SV 外，还配有台达 DVPPF02 通信模组、DVPEN01 以太网通信模块、DVP08ST 开关式数字扩充模组、DVP16SP 数字量输入/输出模块、DVP06XA 模拟输入/输出混合模块。结合以上 CPU 主控模块可以完成与 DIAView 和 DOP 上位机的通信、与 PC 进行以太网调试和数据传输、准确执行 PLC 程序、采集和输出相应的电流/电压量等一系列工作。

2. 被控对象

被控对象由亚克力储水箱、长方体亚克力水箱和透明水管组成，如图 3-26 所示。

水箱包括长方体亚克力水箱和亚克力储水箱。长方体亚克力水箱不但坚实耐用，而且透明度高，便于实验者直接观察液位的变化并记录结果。在长方体亚克力水箱和亚克力储水箱之间有一个带有手动阀门的透明水管，通过控制阀门的开合程度，可以限制长方体亚克力水箱的出水速度。在这个水箱系统中，主要的被控对象是长方体亚克力水箱的液位和紧连磁力齿轮泵的透明水管中的管压。这里应当注意的是，为了保证液位检测压力的稳定性，长方体亚克力水箱中还设有一个缓冲槽，将手动阀进水口和比例阀进水口均放置于缓冲槽中，可以有效减少进水时水流对液位传感器检测数据的干扰。

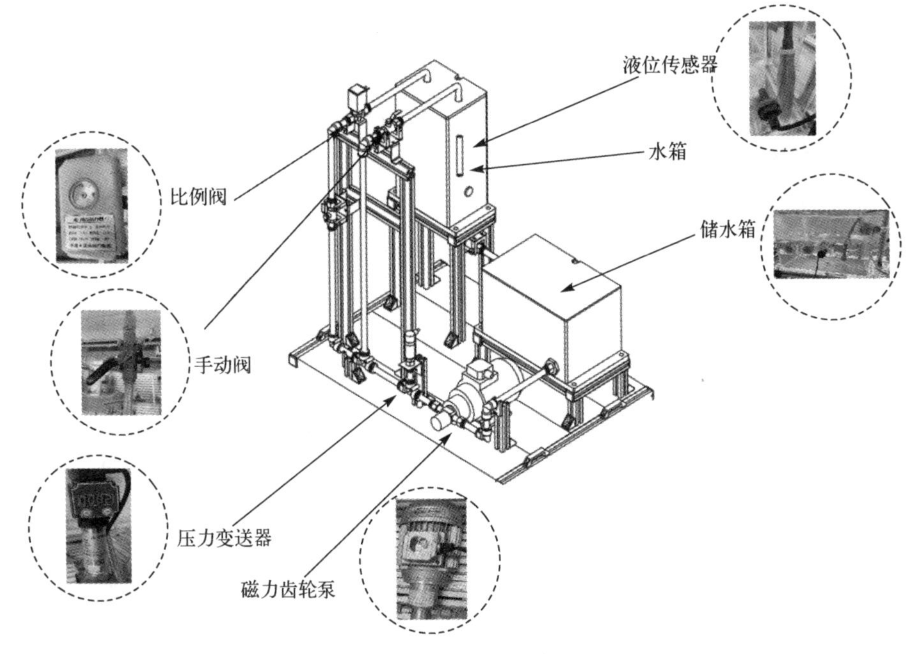

图 3-26 被控对象

3. 检测装置

在该液位控制系统中，主要的检测装置（传感器）为压力变送器和液位传感器。

1）压力变送器

图 3-27 为压力变送器，该压力变送器位于透明水管中，用于检测紧连磁力齿轮泵的透明水管中的管压。利用该压力变送器检测到的数据对进水管内水压进行监测和控制，其监测仪表量程为 0～1bar，工作电压为 24V，输出的检测电流信号为 4～20mA。

2）液位传感器

图 3-28 为液位传感器，该液位传感器位于长方体亚克力水箱中，通过检测水箱底侧的水压来监测此时水箱中的液位。利用该液位传感器检测到的数据对水箱内液位进行监测和控制，其监测仪表量程可以满足监测水箱所有液位高度，工作电压为 24V，输出的检测电流信号为 4～20mA。

图 3-27 压力变送器

图 3-28 液位传感器

4．执行机构

在该液位控制系统中，主要的执行机构（执行器）为磁力齿轮泵和比例阀。

1）磁力齿轮泵

图 3-29 为磁力齿轮泵，该磁力齿轮泵的型号为 10CQB-5，最大流量为 5L/min，功率为 180W，泵体完全采用不锈钢材料，以防止生锈，使用寿命长。磁力齿轮泵的作用是将水从亚克力储水箱泵入水管中，它是最主要的执行器，其控制电压信号由变频器提供。这里需要注意的是，不要在水管和磁力齿轮泵中的阀门都关闭的情况下继续运转该泵，以防水路堵，导致转压力过大，损坏磁力齿轮泵。

2）比例阀

图 3-30 为比例阀，该比例阀（阀门电动执行器）的型号为 DQ-ZX-08，输出转矩为 7N • m，工作电压为 24V（AC/DC），由 4～20mA 电流信号控制阀门的开合程度，具有精度高、体积小、推动力大、可靠性高、操作方便等优点。该比例阀的作用是控制该水管阀门的流量。这里应注意的是，该比例阀采用 4 线制，两根直流电源线分别为 24V 和 0V，两根电流信号线分别为 I5+和 COM5，I5+为 4～20mA 电流信号，COM5 起到与 PLC 共同接地的作用。

图 3-29　磁力齿轮泵

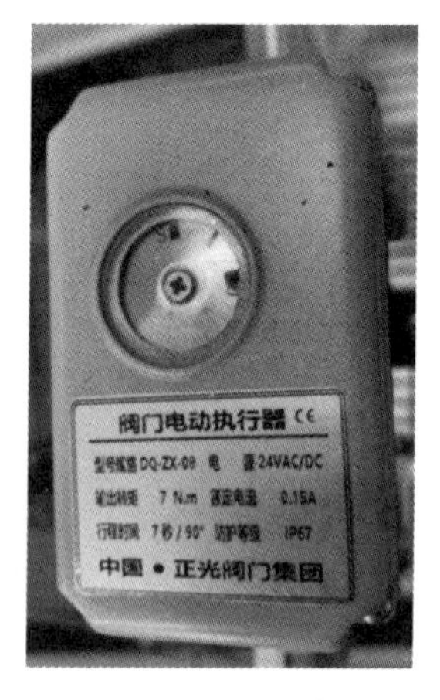

图 3-30　比例阀

3.3.3　DVP06XA 模块读/写程序设计及分析

本案例采用台达 PLC 的 DVP06XA 模拟输入/输出混合模块，通过读取控制寄存器 CR 的#0 号地址即可判断机种。如图 3-31 所示为应用指令 FROM 读取 CR 寄存器的#0 号数值并存储于 D10 寄存器中的全过程。

通过对 CR 寄存器的#1 号地址写入不同数值来改变通道的配置。该寄存器一共可以设定 6 个通道，其中 CH1～CH4 为模拟量输入通道，CH5 和 CH6 为模拟量输出通道。由于本案例中的传感器输出均为 1～5V，电动调节阀的输入信号均为 2～10V，因此选择的通道配置为电压输入/输出模式，输入模式选择模式 0，输出模式选择模式 0，通过 TO 指令将十六进制数 0000 写入 CR#1 中，如图 3-32 所示。

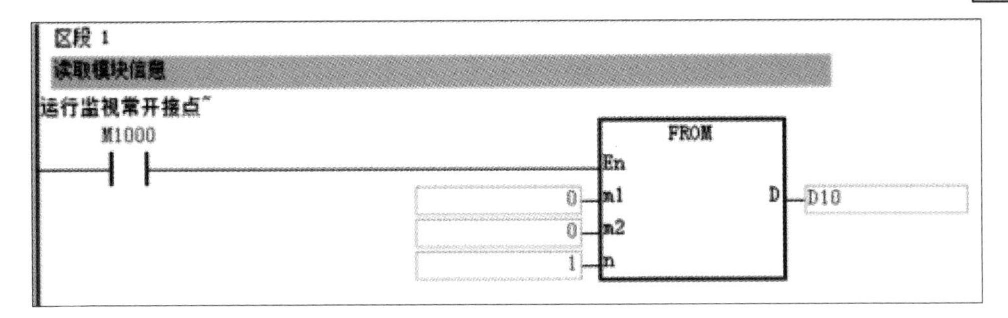

图 3-31　读取模块信息区段

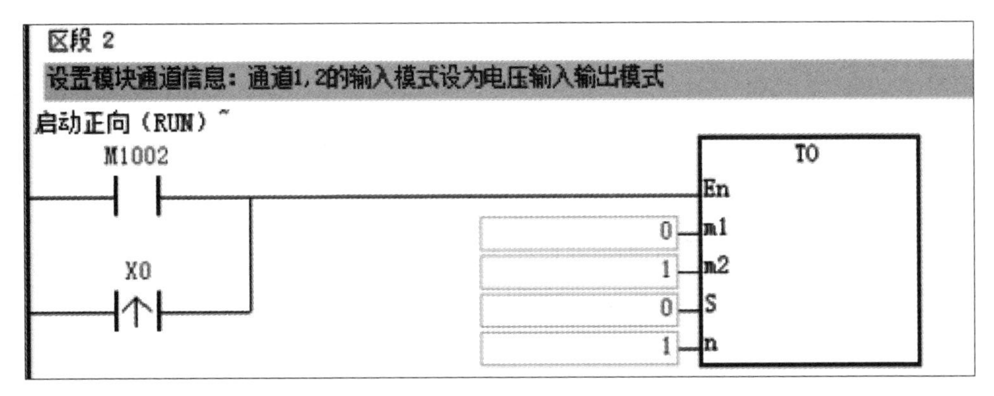

图 3-32　模块信息配置区段

CR 寄存器的#2～#5 号地址位的作用是设置 CH1～CH4 通道的平均滤波次数，使得所得数值更加准确。同样通过 TO 指令将数值写入。将 CH1～CH4 的平均滤波次数设置为 15 次，即每通过 15 次 CH1～CH4 输入信号时取一次平均，从 CR#2 开始连续写入 4 次，如图 3-33 所示。

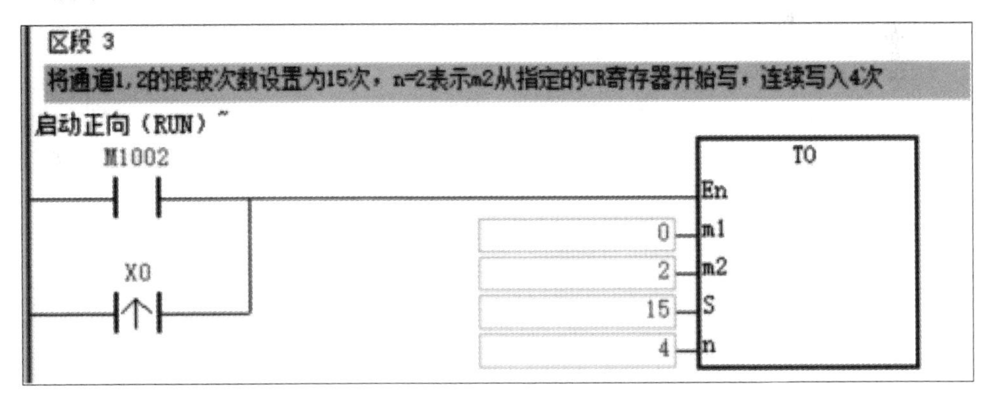

图 3-33　设置通道平均滤波次数区段

模拟量输入通道接收被控对象的电压值，并将其以一定规律转化为数字量存储在 CR 寄存器的#6～#9 位。通过 FROM 指令可以读取这几位的数值到数据寄存器中，从而在运行时对其进行监测，如图 3-34 所示。

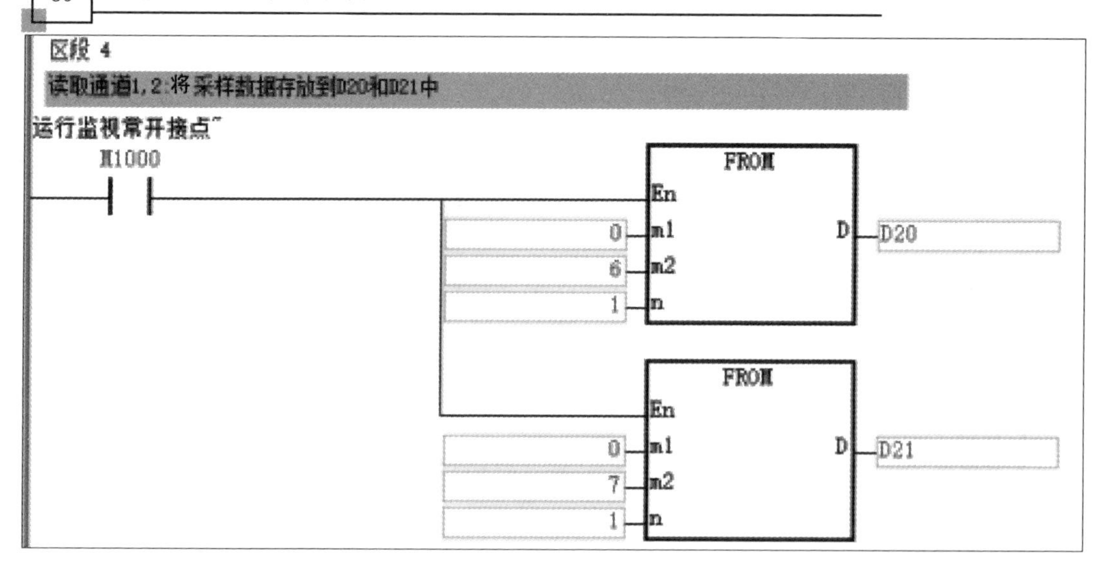

图 3-34 读取模拟量输入通道数

总结：该液位控制系统采用台达 PLC 作为控制核心，对水箱液位进行控制。液位传感器和压力变送器的输出信号作为系统的反馈信号，构成负反馈系统。整个控制过程采用 PID 算法，经过验证，取得了较好的控制效果。

思考题

1．现代传感器的特点有哪些？

2．传感器一般由哪几部分组成？

3．在利用热电偶测温时，冷端补偿的常用方法有哪些？并简述其中一种方法的工作原理。

4．常见压力传感器有哪几类？并简述其中一种压力传感器的工作原理。

5．请简述光栅传感器的组成和基本工作原理。

6．加速度传感器的类型有哪些？请简述其中一种加速度传感器的工作原理。

7．已知一个压力传感器，量程为 0～1bar，输出电流信号范围为 4～20mA。假设测得输出电流为 12mA，问当前压力值为多少？

第4章 人机接口

在智能制造系统中，人机接口扮演着重要的角色，它通过提供友好的交互环境和工具使人类和机器进行信息交流，从而实现了高效、精确、可靠的生产过程。通过可视化的人机接口，操作员可以方便地控制和监控生产过程，大大提高了操作效率和精度。利用人机接口可以降低错误率，帮助操作员及时发现和纠正错误，进而提高生产的安全性和稳定性。人机接口支持实时监控和控制，操作员可以实时监控生产过程中的各项指标，并进行及时的控制和调整，以确保生产过程始终保持在最佳状态。人机接口提供智能化的界面和工具，可以更好地支持智能化生产、自动化生产和数据驱动决策。

引入案例

“九·一八”历史博物馆：数字化让展厅“活”起来，“火”起来

辽宁沈阳“九·一八”历史博物馆新设立的“文物藏品数字化保护成果展示”区域于2023年2月正式开放，该区域通过二维、三维触摸式交互展示机将文物及文物背后承载的故事展现给观众。

游客通过展厅内的“‘九·一八’历史博物馆平面布局图”电子屏幕，可以自主查询参观事宜，单击上面的“导引”按钮，可以浏览内容。该布局图应用了多媒体场景、360°全息投影、多点触摸屏技术等数字手段，通过虚拟展馆、实景模拟、文物展示、语音导览、互动分享等功能，让观众真切感受到数字化技术带来的真实体验。从数字化交互手段来说，通过各种互动装置的运用，能够提升展示空间的真实感，有效地拉近展示空间与观众之间的距离。

4.1 人机接口简介

智能制造对生产、处理和互连的方式要求更灵活，其中人机接口是一个必不可少的环节。

人机接口是指人与计算机或其他电子设备进行交互的接口，也称为用户界面或人机交互界面。人机接口的设计旨在让人们可以轻松地与电子设备进行交互，提供友好、直观、易于理解和使用的界面。使用者可以经由图形监控软件在PC或通用型人机接口上，以文字、数字或图形的方式来显示系统的控制状态或机械的状态、警报及其他相关信息。

早期的人机接口采用简单的机械状态指示灯，如电源和马达运转、停止或过载等，仅需少量按钮、开关和各种颜色、大小、外形的指示灯，就能经济、有效地显示出机械的工作状态。对于较为复杂的控制系统，除了机械状态指示灯，有时还需要一两行文字/数字平面式显示屏作为辅助说明。之后逐渐发展到搭配各种商业化的单色/彩色屏幕，并使用条状图、趋势图等多元化的信息及图形显示方式，展现系统或机械的状态。对于相当庞大且复杂的过程控制系统，工业级人机界面终端提供了最具弹性和功能强大的窗口及先进的计算功能，可同时提供精确的输入/输出信息和系统控制或机械状态。

目前的工业级人机界面大多数为一种智能型的图形显示屏，它是专为PLC应用而设计的小型工作站，能取代大部分外部输入及输出组件，节省了人工配线、材料及工时，此外也能将 PLC 接点变化、数值数据等，以多元化的文字、数字及图形实时显示在 LCD 屏幕上，使系统控制或机械操控更加自动化、人性化，因此工业级人机界面已广泛应用于分布式控制系统（DCS）中的单机或整厂监控。

随着电子产品的不断普及，触摸屏市场也逐渐壮大。触摸屏原理大致如下：触摸点检测部件安装在显示器屏幕前面，用于检测用户触摸位置，接收信息后传送至触摸屏控制器；而触摸屏控制器的主要作用是从触摸点检测部件上接收触摸信息，并将它转换成触点坐标，再送给 CPU。触摸屏控制器同时能接收 CPU 发来的命令并加以执行。

触摸屏市场主要分为电阻式触摸屏和电容式触摸屏两种类型。电阻式触摸屏主要应用于工业、医疗等领域，而电容式触摸屏则主要应用于消费类电子产品中，如智能手机、平板电脑等。

在供应品牌方面，国内市场上存在着众多的触摸屏品牌，如台达触摸屏、海泰克触摸屏、三菱触摸屏、普洛菲斯触摸屏、昆仑通态触摸屏等。这些品牌的触摸屏在市场上具有一定的竞争力和知名度，并且在不同领域和应用场景下，具有不同的优势和适用性。本节主要介绍台达触摸屏，台达触摸屏包含多个系列，如 DOP-100、DOP-W、TP 系列等。

（1）DOP-100 系列。采用新一代 Cortex-A8 高速处理器，搭配高亮度、高对比度的高彩显示屏幕，为用户提供最便利的操作接口。因云端应用日趋普及，支持 FTP、E-mail、VNC 远程监控、NTP 网络校时等多种实用网络功能。

（2）DOP-W 系列。DOP-W 系列有 10.4 英寸、12 英寸、15 英寸等机种，如图 4-1 所示。该系列搭载 1GHz 高速处理器、高分辨率/高亮度屏幕，并采用全铝压铸金属外壳。该系列的突破性机构设计是在前面板内置立体声喇叭，并且通过 IP65 防水等级、CE、UL 等安全规范认证，为高端自动化应用领域提供更具竞争力的人机界面解决方案。

图 4-1　DOP-W 系列触摸屏

（3）TP 系列。TP70P 系列采用 65535 色 LCD 触控显示屏，支持台达控制器，可连接所有台达伺服、变频器、温控器，并提供 4 种不同外部 I/O 配置机型，可连接多种输出，具有灵活性强、配线成本低等特点。同时该系列能提供 HMI+I/O 完整控制解决方案。

根据触摸屏的工作原理和其传输信息的介质，可以将触摸屏分为 4 类，分别为电阻式、电容式、红外线式及表面声波式。

1. 红外线式触摸屏

红外线式触摸屏具有安装简便和成本较低的优点。其安装只需在显示器外围增加一个装有红外线发射管和接收管的光点距框架，通过这些装置在屏幕表面形成红外线网络，以此来检测触摸位置。当用户用手指或任何物体触摸屏幕时，会阻挡特定的红外线路径，从而让系统能够确定触摸的确切位置。这种类型的触摸屏不受电流、电压和静电的影响，适用于环境恶劣的场合。

然而，红外线式触摸屏也存在一些缺点。首先，其分辨率相对较低，分辨率由框架中的红外线对管数量决定。其次，红外线式触摸屏对环境光照变化敏感，强光（如直射阳光或强烈室内光线）可能会干扰触摸屏的准确性，甚至导致设备误操作或死机。此外，红外线式触摸屏不具备防水性能，容易受到灰尘和污垢的影响，细小的外来物体可能会导致操作误差。因此，这种类型的触摸屏不太适合在户外或公共场所使用。红外线式触摸屏的工作原理图如图 4-2 所示。

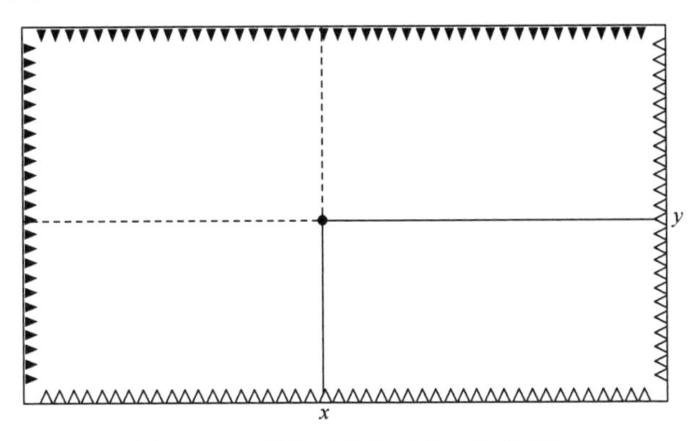

图 4-2　红外线式触摸屏的工作原理图

2. 电阻式触摸屏

电阻式触摸屏的屏体部分是一块与显示器表面匹配的多层复合薄膜，由一层玻璃或有机玻璃作为基层，表面涂有一层透明的导电层，上面再盖有一层外表面硬化处理、光滑防刮的塑料层，它的内表面也涂有一层透明导电层，在两层导电层之间有许多细小（小于千分之一英寸）的透明隔离点。

当手指触摸屏幕时，平常相互绝缘的两层导电层就在触摸点位置有了接触，因其中一面导电层接通 Y 轴方向的 5V 均匀电压场，使得侦测层的电压由零变为非零，这种接通状态被控制器检测到后，进行 A/D 转换，并将得到的电压值与 5V 相比即可得到触摸点的 Y 轴坐标，同理得出 X 轴的坐标，这就是电阻式触摸屏的工作原理。根据电阻式触摸屏引出线数量多少，可分为四线、五线、六线等。

其中五线电阻式触摸屏的外层导电层使用的是延展性好的镍金涂层材。由于外导电层被频繁触摸，因此需要使用延展性好的镍金材料，目的是延长使用寿命，但是其工艺成本较高。虽然镍金导电层的延展性好，但是只能用作透明导体，不适合作为电阻式触摸屏的工作面，因为它的导电率高。而且金属不易做到厚度非常均匀，故不宜作为电压分布层，只能作为表层。

电阻式触摸屏处于一种对外界完全隔离的工作环境，不怕灰尘和水蒸气，它可以用任何物体来触摸，比较适合在工业控制领域中使用。电阻式触摸屏的缺点是复合薄膜的外层采用塑胶材料，太用力或使用锐器触摸可能会划伤整个触摸屏而导致报废。电阻式触摸屏的工作原理图如图 4-3 所示。

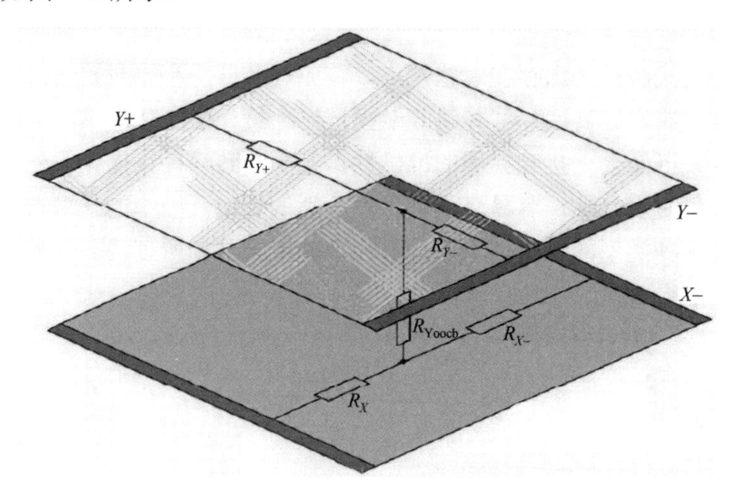

图 4-3 电阻式触摸屏的工作原理图

3．表面声波式触摸屏

表面声波式触摸屏的屏体部分可以是一块平面、球面或柱面的玻璃板，安装在 CRT、LED、LCD 或是等离子显示器屏幕的前面。这块玻璃板只是一块纯粹的强化玻璃，与其他触摸屏不同的是，表面声波式触摸屏没有任何膜和覆盖层。该触摸屏的左上角和右下角各固定了竖直和水平方向的超声波发射换能器，右上角则固定了两个相应的超声波接收换能器。该触摸屏的四边则刻有 45° 由疏到密间隔非常精密的反射条纹。

表面声波式触摸屏的简要工作原理为：该触摸屏通过超声波发射换能器将电信号转化为声波能量，并通过精密反射条纹反射形成向右的线，传播给超声波接收换能器，再将返回的声波能量转换为电信号。当手指触摸屏幕时，声波能量被部分吸收，在接收波形上形成一个缺口，通过计算缺口位置可得到触摸点的 *X*、*Y* 坐标和压力值。该触摸屏还能响应第三轴 *Z* 轴坐标，用于感知用户触摸压力大小。这些坐标和压力值通过控制器传给主机，进而实现触摸屏的控制功能。

表面声波式触摸屏主要有三个优点：第一，非常适合在公共场所使用；第二，反应速度快，是所有触摸屏中最快的，使用时感觉很流畅；第三，性能稳定，精度高。

然而，表面声波式触摸屏需要经常维护。灰尘、油污或液体会阻塞该触摸屏表面的导波槽，影响超声波的发射和识别，从而影响触摸屏的正常使用。表面声波式触摸屏的工作原理图如图 4-4 所示。

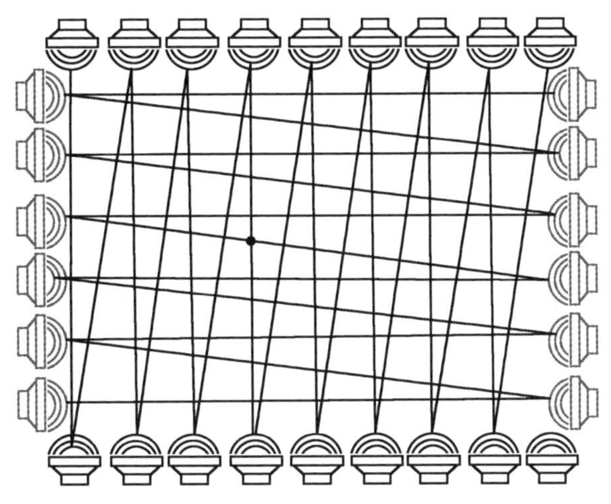

图 4-4　表面声波式触摸屏的工作原理图

4．电容式触摸屏

电容式触摸屏的构造主要是在玻璃屏幕上镀一层透明的薄膜导体层，再在导体层外加装一块保护玻璃，双玻璃设计能彻底保护导体层及感应器。该触摸屏四边均镀有狭长的电极，在导电体内形成一个低电压交流电场。用户在触摸屏幕时，人体电场、手指与导体层间会形成一个耦合电容，四边电极发出的电流会流向触点，而其强弱与手指及电极的距离成正比，位于触摸屏后的控制器便会计算电流的比例及强弱，准确计算出触摸点的位置。电容式触摸屏的双玻璃结构不但能保护导体及感应器，更能有效地防止外在环境因素给触摸屏造成的影响，就算触摸屏沾有污秽、尘埃或油渍，电容式触摸屏依然能准确算出触摸位置。

电容式触摸屏的透光率和清晰度优于四线电阻式触摸屏，更不能和表面声波式触摸屏和五线电阻式触摸屏相比。电容式触摸屏反光严重，且电容技术的四层复合触摸屏对各波长光的透光率不均匀，存在色彩失真的问题，光线在各层间的反射，还会造成图像、字符模糊。电容式触摸屏是将人体等效成电容器元件的一个极使用，当有导体靠近与夹层 ITO 工作面之间耦合出足够大的电容值时，流走的电流就能足够引起电容式触摸屏的误动作。该触摸屏的电容值虽然与极间距离成反比，却与相对面积成正比，并且还与介质的绝缘系数有关。因此，当较大面积的手掌或手持的导体物靠近电容式触摸屏而不是触摸时就能引起电容式触摸屏的误动作，在潮湿的天气，这种情况尤为严重，手扶住显示器、手掌靠近显示器几厘米以内或身体靠近显示器十多厘米以内都能引起电容式触摸屏的误动作。电容式触摸屏的另一个缺点是用戴手套的手或手持不导电的物体触摸时没有反应，这是因为增加了更为绝缘的介质。电容式触摸屏更大的缺点是易发生“漂移”，即当环境温度、湿度改变以及环境电场发生改变时，都会引起电容式触摸屏的漂移，造成不准确。例如，开机后显示器温度上升可能会导致漂移；用户触摸屏幕的同时另一只手或身体一侧靠近显示器可能会导致漂移；附近较大的物体搬移后可能会导致漂移。电容式触摸屏发生漂移的原因属于技术上的先天不足，环境电势面（包括用户的身体）虽然与电容式触摸屏离得较远，却比手指面积大得多，直接影响了对触摸位置的测定。电容式触摸屏的工作原理图如图 4-5 所示。

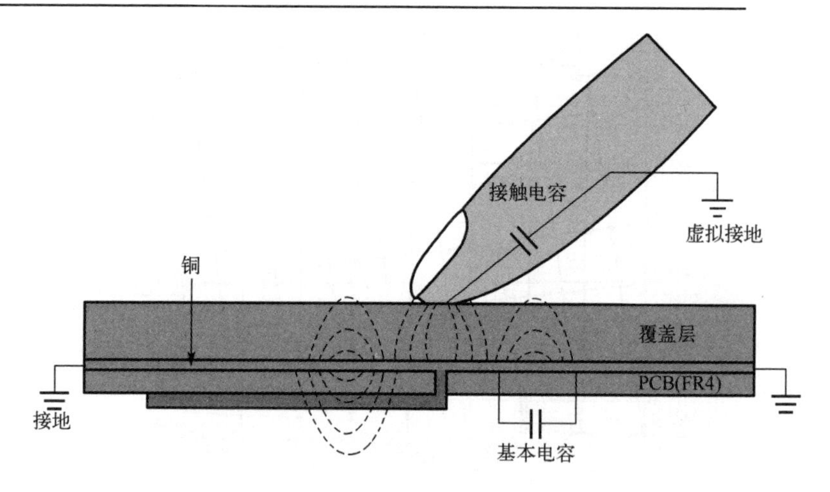

图 4-5　电容式触摸屏的工作原理图

4.2　触摸屏的控制与使用

在控制触摸屏时，为了与设备连接，通常采用 RS232、RS485、以太网、USB 等连接方式，最传统的连接方式是 RS232。

以台达公司生产的 DOP-B10E615 型号的触摸屏为例来进行说明。它的屏幕大小为 10.1 英寸，其具备 TFT/LCD 显示技术，能显示 64000 种颜色，并提供 1024×600 像素的分辨率，该触摸屏的显示区域大约为 226mm×28.7mm。此外，它配备了 128MB 的闪存（Flash ROM），用于存放程序和数据；内部有 64MB 的存储空间，以及 16MB 的内存，保证在断电后保持数据不丢失。该触摸屏支持台达、欧姆龙、西门子、三菱等超过二十种不同厂商品牌的 PLC，其画面编辑器提供简体中文、繁体中文以及英文等各种不同语言版本。该触摸屏利用宏运算帮助 PLC 处理复杂的运算功能，并配合通信宏指令，用户可以自行撰写通信协议并通过 COM 接口与特定系统相接。该触摸屏提供方便好用类似 Excel 的配方编辑器，让用户可以轻松地编辑配方；并且可以同时输入多组配方（总大小限制为 64KB），能一次下载多组配方，在人机端时，可以利用内部存储器进行切换，这样在使用上更加灵活。而下载时如果已经有编辑好的数据，只是想更改配方，那么也可以单独下载配方。可同时支持两个通信接口连接两台不同或是相同的控制器。使用 COM2 的 RS485 接口，可串接多台控制器（注：控制器必须支持 RS485 界面）。用户编辑完成后，可直接使用计算机连接控制器先行模拟人机动作是否正确。

DOP-B10E615 触摸屏正面外观图如图 4-6 所示。DOP-B10E615 触摸屏背面外观图如图 4-7 所示。触摸屏与 PLC、开发平台及其他设备构成的系统平台如图 4-8 所示。

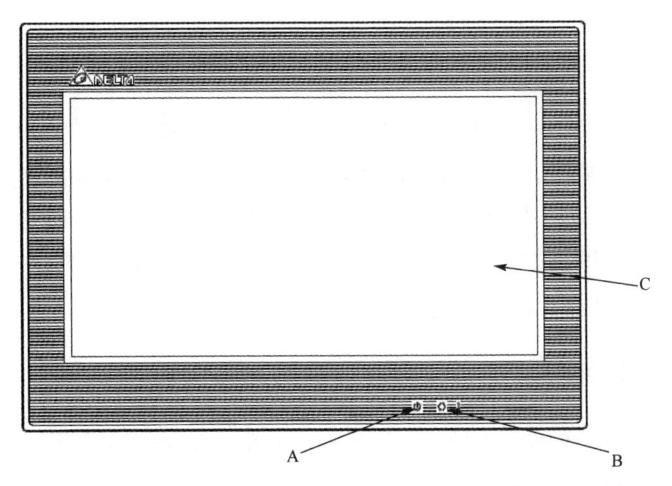

A—电源指示灯；B—动作指示灯，报警指示灯；C—操作、显示区域。

图 4-6　DOP-B10E615 触摸屏正面外观图

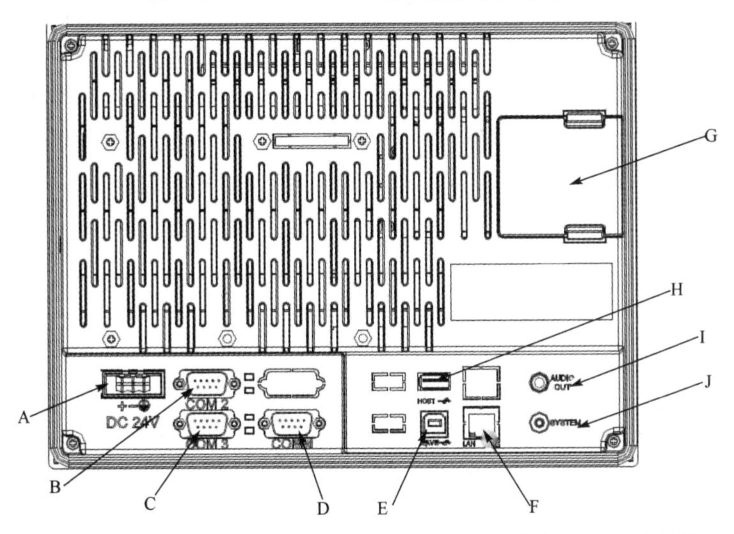

A—电源输入端子；B—COM2；C—COM3；D—COM1；E—USB 从设备；F—内网络端口 LAN；G—存储卡插槽；H—USB 主设备；I—音频输出端口；J—系统按键。

图 4-7　DOP-B10E615 触摸屏背面外观图

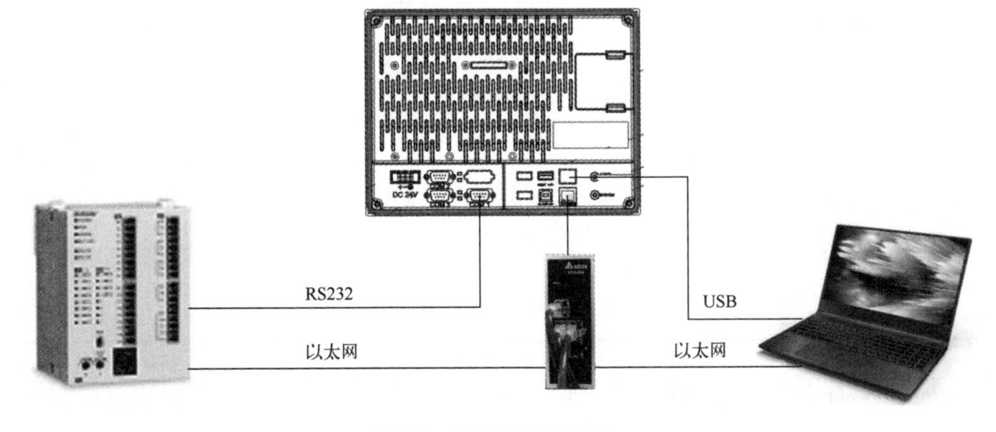

图 4-8　触摸屏系统平台

4.2.1 触摸屏的控制原则

通俗地说，触摸屏类似一个主控制器，通过其自身屏幕上的按键去控制电机，也可以把电机的状态显示在屏幕上，起到仪表的作用。本质上来说，触摸屏的控制就是对其他设备地址的读/写，即用触摸屏中的图标来定义 PLC，进而控制某个实物开关或者软开关，实现通过单击触摸屏上的图标来控制机器设备这一目标。所以对触摸屏的控制，主要是对 PLC 的地址进行读/写，实现控制和显示功能。

4.2.2 触摸屏的内部参数

台达触摸屏共有 12 种不同的功能存储器，分别为内部存储器（$）、断电保持内部存储器（$M）、间接寻址存储器（*$）、配方存储器（RCP）、配方组别存储器（RCPNO）、配方群组别存储器（RCPG）、配方间接寻址存储器（*RCP）、加强型配方存储器（ENRCP）、加强型配方组别存储器（ENRCPNO）、加强型配方群组别存储器（ENRCPG）、加强型配方群组别名称存储器（ENRCPGNAME）与加强型配方间接寻址存储器（*ENRCP）。

（1）内部存储器。该存储器为触摸屏内部能够自由读取的内存，也可配置各种设定，如组件的通信地址等。此内部存储器无断电保持功能，当触摸屏断电后，存储器内的数据是无法继续保持的。触摸屏提供 65536 个 16 位内部存储器，如表 4-1 所示。

表 4-1 内部存储器

存取形式	组件种类	存取范围
Word	$n	$0～$65535
Bit	$n.b	$0.0～$65535.15
注：n 为 Word（0～65535）；b 为 Bit（0～15）		

（2）断电保持内部存储器。该存储器具有断电保持功能，当触摸屏断电后，存储器内的数据也能继续保持，用户可以将重要的数值数据记录在该存储器中。触摸屏也提供 1024 个 16 位断电保持内部存储器（$M0.0～$M1023.15），如表 4-2 所示。

表 4-2 断电保持内部存储器

存取形式	组件种类	存取范围
Word	$Mn	$0～$1023
Bit	$Mn.b	$0.0～$1023.15
注：n 为 Word（0～1023）；b 为 Bit（0～15）		

（3）间接寻址存储器。间接寻址存储器并无断电保持功能，当触摸屏断电后，存储器内的数据无法保持，如表 4-3 所示。

表 4-3 间接寻址存储器

存取形式	组件种类	存取范围
Word	$n	$0～$65535
注：n 为 Word（0～65535）		

其他存储器不进行详细介绍，详情请参考数据手册。

1. 内部系统参数

台达触摸屏除了能提供 12 种内部存储器，还能提供所谓的内部系统参数。用户可以通过这些参数来了解触摸屏内部系统的状态值，包括系统时间值、外部存储装置状态、触碰时的 *X*/*Y* 坐标、触碰状态、电池电量剩余百分比、网络参数、软件版本等。

2. 命令区与状态区

DOPSoft 软件提供命令区与状态区，用于执行或监看部分系统动作的执行或状态。用户依次单击“选项”→“设定模块参数”→“控制命令”命令来设定命令区与状态区的内存起始地址，用户也可根据自己需要的功能来勾选相应选项。

（1）命令区。该触摸屏的命令区允许用户自行定义控制器或触摸屏的某段缓存器地址。用户可以通过设定命令区来操控人机动作，如切换画面、背光灯关闭、权限设定、曲线及历史缓冲区取样或清除、配方控制、加强型配方控制、多国语系、打印等。命令区是一个以字为单位的连续数据区域。

（2）状态区。该触摸屏的状态区允许用户自行指定控制器或触摸屏内部的缓存器地址。用户可以通过设定状态区来查看目前人机动作，如当前画面编号、当前权限、曲线及历史缓冲区取样状态、配方控制、加强型配方控制、多国语系、打印等状态。状态区也是一个以字为单位的连续数据区域。

4.2.3　台达触摸屏软件开发

1. 开发流程概述

先安装 DOPSoft 软件，软件安装结束后，可以新建一个项目，建立新项目的流程如图 4-9 所示。

视频 4-1　DOPSoft 软件的安装及使用简介

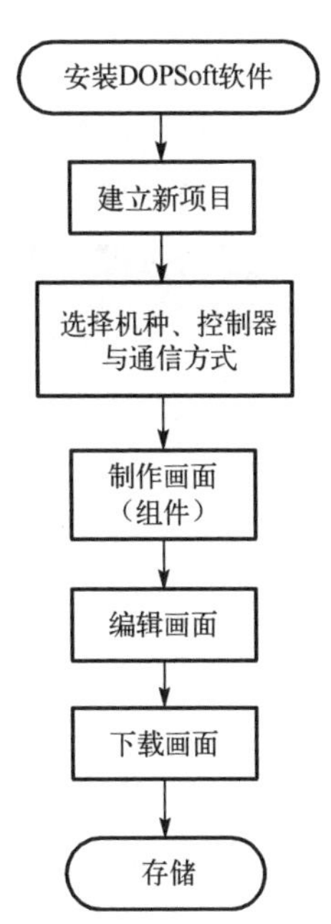

图 4-9　建立新项目的流程

2. 制作画面（如何建立组件）

下面以建立按钮组件和指示灯组件为例进行一个简单的示范。

DOPSoft 软件提供多种方式供用户多样化地建立组件，用户可以自行选择方便建立组件的方式，请参考图 4-10 的相关方式。

3. 制作一个按钮

在范例菜单栏中建立按钮组件，包括设 ON、设 OFF、保持型按钮、交替型按钮以及指示灯组件中的状态指示灯等。在组件建立完成后，必须输入其内存地址，才能让组件有所动作。为了让用户清楚知道此组件是什么功能，所建立的组件上都会输入其代表的文字及所设定的内存地址。以下为创建一个名为“设 ON”按键的步骤。

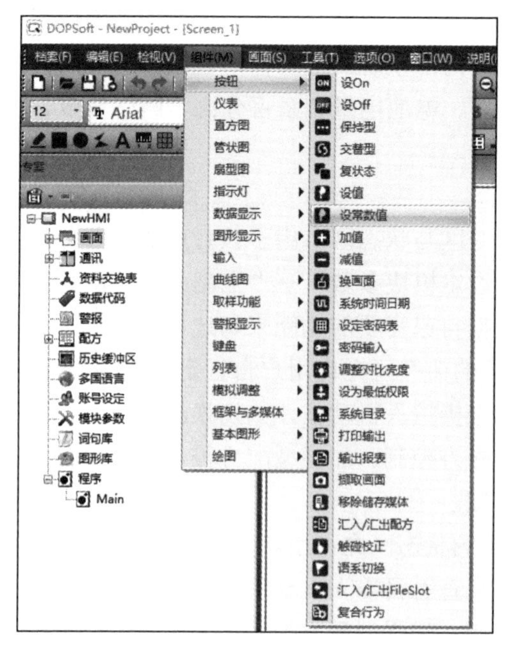

图 4-10　组件窗口

（1）单击“组件”按钮，打开“组件”菜单，单击其中的“按钮”选择“设 ON”组件。

（2）双击组件或选择组件，打开其属性表窗口，选择“一般”属性，单击“写入内存地址”下拉菜单，在“输入”界面设定内存地址。“设 ON”组件的写入内存地址为 M0，即实现了将按键与 PLC 中辅助继电器 M0 的关联，其界面如图 4-11 所示。

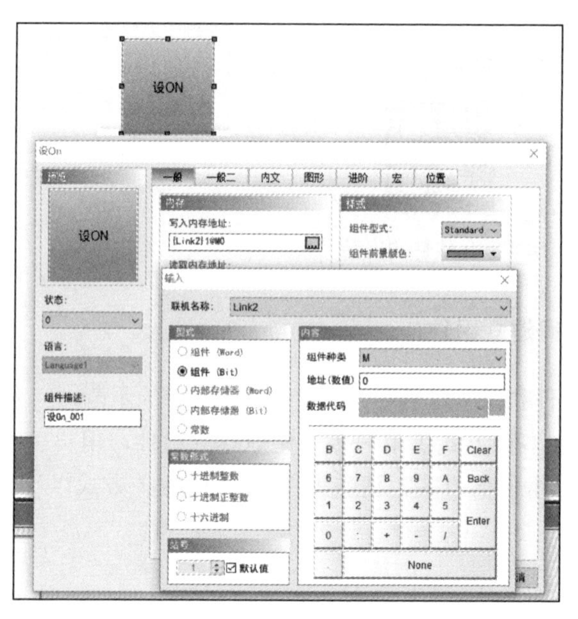

图 4-11　“设 ON”组件界面

再切换至“内文”页面，在按键状态 0、1 两项后的文本框中都输入“设 ON”，则按键 M0 的值无论是 1 还是 0，按键上均会显示“设 ON”字样（见图 4-12）。其他的按键设置操作流程与此相似，此处不再赘述。

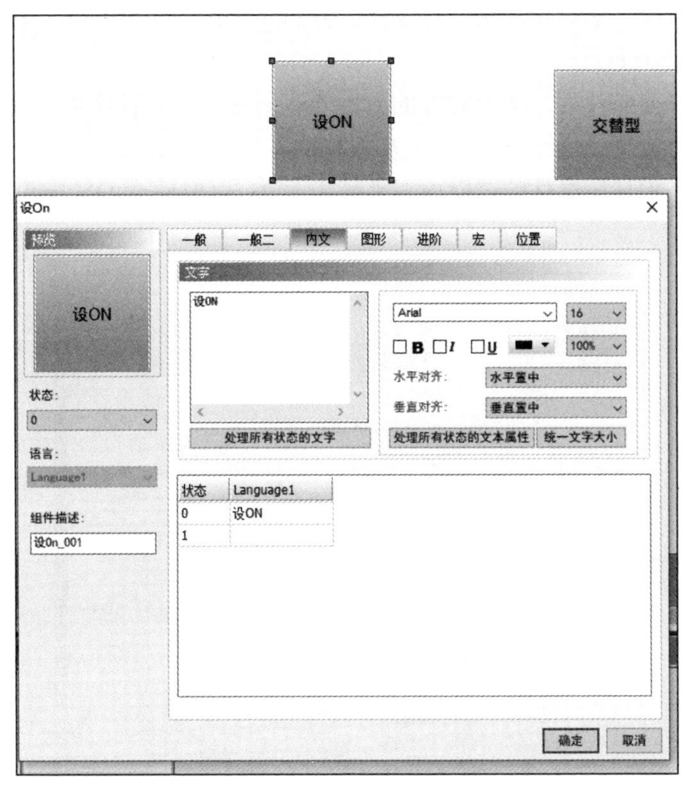

图 4-12　设置按键显示文字

设 ON、设 OFF、保持型、交替型按钮都有状态 0 与状态 1 的行为，用户可通过双击组件进入设定状态或通过属性表窗口的右上角来检查状态 0 或状态 1，如图 4-13 所示。

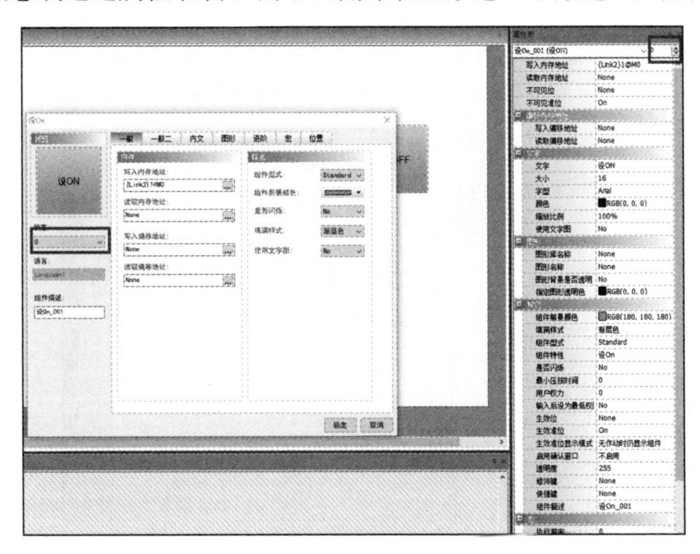

图 4-13　属性表

4．制作一个“状态指示灯”组件

单击“组件”按钮打开“组件”菜单，单击其中的“指示灯”按钮，选择“状态指示灯”组件。此例中建立三个状态指示灯组件，分别对应设 ON/设 OFF、保持型与交替型的写入内存地址。

双击组件或选择组件后，使用右方的属性表窗口来设定内存地址，其设定方式与按钮组件的相同，并将数值单位设为 Bit、状态总数设为 2。

设置“状态指示灯”组件的读取内存地址为 M0，以对应设 ON 与设 OFF，如图 4-14 所示。

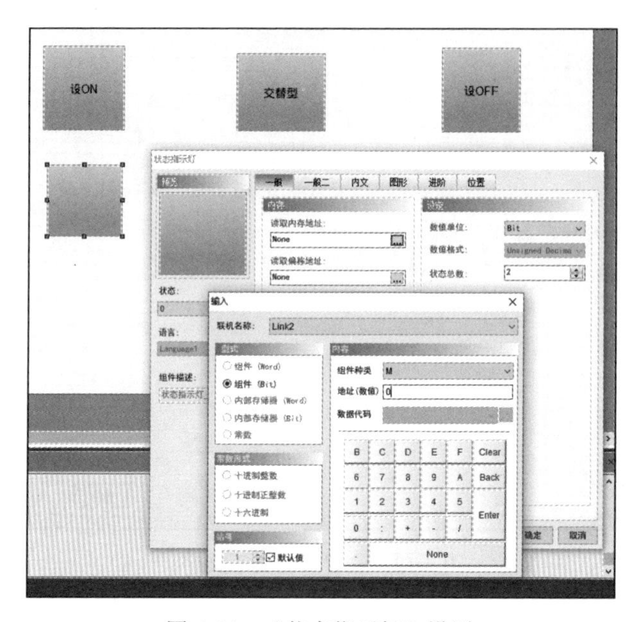

图 4-14 “状态指示灯”设置

双击设置好的组件后，在“内文”页面中的状态 0 后的文本框内输入“状态指示灯 1”，如图 4-15 所示。

图 4-15 设置状态指示灯的文字提示

还可以更改“状态指示灯”组件的显示效果，双击组件后，进入“一般”页面，更改状态 1，将其“组件前景颜色”更改为“红色”，在切换状态 0 与状态 1 时，状态指示灯显示不同的颜色，如图 4-16 所示。

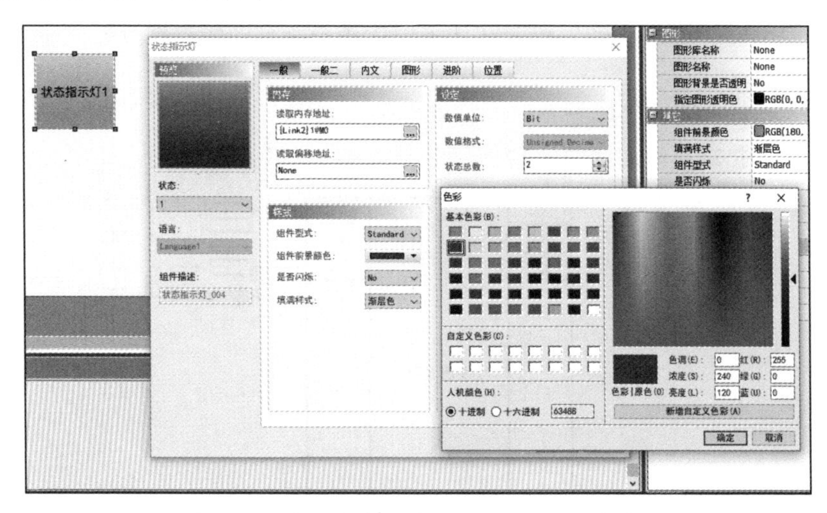

图 4-16　指示灯的状态不同显示不同的颜色

5. 编译和下载界面

完成所有组件的建立后，需先编译画面上的组件，检查是否有错误。编译画面是为了确保所使用的记忆体格式正确，以及确认是否有内存地址的检查机制。单击“工具”菜单下的“全部编译”按钮，可执行界面的编译。

当编译显示成功时，表示用户所建立的组件无任何错误，此时可下载页面数据至触摸屏。

4.3　触摸屏程序案例

4.3.1　问题描述

本节为 2.3 节中的三相异步电动机降压起动的案例设计对应的触摸屏控制界面。交流电动机的起动方式有正转起动和反转起动，而且正反转可以来回切换，要求电动机先进行星形连接，再转换成三角形连接运行。在触摸屏界面上能够直接控制电动机正转、反转和停止。此外，在触摸屏界面上设计 4 盏指示灯，分别指示电动机正转、反转、三角形连接和星形连接。要求触摸屏与实际连接的硬件按钮能同时实现对系统的控制。

4.3.2　系统结构与设备

各模块选型如下。

（1）主控模块：台达 DVP28SV2 型号 PLC。

（2）被控对象：三相异步电动机。

（3）触摸屏：台达 DOP-B10E615。

（4）START/STOP 按钮：按压式按钮开关。

（5）KM0～KM2：三相交流接触器。

具体的 PLC 及电动机驱动电路的硬件结构参见第 2 章的相关内容。

4.3.3 项目实施

电动机 Y-△起动接线图如图 4-17 所示。

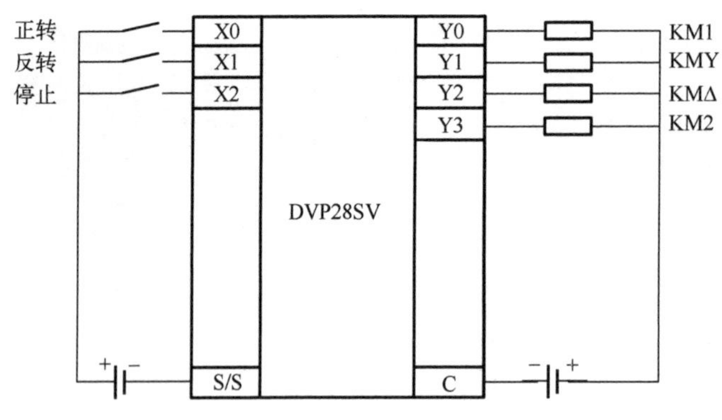

图 4-17 电动机 Y-△起动接线图

触摸屏界面如图 4-18 所示。

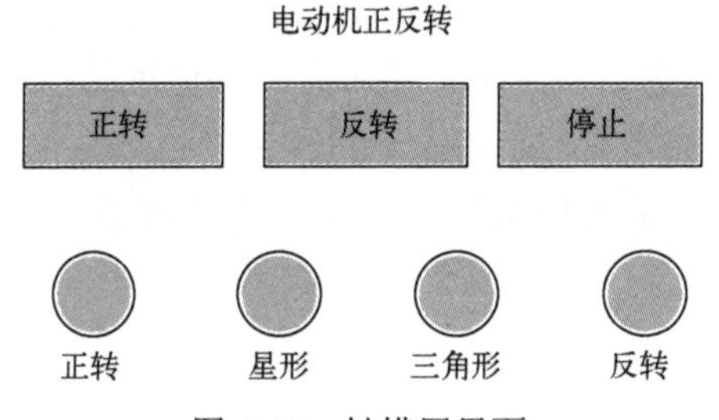

图 4-18 触摸屏界面

触摸屏的三个控制按键（长方形框）相当于一个软开关（相对于硬开关来说），即 PLC 的三个输入端口。4 个圆形的输出状态指示灯相当于 PLC 的 4 个输出端口。对应的 I/O 的地址如表 4-4 所示。

表 4-4 触摸屏与 PLC 的 I/O 表

输入		输出	
器件（触摸屏 M）	说明	器件	说明
X0（M21）	正转	Y0	正转
X1（M22）	反转	Y1	星形
X2（M23）	停止	Y2	三角形
		Y3	反转

在对触摸屏进行编程时，要注意对应的关系（内存地址）。如“正转”按钮，要找到

相应的 M21 地址间的关系。正转指示灯（圆形），也需要读取 PLC 的内存地址。在对触摸屏进行编程时，重要的一步是确保正确设置各功能键与相应的内存地址之间的对应关系。对于图 4-19 界面中名为“正转”的按钮，需要将这个按钮链接到 PLC 中指定的内存地址，如 M21。同样地，对于表示“正转”的指示灯（图中“正转”按钮下方的圆形结构），也需要确保它能够从 PLC 读取正确的内存地址以显示当前的状态。这样的设置确保了触摸屏上的控制和指示元件能够正确反映和控制机器的实际运行状态。

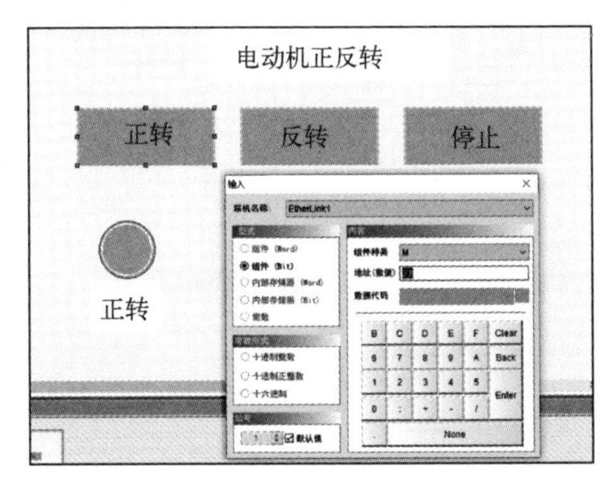

图 4-19　按键与 PLC 的 I/O 之间的对应关系

对于 PLC 来说，X0、X1、X2 为输入端口，硬件开关分别为正转、反转、停止三个实体按钮，Y0 为正转输出、Y1 为星形、Y2 为三角形、Y3 为反转输出。

4.3.4　代码编程

正反转部分的 PLC 程序参考图 4-20。

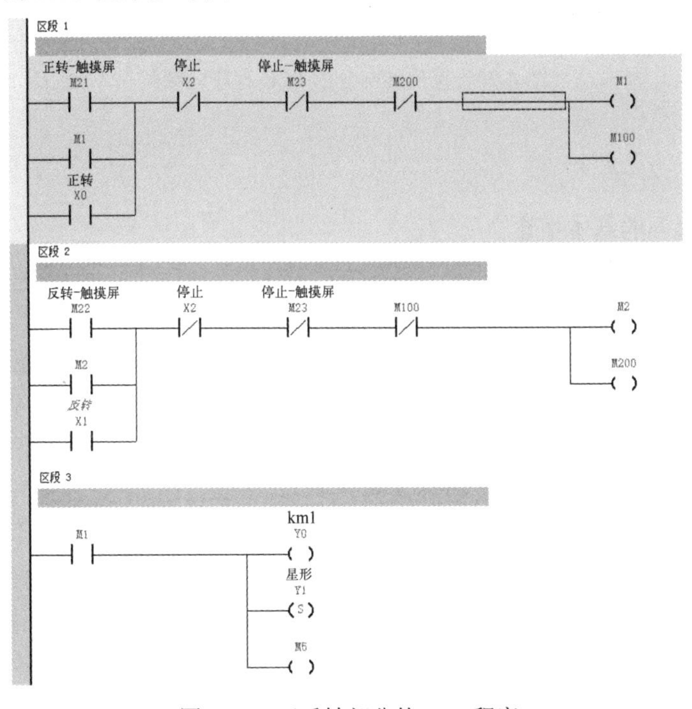

图 4-20　正反转部分的 PLC 程序

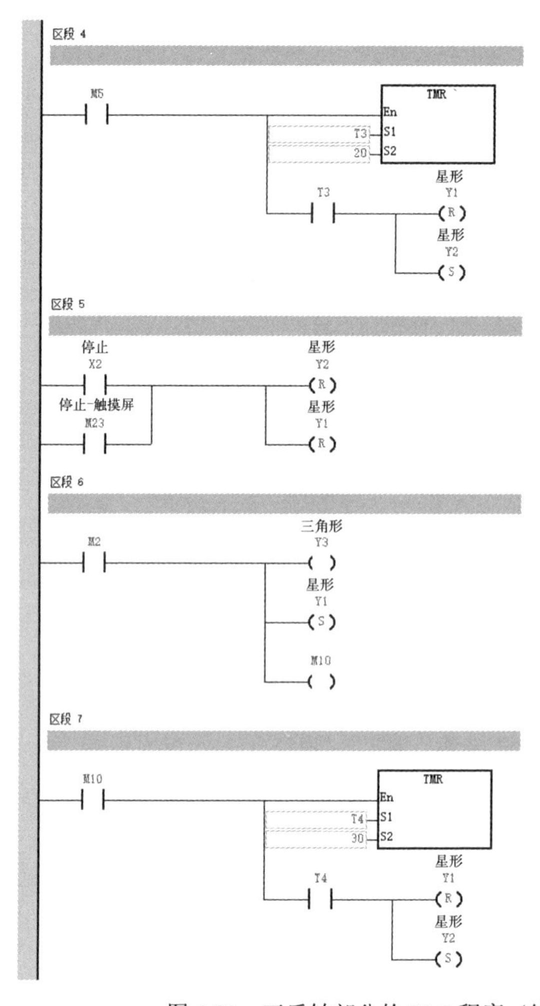

图 4-20 正反转部分的 PLC 程序（续）

思考题

1．简述触摸屏的基本概念。

2．简述触摸屏的基本分类。

3. 利用触摸屏与 PLC 来控制电动机的循环正反转，要求如下：

（1）按下起动按钮，电动机正转 10s，停 4s，反转 10s，停 5s，按此循环，要求循环 2 次后停止。

（2）要求触摸屏有起动和停止功能，能显示电动机正反转运行时间和循环次数，并且能通过触摸屏设置正反转的时间及循环次数。

4. 设计一个实验以通过触摸屏控制变频器驱动电动机。在此实验中，要求触摸屏能够显示电动机的实际转速并允许用户设置目标转速。此外，用户还可以通过调整 PID 参数以优化对电动机速度的控制，并通过触摸屏上的起动按钮来起动电动机。请简述其设计过程并给出梯形图。

第5章 工业网络

工业网络是由数字控制技术、网络通信技术、信息集成技术和计算机技术共同发展而来的，是指用于实时控制的工业通信网络。智能传感器和智能执行器可以通过工业网络交换数据，使得不同的控制单元（或系统）之间建立通信联系，克服了不同控制单元（或系统）之间的“孤岛”效应。工业网络使自控系统具有可靠性、经济性和安装维护性，同时使自动化技术和信息技术相结合，促进了自动化技术的信息化发展和应用。

引入案例

我国加速发展工业互联网为传统产业赋能

工业互联网是第四次工业革命的重要引擎。2017年，国务院正式印发《关于深化“互联网+先进制造业”发展工业互联网的指导意见》(以下简称《指导意见》)，该《指导意见》成为推进我国工业互联网创新发展的纲领。近年来，我国多地将建设工业互联网产业纳入本地“十四五”发展规划，已经形成京津冀、长三角、珠三角、东北、中西部差异化发展的格局。其中，辽宁提出“超前布局工业互联网等基础设施”；江苏提出“制定工业互联网发展行动计划”；浙江提出“推动工业互联网和制造大省深度融合，培育‘1+N’工业互联网平台体系”等。

在赛轮（沈阳）轮胎有限公司的生产车间内，一条条全钢子午线轮胎正排队“走到”下一个工序，支配它们生产的“大脑”是由赛轮集团自主研发的全球首个在橡胶轮胎行业投入使用的工业互联网平台——“橡链云”。

依托“橡链云”平台，公司可实现轮胎生产核心设备的全生命周期管理，助力生产设备在健康状态下生产出更高质量的产品。

“橡链云”平台是中国工业互联网发展进程中的一个缩影。在中国，新一代信息技术洪流袭来，以工业互联网为代表的数字经济正推进网络技术与传统工业深度融合，赋能传统工业转型升级。

5.1 工业网络简介

5.1.1 工业网络的发展

20世纪末，工业生产过程日益复杂，主流的现场总线技术标准不统一，不同现场总线协议互不兼容，与管理信息系统的集成需要通过其他技术才能实现，现场总线已经渐渐无法承担愈加复杂的工业生产通信需求。工业控制系统逐渐向分布式、开放性的方向发展，用户对具有统一通信协议的工业通信技术需求迫切，新的工业通信技术呼之欲出。

计算机网络技术在电信、办公自动化等领域已经得到了成功应用，基于 TCP/IP 协议的 Internet 高速发展，其开放性协议的构建形式给工业通信技术带来了新的方向。工业界希望通过构建计算机集成制造系统（Computer Integrated Manufacturing Systems，CIMS）实现控制、调度、决策、管理一体化，进而提高生产效益。1973 年，美国施乐公司发明了以太网，随后施乐公司构建了基于以太网的局域网络，成功连接了 100 余台 PC。20 世纪 80 年代初，IEEE802 委员会（局域网/城域网标准委员会）制定了局域网体系结构，推出了 IEEE802 参考模型，对应 OSI（Open System Interconnection，开放系统互联）7 层参考模型中的物理层和数据链路层。以太网全开放、全数字化、支持 TCP/IP 协议的特性让不同厂商的设备可以很容易地实现互联。因此以太网技术得到了广泛应用。

随着网络技术的发展，工业以太网技术已经趋于成熟，具有传输速率快、能耗低、易于安装、兼容性好、软硬产品种类多、技术成熟等多方面的优势。工业以太网相比商业以太网具有自己突出的特点，具体如下。

1. 快速实时响应能力强

工业控制网络是与工业现场测量控制设备相连接的一类特殊通信网络，工业控制网络数据传输的即时性与系统响应的实时性是控制系统最基本的要求。在工业自动化控制中，需要即时地传输现场过程信息和操作指令，工业控制网络不但要完成非实时信息的通信，而且还要支持实时信息的通信。这就要求工业控制网络不仅传输速度快，而且还要求响应速度快，即响应实时性要好。所谓实时性是在网络通信过程中能在线实时采集过程的参数，实时对系统信息进行加工处理，并迅速反馈给系统完成过程控制，满足过程控制对时间限制的要求。同时要求网络通信任务的行为在时间上可以预测、确定。实时性表现在对内部和外部事件能及时响应，并做出相应的处理，不丢失信息，不延误操作。由工业控制网络处理的事件一般分为两类：一类是定时事件，如数据的定时采集、运算控制等；另一类是随机事件，如事故、报警等。对于定时事件，系统设置始终保证定时处理；对于随机事件，系统设置中断，并根据故障的轻重缓急预先分配中断级别，一旦发生事故，保证优先处理紧急故障。

对于工业控制网络，它主要的通信量是过程信息及操作管理信息，信息量不大，传输速率一般不高于 1MB/s，信息传输任务相对比较简单，但是响应时间短，一般为 0.01～0.5s。工业控制网络除了控制管理计算机系统的外部设备，还要控制管理控制系统的设备，并具有处理随机事件的能力。实际操作系统应保证能及时处理异常情况，保证完成任务，或完成最重要的任务，要求能及时发现并纠正随机性错误，至少保证不使错误影响扩大，同时应具有抵制错误操作和错误输入信息的能力。

2. 在恶劣环境中具有较强适应性

用于工业控制的局部网络通常工作在恶劣的工业现场环境下，会受到各种各样的干扰，传统以太网所用的接插件、集线器、交换机和电缆等均为商业应用设计。工业以太网器件采用各种技术（如光电隔离技术、整形滤波技术、信号调制解调技术等）克服恶劣环境对工业控制网络的影响。

3．高可靠性

绝大多数工业控制网络的通信系统必须保持持续运行，以达到更高的生产效益，特别是应用于水电、能源等重要行业的集散控制系统，要求工业控制网络的局域网络有极高的可靠性，避免工业控制网络的任何中断和故障造成设备故障和人身事故。工业控制网络中除了采取各种有效的信号处理和传输技术使通信误码率尽可能降低，还采用了双网冗余的方法进一步提高可靠性。

4．网络产品具有互操作性与互用性

对于同一类型协议的不同制造商产品可以混合组态，构建一个开放系统，即具有互操作性。一致性测试是指通过一系列具体应用，对现场总线的硬件和软件产品进行的行为测试，以确定具体应用中的行为与响应协议标准是否一致，从而确定被测设备或系统对通信协议的各种应用与现场总线标准规范的符合程度。互操作性是指在没有任何功能损失的条件下，不同厂家的多个设备可以在一个系统中协同工作，即这些设备能够实现控制功能上的相互连接和操作。因此，各制造商产品要通过所属各类总线协议规定的一致性测试及互操作性测试，并通过专门的测试认证。

5．具备较高的网络安全性

工业控制网络主要用于各种大中型企业的生产及管理控制过程中，哪怕是很少信息的失密，或者遭到病毒破坏都有可能导致巨大的经济损失，更不要说由于敌对者的恶意破坏而导致网络的不能正常运行。因此，信息的保密性、完整性、鉴别性以及信息来源和去向的可靠性是每个管理者和操作者始终不可忽视的，也是整个工业控制网络必须要保证的。

5.1.2　工业以太网技术

以太网技术的发展和广泛应用使办公自动化走向工业自动化。首先是通信速率的提高，以太网的通信速率从 10MB/s、100MB/s 提高到现在的 1000MB/s、10GB/s，通信速率提高意味着网络负荷减轻和传输延时缩短，网络碰撞概率下降；其次采用双工星形网络拓扑结构和以太网交换技术，使以太网交换机的各端口之间数据帧的输入和输出不再受 CSMA/CD 机制的制约，避免了冲突；再加上全双工通信方式使端口间两对双绞线（或两根光纤）上分别同时接收和发送数据，而不发生冲突。这样，全双工交换式以太网能避免因碰撞而引起的通信响应的不确定，保障通信的实时性。同时，由于工业自动化系统向分布式、智能化的实时控制方向发展，因此通信成为关键，用户对统一的通信协议和网络的要求日益迫切。这样，通信技术的发展使以太网进入工业自动化领域成为必然。所以工业以太网正在成为一种很有发展前途的现场工业控制网络。图 5-1 给出了基于以太网的工业控制网络拓扑结构。

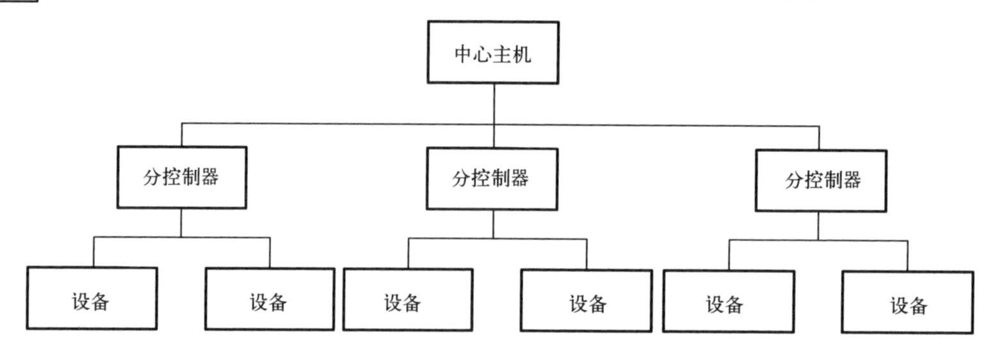

图 5-1 基于以太网的工业控制网络拓扑结构

目前来看，以太网用于工业控制的主要优势如下。

（1）应用范围广。以太网是目前应用最为广泛的计算机网络技术之一，受到广泛的技术支持，最典型的以太网应用形式是 Ethernet+ TCP/IP+ Web。几乎所有的编程语言都支持 Ethernet 的应用开发，如 Java、Visual C++、Visual Basic 等。由于这些编程语言被广泛使用，并受到软件开发商的高度重视，具有很好的发展前景。因此，如果采用以太网作为现场总线，则可以保证有多种开发工具、开发环境供用户选择。事实上，以太网已经成为控制网络结构中管理层与监控层网络的普遍选择。

（2）成本低廉。由于以太网的应用很广泛，因此受到硬件开发与生产厂商的高度重视与广泛支持，有多种硬件产品供用户选择，故硬件价格也相对低廉。目前，以太网网卡的价格只有 Profibus、FF 等现场总线价格的十分之一，而且随着集成电路技术的发展，其价格还会进一步下降。

（3）通信速率高。目前通信速率为 100MB/s 的快速以太网已经开始广泛应用，1000MB/s 的以太网技术也逐渐成熟，10GB/s 的以太网正在被研究。以太网的通信速率比目前的现场总线快得多。以太网可以满足对带宽有更高要求的场合。

（4）软硬件资源丰富。由于以太网已应用多年，人们对以太网的设计、应用等方面有很多的经验，对其技术也十分熟悉。大量的软件资源和设计经验可以显著降低系统的开发和培训费用，从而可以显著降低系统的整体成本，并大大加快系统的开发和推广速度。

（5）可持续发展能力强。由于以太网的广泛应用，它的发展一直得到广泛的重视和大量的技术投入，形成全球性的技术支持。并且，在这信息瞬息万变的时代，企业的生存与发展将很大程度上依赖于一个快速而有效的通信管理网络，信息技术与通信技术的发展将更加迅速，也更加成熟，由此保证了以太网技术不断地持续向前发展。因此，工业控制网络采用以太网，就可以避免其发展游离于计算机网络技术的发展主流之外，从而使工业控制网络和信息网络技术互相促进、共同发展，并保证技术上的可持续发展，在技术升级方面无须单独投入。

5.2 通信参考模型

5.2.1 协议的必要性

简单来说，协议就是计算机与计算机之间通过网络通信时，事先达成的一种“约定”。

这种“约定”使不同厂商的设备、不同的 CPU 及不同操作系统组成的计算机之间，只要遵循相同的协议就能实现通信。这就好比一个中国人说汉语，一个外国人说英语，使用不同的国家语言进行沟通，一方怎么也无法理解另一方的意思。但是如果两个人约定好都说中文或英文，就可以互相沟通。协议分为很多种，每种协议都明确界定了它的行为规范。两台计算机必须能够支持相同的协议，并遵循相同的协议，这样才能实现相互通信。

5.2.2　OSI 参考模型

为了实现不同厂家生产设备之间的互联操作与数据交换，国际标准化组织 ISO/TC97 于 1978 年建立了“开放系统互联”（Open System Interconnection，OSI）分技术委员会，起草了开放系统互联参考模型的建议草案，形成开放系统互联参考模型。

“开放”并不是指对特定系统实现具体的互联技术或手段，而是对标准的认同。一个系统是开放系统，是指它可以与任意遵循同样标准的其他系统互联通信。

1．物理层

物理层涉及通信在信道上传输的原始比特流。主要功能是利用传输介质为数据链路层提供物理连接。设计上必须保证当一方发出二进制数 1 时，另一方接收到的也是 1 而不是 0。

2．数据链路层

将比特组合成字节，再将字节组合成帧，使用链路层地址（以太网使用 MAC 地址）来访问介质，并进行差错检测。

在计算机网络中，由于各种干扰的存在，物理链路是不可靠的。因此，这一层的主要功能是在物理层提供的比特流的基础上，通过差错控制、流量控制方法，使有差错的物理链路变为无差错的数据链路，即提供可靠的通过物理介质传输数据的方法。

该层通常又被分为介质访问控制（Medium/Media Access Control，MAC）和逻辑链路控制（Logical Link Control，LLC）两个子层。

MAC 子层的主要任务是解决共享型网络中多用户对信道竞争的问题，完成网络介质的访问控制；LLC 子层的主要任务是建立和维护网络连接，执行差错校验、流量控制和链路控制。

数据链路层的具体工作是接收来自物理层的位流形式的数据，并将其封装成帧，然后传送到上一层；同样，也将来自上层的数据帧拆装为位流形式的数据并将其转发到物理层；还负责处理接收端发回的确认帧的信息，以便提供可靠的数据传输。

3．网络层

网络层关系到子网的运行控制，其中一个关键问题是确定分组从源端到目的端如何选择路由。

如果子网中同时出现过多分组，它们将相互阻塞通路并可能形成网络瓶颈，所以网络层还需要提供拥塞机制以避免此类现象的出现。

4. 传输层

传输层的基本功能是从会话层接收数据，并且在必要时把接收的数据分成较小的单元，传递给网络层，并确保到达对方的各段信息准确无误。

会话层每请求建立一个传输连接，传输层就为其创建一个独立的网络连接。

最流行的传输连接是一条无错的、按发送顺序传输报文或字节的点对点通道。传输层是真正的从源端到目标端（“端到端”）的层。

5. 会话层

会话层负责建立、管理和终止表示层实体之间的通信会话。该层的通信由不同设备中的应用程序之间的服务请求和响应组成。

会话层也会像应用层或表示层那样，在接收到的数据前端附加首部或标签信息再转给下一层。

6. 表示层

表示层用于完成某些特定功能所传输信息的语法和语义。

为了让采用不同表示法的计算机之间能进行通信，交换过程中使用的数据结构可以用抽象的方式来定义，并且使用标准的编码方式。表示层用于管理这些抽象的数据结构，并且在计算机内部表示法和网络的标准表示法之间进行转换。为了识别编码格式，表示层与表示层之间也会附加首部信息，从而将实际传输的数据转交给下一层去处理。

7. 应用层

应用层包含大量用户普遍需要的协议。虚拟终端软件都位于应用层。

应用层解决不同系统之间传输文件所需要处理的各种不兼容问题，以及实现文件传输、发送电子邮件、远程作业输入等各种通用和专用的功能。在用户输入完成后发送的那一刻开始，就进入了应用层协议的处理。该层协议会在所要发送的数据前端附加一个首部信息。首部信息表明了要发送的内容和要发送的地方。

5.2.3 TCP/IP 参考模型

TCP/IP 是用于 Internet 的通信协议。TCP/IP 通信协议是对计算机必须遵守的规则的描述，只有遵守这些规则，计算机之间才能进行通信。

TCP（Transmission Control Protocol，传输控制协议）和 UDP（User Datagram Protocol，用户数据报协议）都属于传输层协议。其中 TCP 提供 IP 环境下的数据可靠传输，它提供的服务包括数据流传送、有效流控、全双工操作和多路复用，通过建立稳定的连接，实现端到端通信，并确保数据包的可靠发送。通俗地讲，TCP 事先为所发送的数据开辟出连接好的通道，然后再进行数据发送；而 UDP 则不为 IP 提供可靠性、流控或差错恢复功能。一般来说，TCP 对应的是可靠性要求高的应用，而 UDP 对应的则是可靠性要求低、传输经济的应用。TCP 支持的应用层协议主要有：Telnet（Telecommunication Network，远程登录）、FTP（File Transfer Protocol，文件传输协议）、SMTP（Simple Mail Transfer Protocol，简单邮件传输协议）等；UDP 支持的应用层协议主要有：NFS（Network File System，网络文件系统）、SNMP（Simple Network Management Protocol，简单网络管理协议）、DNS（Domain Name System，域名系统）、TFTP（Trivial File Transfer Protocol，简单文件传输协议）等。TCP/IP 协议与低层的数据链路层和物理层无关，这也是 TCP/IP 的重要特点。

通常分不同层次对网络协议进行开发，每层分别负责不同的通信功能。一个协议族如 TCP/IP，是一组不同层次上的多个协议的组合。传统上来说，TCP/IP 被认为是一个 4 层协议，而 ISO（国际标准化组织）制定了一个国际标准 OSI 7 层模型，OSI 协议以 OSI 7 层模型为基础界定了每层的协议和每层之间接口的相关标准，TCP/IP 模型与 OSI 7 层模型的对应关系如表 5-1 所示。

表 5-1　TCP/IP 模型与 OSI 7 层模型的对应关系

TCP/IP 4 层模型	TCP/IP 5 层模型	OSI 7 层模型
应用层	应用层	应用层
		表示层
		会话层
传输层	传输层	传输层
互联网层	互联网层	网络层
网络接口层	数据链路层	数据链路层
	物理层	物理层

TCP/IP 协议并不完全符合 OSI 7 层模型。传统的开放系统互联参考模型是一种通信协议的 7 层抽象的参考模型，其中每层都执行某项特定任务。该模型的作用是使各种硬件在相同层上可以相互通信。OSI 7 层模型分别是：物理层、数据链路层、网络层、传输层、会话层、表示层和应用层。而 TCP/IP 协议采用了 4 层参考模型，每层都通过呼叫它的下一层所提供的网络来完成自己的需求。TCP/IP 4 层模型具体内容如下。

1. 网络接口层

网络接口层又可分为物理层和数据链路层。

物理层用于定义物理介质的各种特性，包括机械特性、电子特性、功能特性、规程特性。

数据链路层用于接收 IP 数据报并通过网络发送，或者从网络上接收物理帧，抽出 IP 数据报，并交给上一层——互联网层。

2. 互联网层

互联网层负责相邻计算机之间的通信，其功能包括以下三方面。

（1）处理来自传输层的分组发送请求，在接收到请求后，将请求分组装入 IP 数据报，并填充报头，选择通往信号宿主主机的路径，然后将数据报发送到适当的网络接口。

（2）处理输入数据报：首先检查其合法性，然后进行寻径，即假如该数据报已到达信宿主机，则去掉报头，将剩下部分交给适当的传输协议；假如该数据报尚未到达信宿主机，则转发该数据报。

（3）处理路径、流控、拥塞等问题。互联网层的协议有 IP（Internet Protocol，互联网协议）、ICMP（Internet Control Message Protocol，因特网控制报文协议）、ARP（Address Resolution Protocol，地址解析协议）、RARP（Reverse ARP，反向地址解析协议）。

IP 是互联网层的核心，通过路由选择将下一条 IP 封装后交给网络接口层。IP 数据报是无连接服务的。ICMP 是互联网层的补充，可以回送报文，用来检测网络是否通畅。ping 命令就是发送 ICMP 的 echo 包，通过回送的 echo relay 命令进行网络测试。ARP 通过已知的 IP，寻找对应主机的MAC 地址，RARP 通过 MAC 地址确定 IP 地址。

3. 传输层

传输层提供应用程序间的通信，其功能包括：格式化信息流和提供可靠传输。为实现后者，规定传输层协议接收端必须要发回确认，并且若分组丢失，则必须重新发送。

传输层的协议主要有 TCP 和 UDP。

4. 应用层

应用层向用户提供一组常用的应用程序，如电子邮件、文件传输访问、远程登录等。远程登录 Telnet 使用 Telnet 协议，用于提供在网络其他主机上注册的接口，Telnet 会话提供了基于字符的虚拟终端。文件传输访问 FTP，使用FTP来提供网络内机器间的文件复制功能。

应用层协议通常为用户提供面向服务的功能，如 FTP、Telnet、DNS、SMTP 和 POP3，它们都支持如文件传输、远程登录、域名解析、电子邮件发送和接收等网络服务。

一般上传、下载数据用 FTP 服务，数据端口是 20H，控制端口是 21H。Telnet 服务是用户远程登录和管理另一台计算机的协议，使用 23H 端口进行明码传送，该方式的保密性差，但简单方便。DNS 是域名解析服务所依据的协议，提供域名到 IP 地址之间的转换。SMTP 是简单邮件传输协议，用来控制信件的发送、中转。POP3 是邮局协议第 3 版本，用于接收邮件。数据经过 OSI 7 层模型打包的过程如图 5-2 所示。

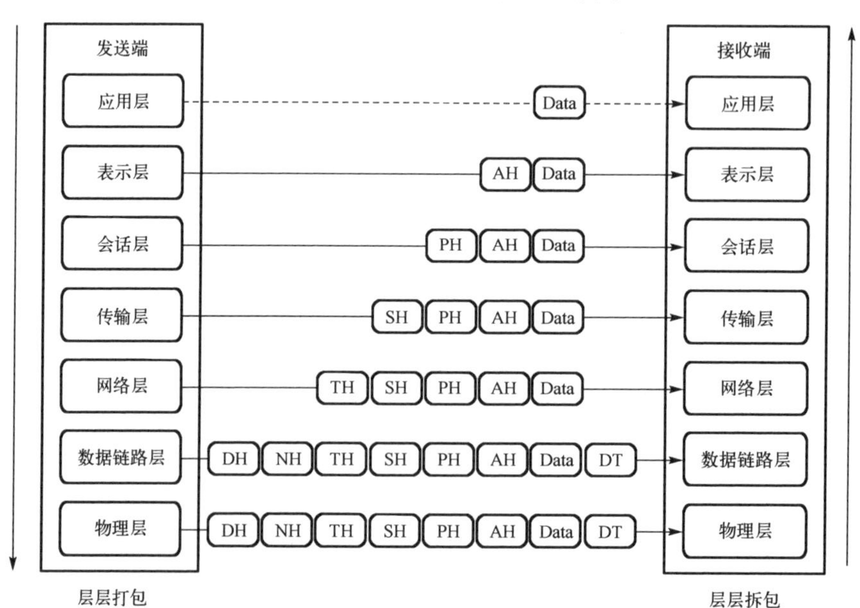

图 5-2 数据经过 OSI 7 层模型打包的过程

在应用层，将数据转化为二进制数。在传输层，上层数据被分割成小的数据段，并为每个分段后的数据封装 TCP 报文头部。在 TCP 头部有一个关键的字段信息——端口号，它用于标识上层的协议或应用程序，确保上层应用数据的正常通信。在网络层，上层数据被封装上新的报文头部——IP 头部。在 IP 头部中有一个关键的字段信息——IP 地址，它是由一组 32 位二进制数组成的，用于标识网络的逻辑地址。在数据链路层，上层数据被封装上一个 MAC 头部，其内部有一个关键的字段信息——MAC 地址，它由一组 48 位二进制数组成。在 MAC 头部也同时封装着目标 MAC 地址和源 MAC 地址。在物理层，将这些由二进制数组成的比特流转换成电信号在网络中传输。

在物理层，先将电信号转换成二进制数，再将数据送至数据链路层。在数据链路层，将查看目标 MAC 地址，判断其是否与自己的 MAC 地址吻合，并据此完成后续处理。如果数据报文的目标 MAC 地址就是自己的 MAC 地址，则数据的 MAC 头部将被“拆掉”，并将剩余的数据送至上一层；如果目标 MAC 地址不是自己的 MAC 地址，对于终端设备来说，将会丢弃数据。在网络层与在数据链路层类似，目标 IP 地址将被核实是否与自己的 IP 地址相同，从而确定是否将剩余的数据送至上一层；在这些数据传送到传输层后，首先要根据 TCP 头部判断数据段送往哪个应用层协议或应用程序，然后将之前被分组的数据段重组，再送往应用层；在应用层，这些二进制数将经历复杂的解码过程，以还原发送者所传输的原始信息。

视频 5-1　了解 OSI 7 层模型

5.2.4　交换机通信原理

交换机的作用包括以下三个方面。

（1）连接多个以太网物理段，隔离冲突域。

（2）对以太网帧进行高速而透明的交换转发。

（3）自行学习和维护 MAC 地址信息。

交换机工作在数据链路层，可以用来隔离冲突域，在 OSI 7 层模型中，数据链路层的作用是寻址，这里寻址指的是寻 MAC 地址，而交换机的作用是对 MAC 地址进行转发，在每台交换机中，都有一个 MAC 地址表，交换机可自动学习该地址表。交换机利用数据链路层的 MAC 地址，通过透明桥接技术在以太网设备之间进行数据帧的转发。这种机制使得交换机能够在其端口之间高效地交换以太网数据帧。

以一个四端口交换机为例，该交换机分别连接了 4 台计算机（PCA、PCB、PCC、PCD），交换机的 MAC 地址表转发过程如下。

当交换机启动时，MAC 地址表中并无表项。图 5-3 是交换机刚启动时的 MAC 地址表。

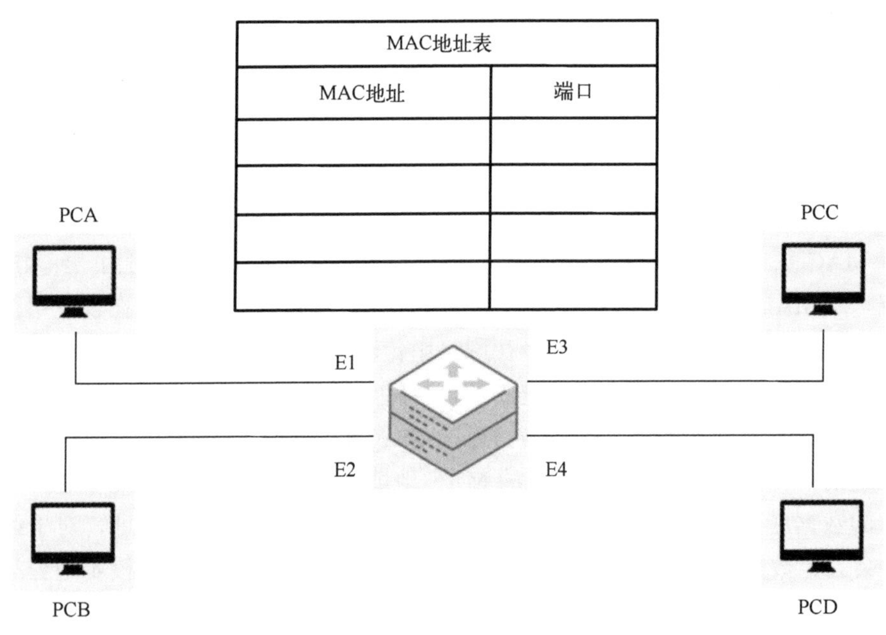

图 5-3　交换机刚启动时的 MAC 地址表

当接入 PC 时，交换机开始学习 MAC 地址：PCA 发出数据帧，交换机把 PCA 的数据帧中的源地址 MAC_A 与接收到此数据帧的端口 E1 关联起来，再把来自 PCA 的数据帧从其他端口发送出去（除接收到 PCA 的数据帧的 E1 端口外的所有端口），如图 5-4 所示。

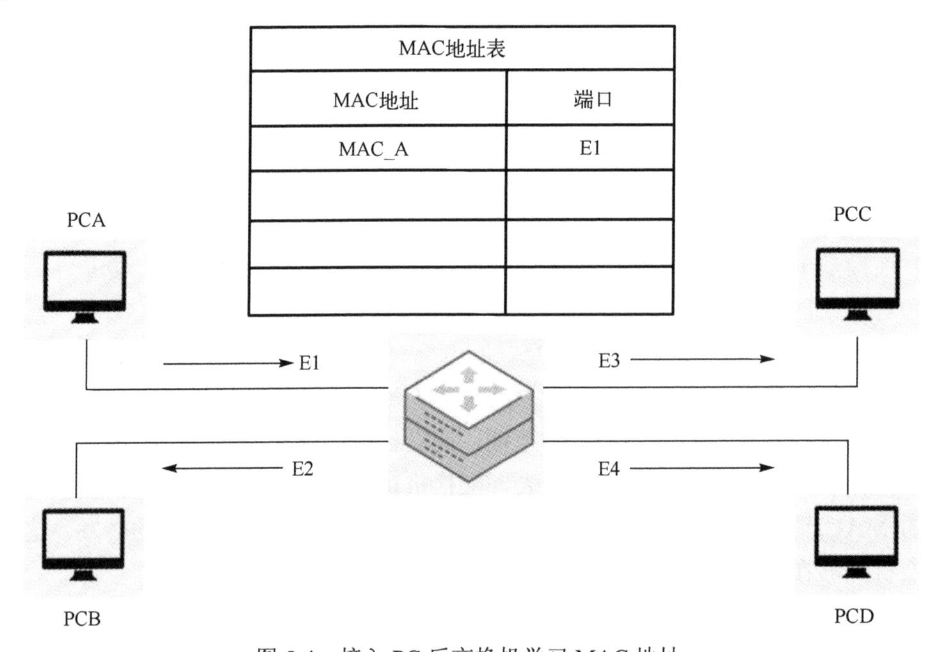

图 5-4　接入 PC 后交换机学习 MAC 地址

同理，当 PCB、PCC、PCD 发出数据帧时，交换机会把接收到的数据帧中的相应端口关联起来，自此交换机的 MAC 地址表学习完成，开始进行数据的转发。

交换机在进行单播数据帧的转发时，会根据数据帧中的目的地址，从已学习完成的对应的端口中发送出去，而不再从其他端口转发此单播数据帧，例如，PCA 向 PCD 发送一个单播数据帧，其传输过程如图 5-5 所示。

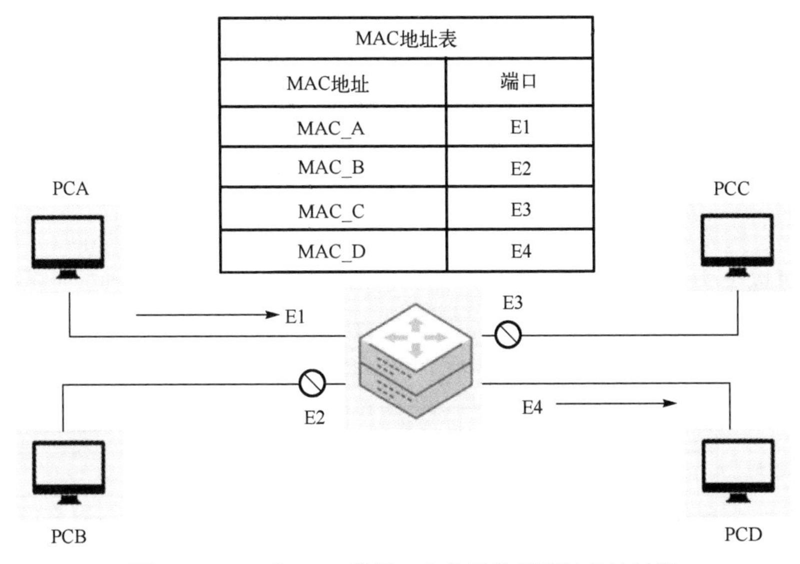

图 5-5　PCA 向 PCD 发送一个单播数据帧的传输过程

交换机在进行广播、组播和位置单播帧的转发时，就会把数据帧从除发送帧端口以外的其他端口发送出去，例如，在 PCA 进行广播时，交换机会把来自 PCA 的数据帧从端口 E2、E3、E4 发送出去，如图 5-6 所示。

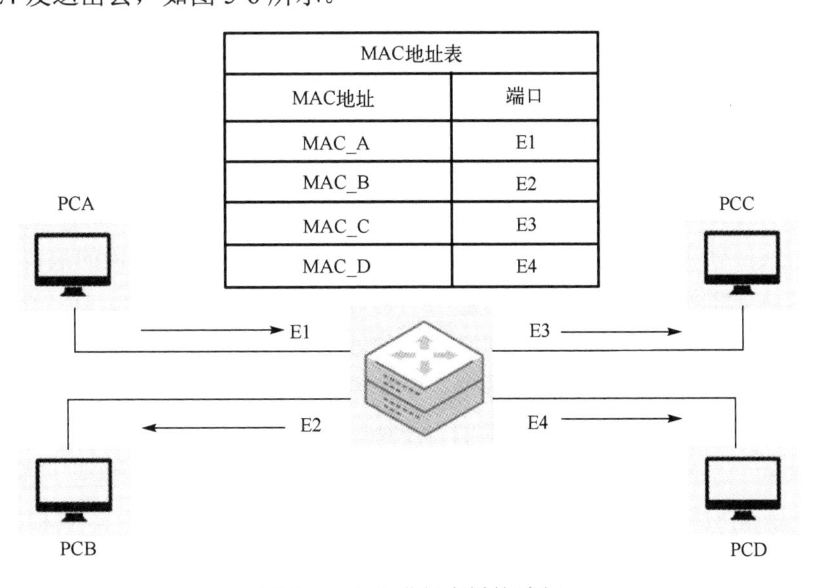

图 5-6　PCA 进行广播的过程

5.2.5　IP 地址

对于 Internet 上连接的所有计算机，从大型计算机到微型计算机都是以独立身份出现的，称这些计算机为主机。为了实现各主机间的通信，每台主机都必须有唯一的网络地址，就好像每个住宅都有唯一的门牌号一样，这样才不至于在传输资料时出现混乱。

Internet 的网络地址是指接入 Internet 网络的计算机的地址编号。所以，在 Internet 网络中，网络地址唯一地标识一台计算机。

Internet 是由几千万台计算机互相连接而成的。而若要确认网络上的每台计算机，靠的就是能唯一标识该计算机的网络地址，这个地址就是 IP 地址，即用 Internet 协议语言表示的地址。

IP 地址由网络号和主机号两部分标识，处于不同网段内的主机必须有不同的网络标识。而处于同一网段内的主机，其网络号必须相同，但主机号则必须不同。

IP 地址可以分为五大类：A～E 类，各类别网络号和主机号如图 5-7 所示。

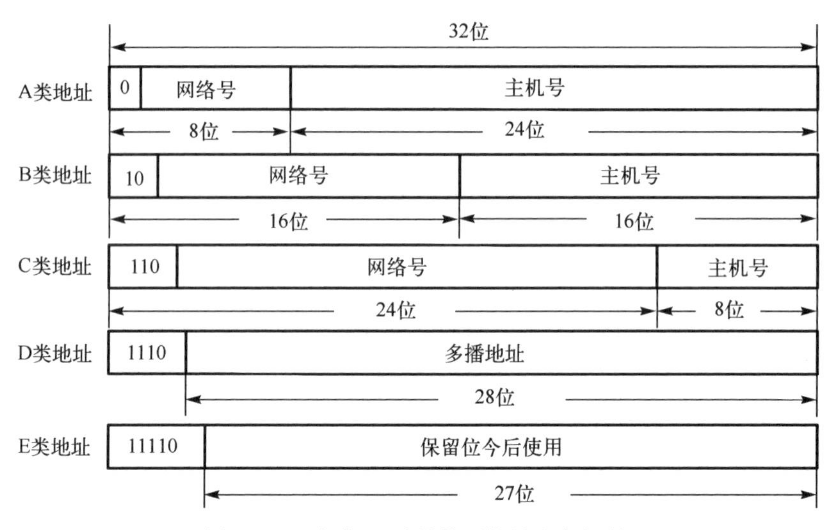

图 5-7　五大类 IP 地址的网络号和主机号

在上述的 IP 地址分类中也存在一些问题，IP 地址空间利用率低。如在一个 B 类网络中，最多可以表示的 IP 地址位是 65534 个（去除主机号由二进制数表示时为全 0 和全 1 的 IP 地址），实际使用中一般用不了那么多 IP 地址，就会造成 IP 地址的浪费。同理 A 类地址也会造成大量的浪费。如果每个物理网络都分配一个网络号，就会导致路由表过大，此时就会使路由表的管理成本过高，同时查询的效率也会降低。

子网络划分实际是在将原 A 类、B 类、C 类网络中的主机号部分作为子网号，并将原 A、B、C 类网络细化的过程。即将原来的一个网络分为多个网络，但是在对外表现上，还是表现为原来的一个网络。此时，IP 地址组成为：网络号+子网号+主机号。在数据进行通信的过程中，首先根据目的 IP 地址找到目标主机所在的网络（路由器），再根据目的 IP 地址的子网号找到目标主机所在的子网，最后找到目标主机。例如，一个 B 类地址为：192.168.0.0（点分十进制数中的 192.168 为高 16 位，0.0 为低 16 位），先将该网络划分多个子网，假定子网号占用了 8 位（原 IP 低 16 位中的高 8 位）。由于原 B 类网络中主机号一共占用了 16 位，在子网络占用 8 位后，一个子网中的主机号所占的位数就变成了 8 位（原 IP 低 16 位中的低 8 位）。假定其中一个子网为 192.168.5.0，在数据通信时，目的主机是该子网中的IP地址为192.168.5.8的主机。在数据传输过程中，首先会根据目的IP地址找到该主机所在的网络192.168.0.0（其实是找到该网络上的路由器）；其次通过IP地址找到目的主机所在的子网192.168.5.0；最后在该子网内找到目的主机192.168.5.8。此时，可以将网络号和子网号统一为网络标识。

当数据报到达目的主机所在网络的路由器时，如何将它转发到子网上呢？为了使目的主机所在网络的路由器能够很方便地找到目的子网，引入子网掩码的概念。子网掩码也是一个32位的整数，它由一串1和一串0构成，1对应于目的主机所在的网络号和子网号，0 对应于目的主机所在的主机号。对于没有划分子网的网络号，也有子网掩码，此时子网掩码中的1对应网络号，0对应主机号。将目的主机的IP地址与子网掩码进行按位与操作，便可以确定目的主机所在的网络号，如图 5-8 所示。

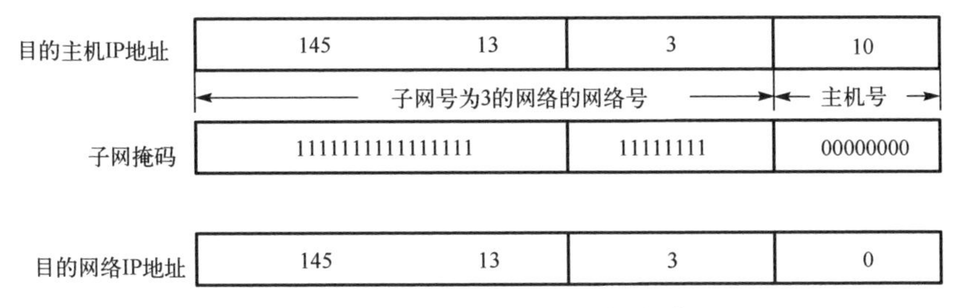

图5-8 IP地址与子网掩码的关系

将目的主机 IP 与子网掩码进行按位与操作后得到的是该目的主机所在的网络地址IP。在本例中，该子网的主机IP的表示范围为145.13.3.0～145.13.3.255，能够连接的主机个数为254台（去除主机号为全0和全1的IP地址）。在上述内容中，将子网掩码与主机IP进行按位与操作后得到网络地址，然后主机号由全0到全1，即表示该子网的地址范围。子网掩码除了上述的表示方法，还有一种表示方法，即在每个IP地址之后追加网络地址的位数。如145.13.3.10/24，表示的是IP地址为145.13.3.10的主机IP地址，子网掩码的高24位为全1。因此网络地址的高24位与该IP地址相同，即145.13.3.0。所以，在路由表中既要有目的网络 IP 地址，也要有该网络的子网掩码，这样才能判断目的 IP是否与目的网络IP地址对应。

IP协议位于网络层，负责接收来自更低层如网络接口层（以太网设备驱动程序）的数据包，并将这些数据包向上传递到传输层，即TCP或UDP协议。同样，IP协议也处理从传输层（TCP或UDP）接收的数据包，将它们下发到数据链路层以进行物理传输。IP数据包是不可靠的，因为IP并没有做任何事情来确认数据包是按顺序发送的或者是没有被破坏的。IP数据包中含有发送它的主机地址（源地址）和接收它的主机地址（目的地址）。

在接收数据包时，传输层的TCP和UDP通常假设数据包中的源地址是有效的。也可以这样说，IP地址形成了许多服务的认证基础，这些服务相信数据包是从一个有效的主机发送来的。IP确认包含一个选项，叫作IP Source Routing，可以用来指定一条源地址和目的地址之间的直接路径。对于一些TCP和UDP服务来说，使用了该选项的IP数据包好像是从路径上的最后一个系统传递过来的，而不是来自它的真实地点。这个选项是为了测试而存在的，说明它可以被用来欺骗系统，进而进行一些平时会被禁止的连接。那么，许多依靠 IP 源地址做确认的服务将产生问题并且会被非法入侵。

5.2.6 TCP

TCP 是面向连接的通信协议，通过三次握手建立连接，在通信完成时要拆除连接。由于 TCP 是面向连接的，因此它只能用于点对点的通信。三次握手建立连接过程如图 5-9 所示。

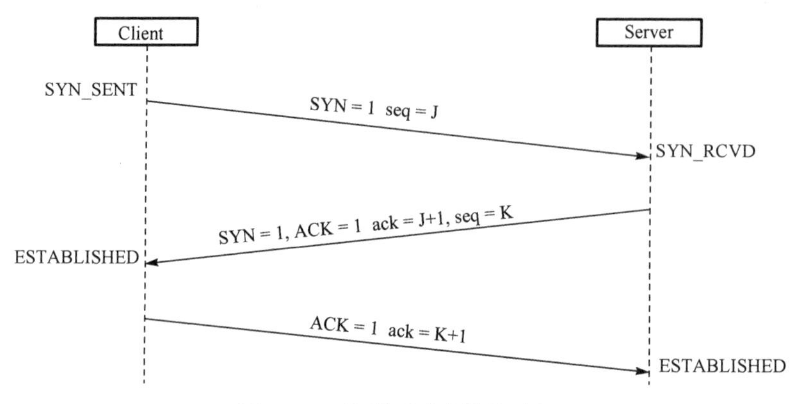

图 5-9 三次握手建立连接过程

（1）第一次握手。Client（客户端）将标志位 SYN 置为 1，随机产生一个值 seq=J，并将该数据包发送给 Server（服务器），Client 进入 SYN_SENT 状态，等待 Server 确认。

（2）第二次握手。Server 接收到数据包后，由标志位 SYN=1 知道 Client 请求建立连接，Server 将标志位 SYN 和 ACK 都置为 1，ack=J+1，随机产生一个值 seq=K，并将该数据包发送给 Client 以确认连接请求，Server 进入 SYN_RCVD 状态。

（3）第三次握手。Client 接收到确认后，检查 ack 是否为 J+1，ACK 是否为 1，如果正确，则将标志位 ACK 置为 1，ack=K+1，并将该数据包发送给 Server，Server 检查 ack 是否为 K+1，ACK 是否为 1，如果正确则连接建立成功，Client 和 Server 都进入 ESTABLISHED 状态，完成三次握手，随后 Client 与 Server 之间就可以开始传输数据了。

TCP 提供的是一种可靠的数据流服务，采用“带重传的肯定确认”技术来实现传输的可靠性。TCP 还采用一种称为“滑动窗口”的方式进行流量控制，所谓窗口，实际表示接收能力，用以限制发送方的发送速度。

当数据包到达网络层时，如果包含 TCP 段，则 IP 协议会将这些数据包传递给传输层的 TCP 协议。TCP 协议负责对这些数据包进行排序和错误检查，确保数据传输的可靠性。TCP 通过使用序号和确认机制，可以重新排序未按顺序接收的数据包，并对损坏的数据包进行重传，从而维持数据之间的虚拟连接。

TCP 将自身的信息发送到更高层的应用程序，如 Telnet 的服务程序和客户程序。应用程序轮流将信息送回 TCP 层，TCP 层便将它们向下传送到 IP 层、设备驱动程序和物理介质，最后传送到接收方。

面向连接的服务（如 Telnet、FTP、rlogin、X Window 和 SMTP）需要高度的可靠性，

所以它们使用了 TCP。DNS 在某些情况下使用 TCP（发送和接收域名数据库），当传送有关单个主机的信息时使用 UDP。

5.2.7 UDP

UDP 是面向无连接的通信协议，UDP 数据包括目的端口号和源端口号信息，由于通信不需要连接，所以可以实现广播发送。

在 UDP 通信时不需要接收方确认，属于不可靠的传输，可能会出现丢包现象，实际应用中要求在程序中编程验证。

UDP 与 TCP 位于同一层，但它不管数据包的顺序、错误或重发。因此，UDP 不被应用于那些使用虚电路的面向连接的服务，UDP 主要用于那些面向查询-应答的服务，如 NFS。相对于 FTP 或 Telnet，这些服务需要交换的信息量较小。使用 UDP 的服务包括 NTP 和 DNS。

欺骗 UDP 包比欺骗 TCP 包更容易，因为 UDP 没有建立初始化连接（因为在两个系统间没有虚拟电路），也就是说，与 UDP 相关的服务面临着更大的危险。

5.2.8 ICMP

ICMP 与 IP 位于同一层，它被用来传送 IP 的控制信息。ICMP 主要是用来提供有关通向目的地址的路径信息。ICMP 的“Redirect”信息用于告知主机通向其他系统的准确路径，而“Unreachable”信息则用于指出路径是否有问题。另外，如果路径不可用，则 ICMP 可以使 TCP 连接“体面地”终止。PING 是最常用的基于 ICMP 的服务。

5.3 组网案例

本章将以台达工业机器人系统为例进行网络组态，其网络拓扑如图 5-10 所示。PC 与人机交互界面（Human Machine Interface，HMI）、AH500 系列 PLC、机器人控制器通过以太网直连完成对设备的通信，以及程序设置，并且可以在线调试。程序及设置下载完毕后，设备可在无 PC 连接的情况下独立完成控制任务。

在实际工业中，设备要在同一网段下才可以进行连网，台达设备 IP 地址通常为 192.168.1.xx，因此需将 PC 端的以太网 IP 地址设置为 192.168.1.xx。

5.3.1 PC 与 PLC 通信

PC 与 PLC 通信需要用到两个软件，分别为 ISPSoft 与 COMMGR，如图 5-11 所示。

COMMGR 是由台达电子在 2011 年开发的新一代通信管理工具，旨在简化并提高联机工作的效率。ISPSoft 是台达推出的新一代 PLC 的编程开发工具。该工具采用了 IEC 61131-3 标准的编程框架，并通过多任务集成的方式进行项目管理。ISPSoft 不仅支持台达的功能模块，还兼容国际 PLCopen 标准，使其适用于从简单的小型应用到复杂的中大型控制系统。ISPSoft 为用户提供了一个高效且方便的开发环境。

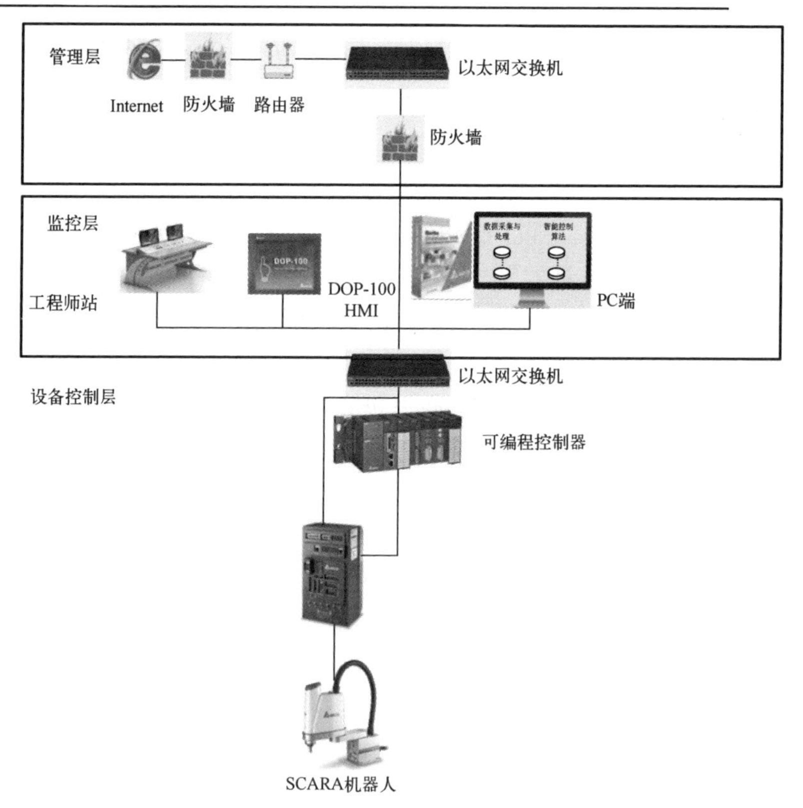

图 5-10 台达工业机器人系统的网络拓扑

图 5-11 ISPSoft 与 COMMGR

首先双击 COMMGR 图标，打开 COMMGR 软件，如图 5-12 所示。

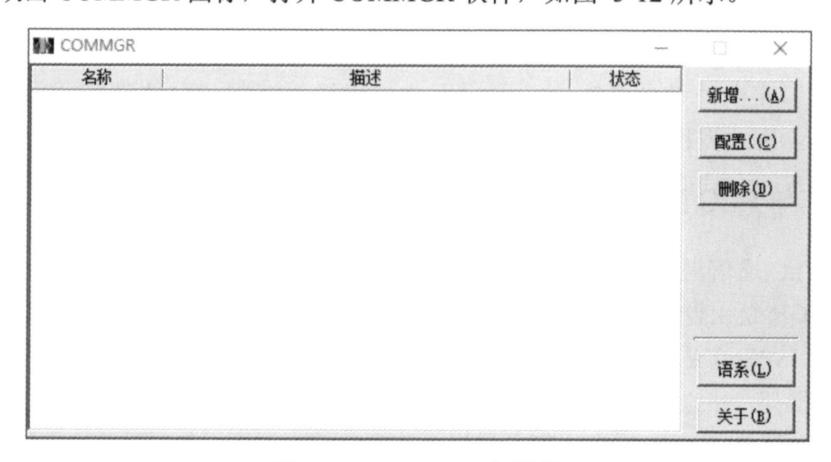

图 5-12 COMMGR 主界面

单击右侧“新增”按钮，从而增加通信驱动程序，弹出的“通信驱动程序属性设置”界面如图5-13所示。

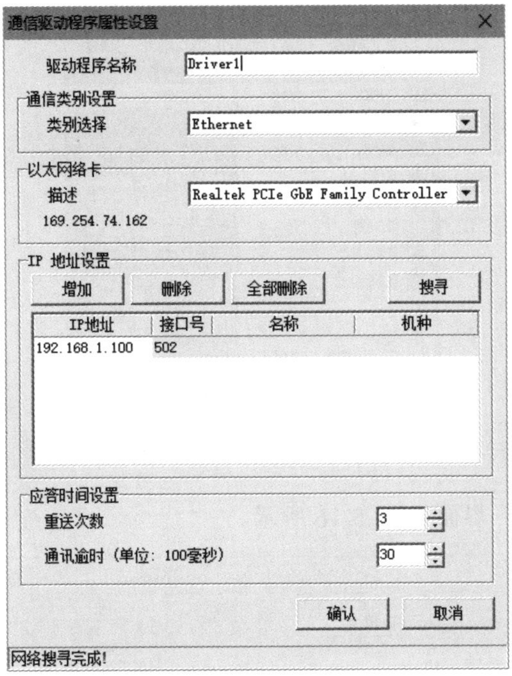

图5-13　“通信驱动程序属性设置”界面

驱动程序名称可自由定义，在“类别选择”选项卡中单击右侧下拉按钮，选择“Ethernet”选项，若PC与PLC已经通过网线连接起来，则可以单击“搜寻”按钮，直接搜索到PLC，并获得其IP地址，也可单击“增加”按钮，手动输入IP地址。单击“确认”按钮，回到主界面如图5-14所示。

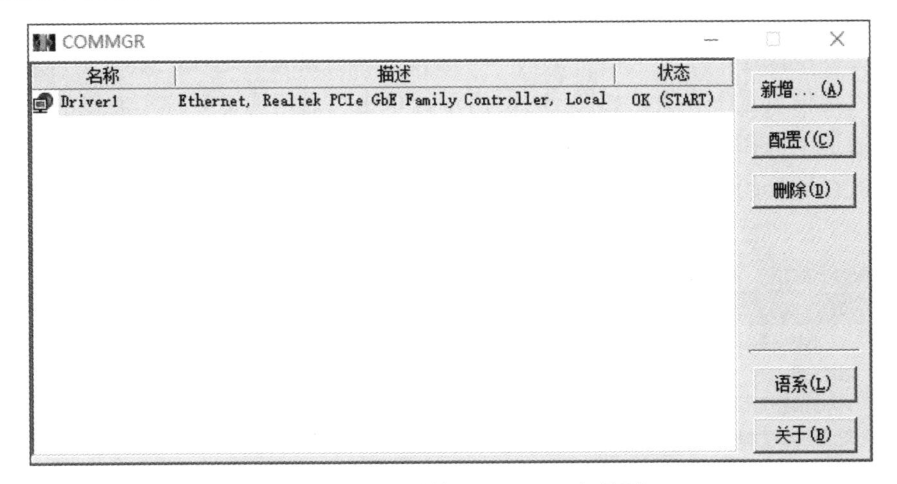

图5-14　设置后的COMMGR主界面

若需要对已经存在的通信驱动程序进行设置，则可单击“配置”按钮，返回到“通信驱动程序属性设置”界面。状态栏显示“OK（START）”表明此通信驱动程序生效。此时可关闭 COMMGR 界面打开 ISPSoft 软件。在 ISPSoft 主界面左上角单击“文件”按钮，打开“文件”菜单栏，单击“建立项目”选项，选择“新项目”命令，如图 5-15 所示。

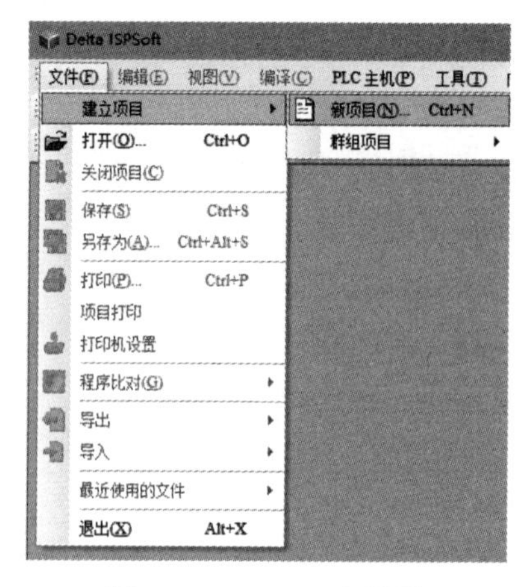

图 5-15 ISPSoft 主界面

弹出“建立新项目”界面如图 5-16 所示。

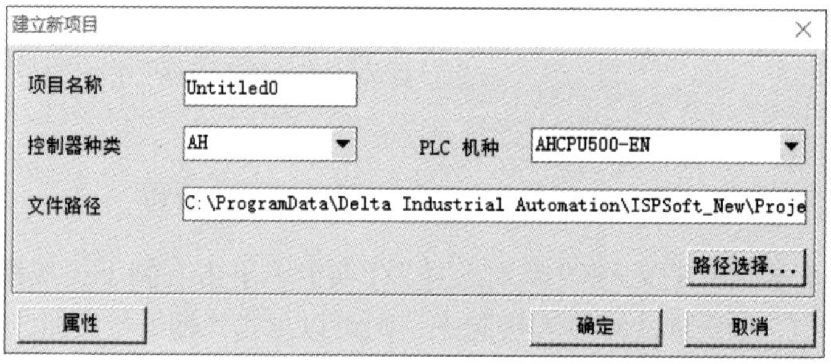

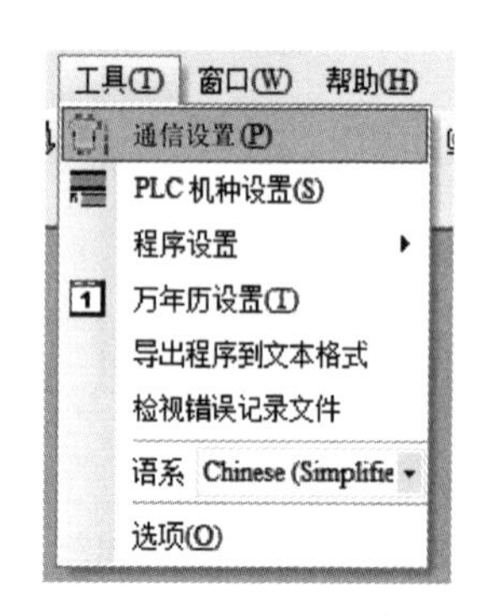

图 5-16 “建立新项目”界面

本节以控制器 AHCPU500-EN 为例，项目文件存储路径可自由选择。单击“确认”按钮，进行下一步操作，在菜单栏“工具”中选择“通信设置”选项，如图 5-17 所示。

进入“通信设置”界面，如图 5-18 所示。单击“通信通道名称”右侧的下拉按钮，在出现的通道中选择已经在 COMMGR 中设置好的通信通道，单击“确定”按钮，就完成了 PC 与 PLC 连接的相关配置。

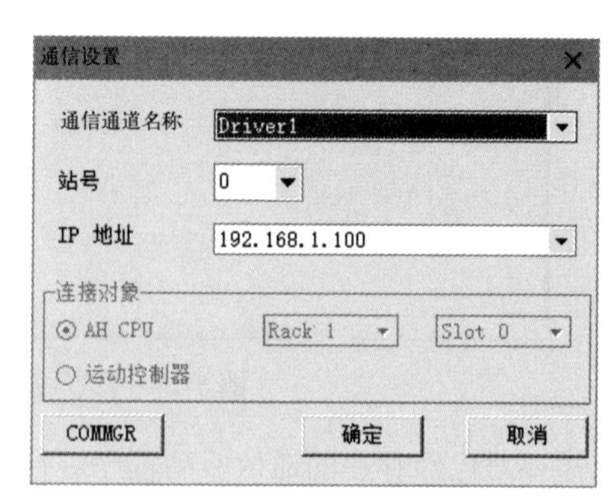

图 5-17 “通信设置”选项

图 5-18 “通信设置”界面

将程序下载进 PLC 后，可在 ISPSoft 软件中进入联机模式，在线调试 PLC 中的程序，也可以通过监控表监视各个参数。

5.3.2　PC 与 HMI 的通信

若要实现 PC 与 HMI 的通信，则需要使用 DOPSoft 软件，如图 5-19 所示。

双击 DOPSoft 图标，打开 DOPSoft 软件，进入主界面，单击软件页面左上方“新增项目”按钮，进入“新增项目精灵”界面，如图 5-20 所示。

选择设备型号后，单击“下一步”按钮，进入“通信设置”界面，如图 5-21 所示。

图 5-19　DOPSoft

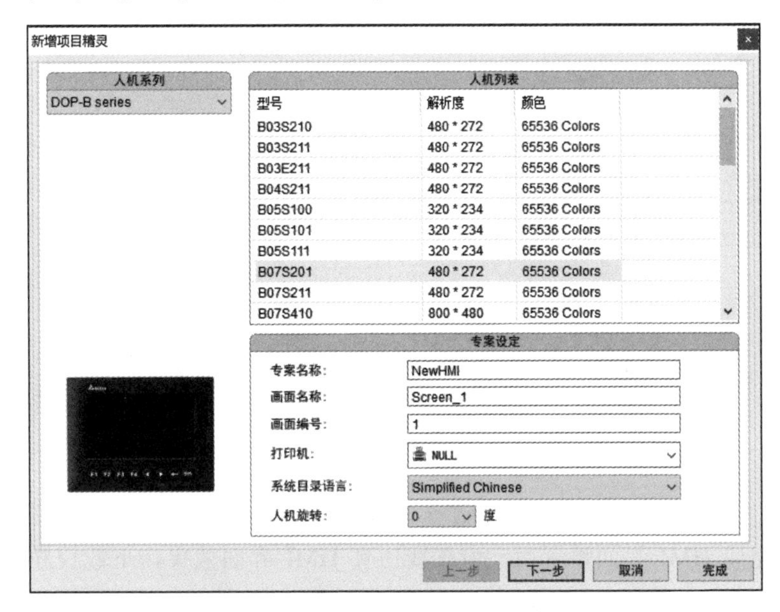

图 5-20　“新增项目精灵”界面

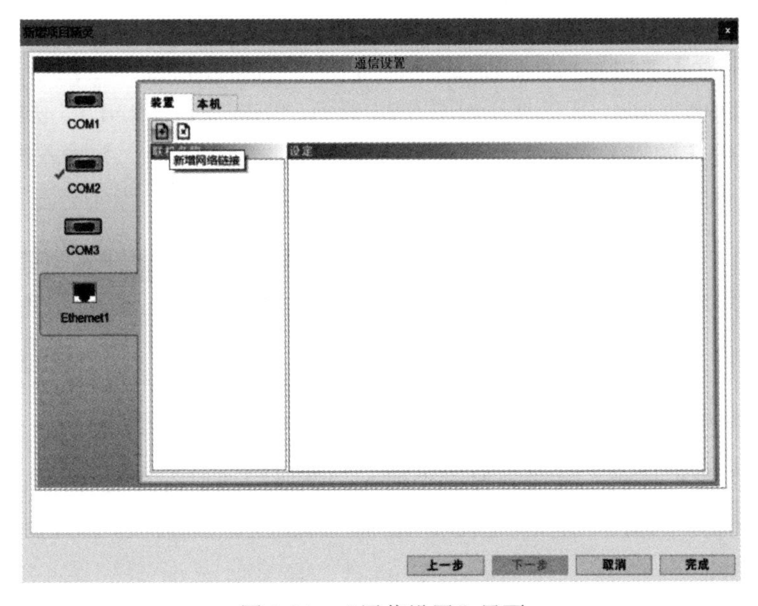

图 5-21　“通信设置”界面

在界面左侧选择“Ethernet1”选项，选择“装置”栏左上角的“加号”图标，新增网络连接。单击后，对网络进行设置，如图 5-22 所示。

图 5-22 设置网络相关参数

选择台达 AH 系列控制器，手动输入该控制器的 IP 通信端口，单击“完成”按钮。在完成 HMI 界面设置后，可在线仿真 HMI 界面效果，下载程序进入 HMI，则完成了 HMI 与 PLC 之间的通信设置。

5.3.3 机器人与 PLC 的通信设置

机械臂的配置需要用到软件 DRAStudio，该软件的图标如图 5-23 所示。

双击打开 DRAStudio，其工具栏如图 5-24 所示，单击“ETHERNET”联机按钮（图 5-24 中的左三），在弹出的界面中输入“通信接口”（这里选择以太网，并输入机器人控制器对应的 IP 地址），即可与机器人联机，如图 5-25 所示。

图 5-23 DRAStudio 软件

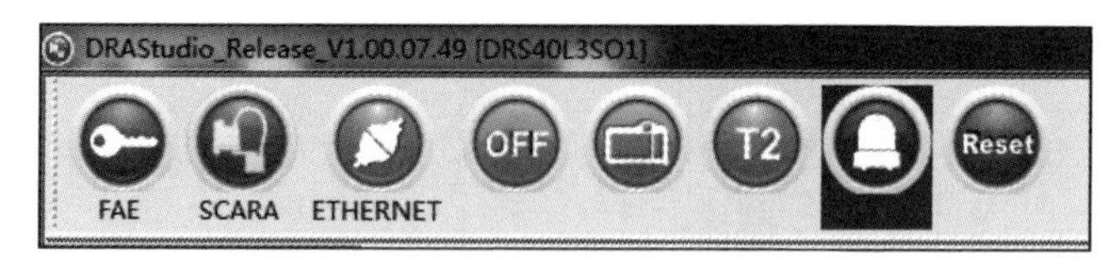

图 5-24 DRAStudio 软件的工具栏

在“系统”菜单界面，可选择设置机器人控制器的通信方式及 IP 地址，如图 5-26 所示。

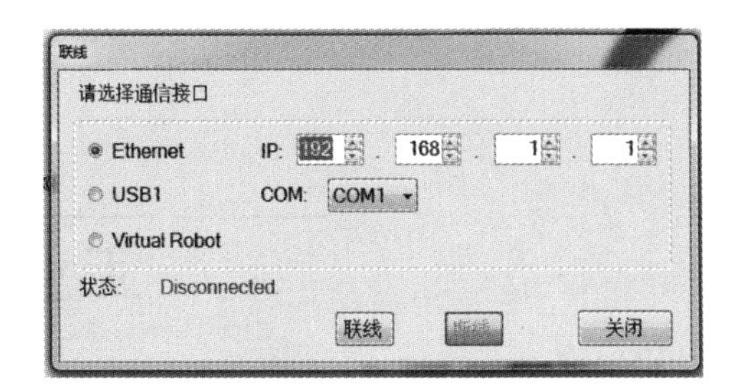

图 5-25　联机界面

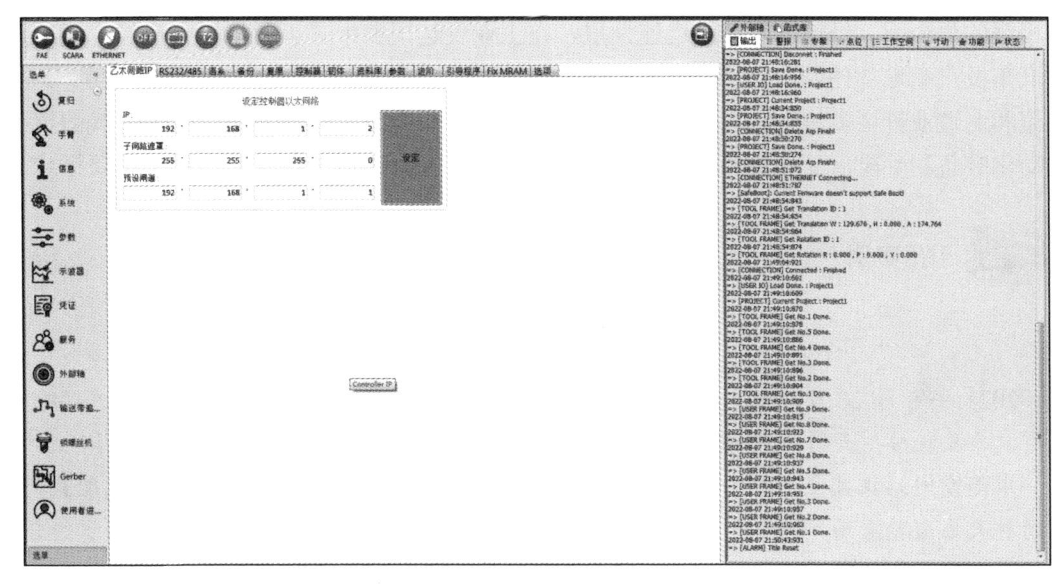

图 5-26　以太网设置

视频 5-2　台达工业机器人应用案例

思考题

1．工业以太网技术有什么优势?

2．OSI 7 层模型分别是哪 7 层?

3．TCP/IP 5 层模型中的应用层分别对应了 OSI 7 层模型中的哪几层?

4．请简述为什么 IP 地址需要引入子网的概念。

5．请将 IP 地址 192.168.0.100 转换为二进制数形式。

6．已知某主机的 IP 地址是 192.168.100.200，其子网掩码是 255.255.255.192，其网络内可用的 IP 地址的个数是多少?

7．请简述 TCP 三次握手的过程。

第6章 工业机器人技术

自20世纪60年代初，人类制造了第一台工业机器人，工业机器人一经面市就显示出了极强的生命力。经过几十年的迅速发展，在工业发达国家中，工业机器人已经广泛应用于汽车及汽车零部件制造业、机械加工行业、电子电气行业、橡胶及塑料工业、食品工业、物流和制造业等诸多领域。在新一轮的工业革命中，作为智能制造领域中不可替代的核心自动化装备和手段，工业机器人已经成为衡量一个国家制造水平和科技水平的重要标志。

引用案例

"中国臂"炫舞太空

2021年8月20日，由中国航天科技集团有限公司五院总研制的中国空间站核心舱机械臂，再次托举航天员出舱操作，雄伟有力的"中国臂"再次炫舞太空。

中国空间站机械臂具备舱外状态监视、转移实验舱、建造空间站、转移货运飞船载荷、辅助航天员出舱活动、辅助航天员舱外修理、空间站外表破损检查、与实验舱机械臂组合、空间站表面爬行转移、监视外部航天器等多种功能，堪称外太空的多面手。

我国的机械臂长度为10.2m，与问天实验舱机械臂组合后长度能达到15m，仅次于美国的17.6m，长于欧洲的11.3m和日本的9.9m，而在承载能力上，中国机械臂能承载25t的重物，小于美国的116t，但远大于欧洲的8t和日本的7t。这证明我国已经在高精度伺服控制技术、核心机构部件设计技术、柔性动力学建模与分析技术、目标识别与测量技术等方面都实现了巨大的突破。

我国通过空间站机械臂的研制，实现了空间机器人产品的全流程研发，培养了一大批人才，实现了空间机器人系统研制体系的全方位构建。

6.1 工业机器人概述

6.1.1 工业机器人的定义与发展

机器人是"Robot"一词的中译名。由于影视宣传和科幻小说的影响，人们往往把机器人想象成外貌似人的机械和电子装置。但事实并非如此，特别是工业机器人，与人的外貌毫无相似之处。1984年，ISO采纳了美国机器人协会（Robotic Industries Association，RIA）对机器人的定义，即"机器人是一种可反复编程且具有多种功能的，用来搬运材料、零件和工具的操作工具，是为了执行不同任务而具有可改变和可编程动作的机械手"。根据国家标准，工业机器人的定义是“其操作机是自动控制的，可重复编程，多用途，并可对 3 个以上的轴进行编程。它可以是固定式或移动式，在工业自动化应用中使用”，操作机的定义是“操作机是一种机器，其机构通常由一系列互相铰接或相对滑动的构件组成。它通常有几个自由度，用以抓取或移动物体（工具或工件）”。所以对工业机器人的定义可以理解为：具有拟人手臂、手腕和手功能的机械电子装置，它可以把任意物件或工具按空间位（置）姿（态）的时变要求进行移动，从而完成某项工业生产的作业任务。例如，夹持焊钳或焊枪对汽车或摩托车车体进行点焊或弧焊、搬运压铸或冲压成型的零件或构件、激光切割、喷涂、装配机械零部件等。

1952 年，美国麻省理工学院成功开发第一代数控铣床，从而开辟了机械与电子相结合的新纪元。1954 年，美国人 George C.Devol 首次提出了“示教-再现机器人的概念”。1959 年，美国推出了世界第一台工业机器人实验样机。不久后，Condec 公司与 Pulman 公司合并，成立了 Unimation 公司，并于 1961 年制造出了用于模铸生产的工业机器人。与此同时，美国 AMF 公司也研制生产出了另一种可编程的通用机器，并以“Industrial Robot”（工业机器人）为商品投入市场。1970 年，在美国召开了第一届国际工业机器人学术会议，当时在美国已有 200 余台工业机器人用于自动生产线上。日本川崎重工于 1967 年引进了美国的工业机器人技术。经过消化、仿制、改进和创新，到 1980 年，工业机器人技术在日本取得了极大的成功与普及，1980 年被日本人称为“机器人普及元年”。现在，日本工业机器人的数量和技术都处于世界领先地位。

在国外，工业机器人技术日趋成熟，工业机器人已经成为一种标准设备被工业界广泛应用。从而相继形成了一批具有影响力的、著名的工业机器人公司，包括瑞典的 ABB、日本的发那科（FANUC）、德国的库卡（KUKA）、美国的 Adept Technology、意大利的 COMAU。

我国对工业机器人的研究开始于 20 世纪 70 年代，由于当时经济体制等因素的制约，发展比较缓慢，研究和应用水平也比较低。1985 年，随着工业发达国家已开始大量应用和普及工业机器人，我国在“七·五”科技攻关计划中将工业机器人列入了发展计划，由当时的机械工业部牵头组织了点焊、弧焊、喷漆和搬运等型号的工业机器人技术攻关，其他部委也积极立项支持，形成了我国工业机器人第一次高潮。

进入 20 世纪 90 年代，为了实现高技术发展与国家发展经济主战场的密切衔接，863 计划确定了“特种机器人与工业机器人及其应用工程并重，以应用带动关键技术和基础研究”的发展方针。经过广大科技工作者的辛勤努力，开发了 7 种工业机器人系列产品，102 种特种机器人，实施了 100 余项机器人应用工程。

20 世纪 90 年代末期，我国建立了 9 个机器人产业化基地和 7 个科研基地，其中包括沈阳自动化研究所的新松机器人自动化股份有限公司、哈尔滨工业大学的博实自动化设备有限公司、北京机械工业自动化研究所机器人开发中心、青岛海尔机器人有限公司等。产业化基地的建设给我国工业机器人产业化带来了希望，为发展我国工业机器人产业奠定了基础。经过广大科技人员的不懈努力，我国目前已经能够生产具有国际先进水平的平面关节型装配机器人、直角坐标机器人、弧焊机器人、点焊机器人、搬运码垛机器人和 AGV 自动导引车等一系列机器人产品，其中一些机器人种类实现了小批量生产。一批企业根据市场的需求，自主研制或与科研院所合作，进行机器人的产业化开发。如奇瑞汽车股份有限公司与哈尔滨工业大学合作进行点焊机器人的产业化开发，西安北村精密数控有限公司与哈尔滨工业大学合作进行机床上下料搬运机器人的产业化开发，昆山华恒焊接股份有限公司与东南大学等合作开发弧焊机器人，广州数控设备有限公司开发焊接机器人等。

视频 6-1 台达智能制造应用场景

6.1.2 工业机器人的特点

工业机器人通常具有以下 4 个显著的特点。

（1）可编程。工业机器人可根据工作环境的变化进行再编程，因此它在小批量、多品种、具有均衡高效率的柔性制造过程中能发挥很好的作用。

（2）拟人化。工业机器人在机械结构上具有类似人的腿、腰、大臂、小臂、手腕、手爪等部分。智能化工业机器人还有许多类似人类的“生物传感器”，如皮肤型接触传感器、力传感器、负载传感器、视觉传感器、声觉传感器、物体识别传感器等。

（3）通用性。除了专用工业机器人，一般工业机器人在执行不同作业任务时具有较好的通用性。例如，更换工业机器人手部末端执行器（手爪、工具等）可执行不同的作业任务。

（4）广泛性。工业机器人技术涉及的学科很广泛，包括机械、电子、控制、通信和计算机等。工业机器人是光、机、电、软一体化研发制造的典型代表。工业机器人的研发、制造、应用是衡量一个国家科技创新和高端制造业水平的重要标志，是推进传统产业改造升级和结构调整的重要支撑。

6.2 工业机器人的分类与应用

工业机器人可按照不同的功能、目的、用途、规模、结构和坐标形式等分成很多类型，目前国内外尚无统一的分类标准。参考国内外相关资料，本节将对工业机器人分类问题进行探讨。

6.2.1 工业机器人的分类

工业机器人的机械配置方式多种多样，典型工业机器人的机构运动特征是用其坐标特性来描述的。按照基本动作机构，工业机器人通常可分为直角坐标型机器人、圆柱坐标型机器人、球坐标型机器人、关节型机器人和 SCARA 型机器人等。

1. 直角坐标型机器人

这类机器人通过沿三个互相垂直的轴线的移动来实现手部空间位置的改变，即沿 Y 轴的纵向移动，沿 X 轴的横向移动及沿 Z 轴的升降，如图 6-1 所示。这类机器人的位置精度高、刚性好、控制无耦合、制作简单。但其动作范围小，灵活性差。由于直角坐标机器人有三个自由度，因此适用于只对空间位置有要求，而对空间姿态无要求的场合。

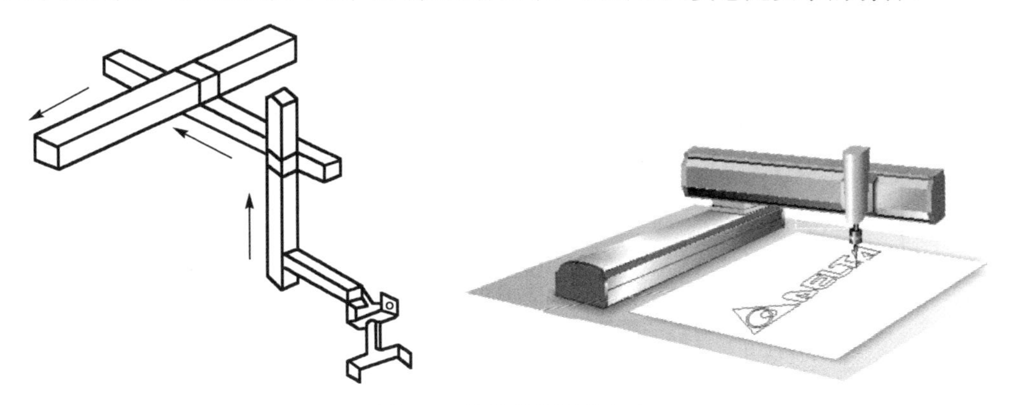

图 6-1　直角坐标型机器人

2．圆柱坐标型机器人

这类机器人是通过两个移动坐标轴和一个转动坐标轴实现手部空间位置改变的，如图 6-2 所示。VERSATRAN 机器人是该类机器人的典型代表，机器人手臂的运动系由垂直立柱平面内的伸缩和沿立柱的升降两个直线运动及手臂绕立柱的转动复合而成。圆柱坐标型机器人的位置精度仅次于直角坐标型机器人的，其控制简单、避障性好，但结构也较庞大，难与其他机器人协调工作，两个移动轴的设计比较复杂。

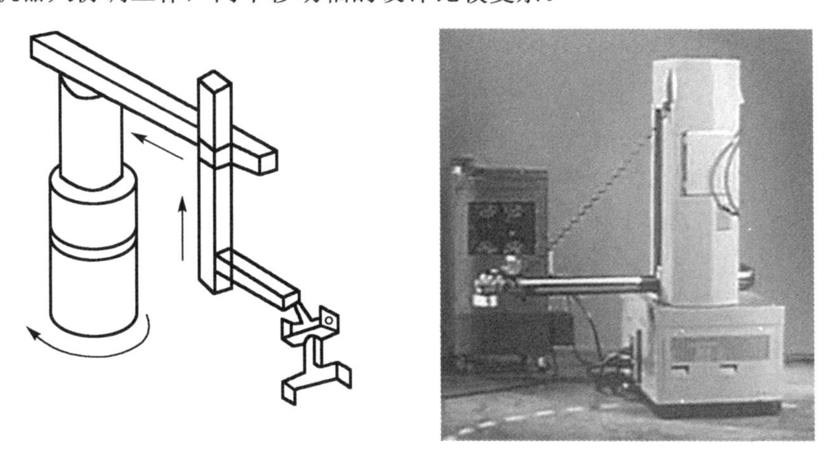

图 6-2　圆柱坐标型机器人

3．球坐标型机器人

这类机器人手臂的运动由一个直线运动和两个转动组成，如图 6-3 所示，即沿手臂 X 轴方向伸缩，绕 Y 轴俯仰和绕 Z 轴回转。这类机器人占地面积较小、结构紧凑、位置精度尚可，但负载能力有限，所以目前应用不多。

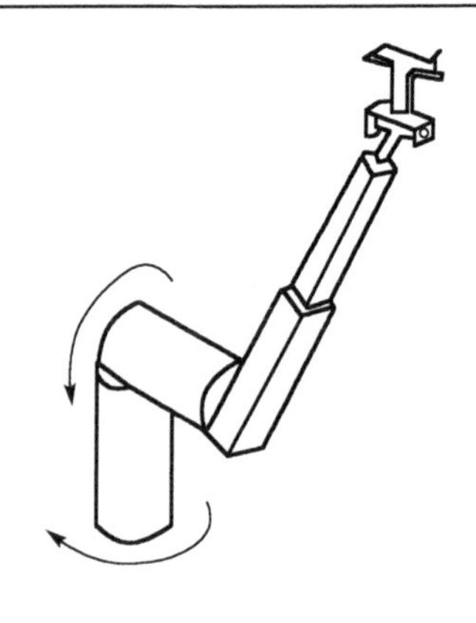
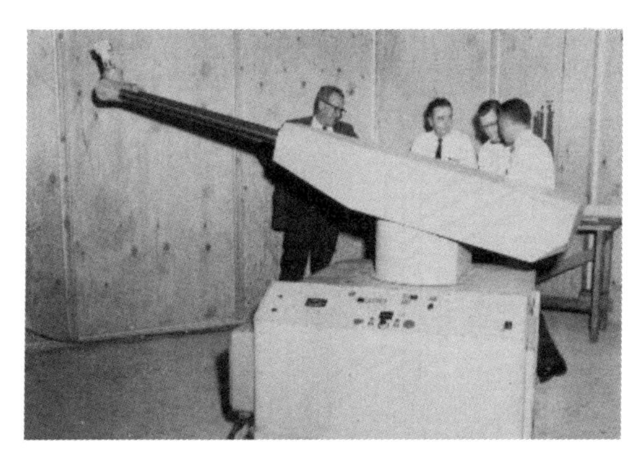

图 6-3 球坐标型机器人

4. 关节型机器人

关节型机器人由立柱、大臂和小臂组成。它具有拟人的机械结构，即大臂与立柱构成肩关节，大臂与小臂构成肘关节。它的三个转动关节可以进一步分为一个转动关节和两个俯仰关节，作业范围为空心球体形状，如图 6-4 所示。其特点是作业范围大，动作灵活，能抓取靠近机身的物体；但运动直观性差，要获得高的定位准确度较困难。由于这类机器人具有很强的灵活性，因此应用最为广泛。

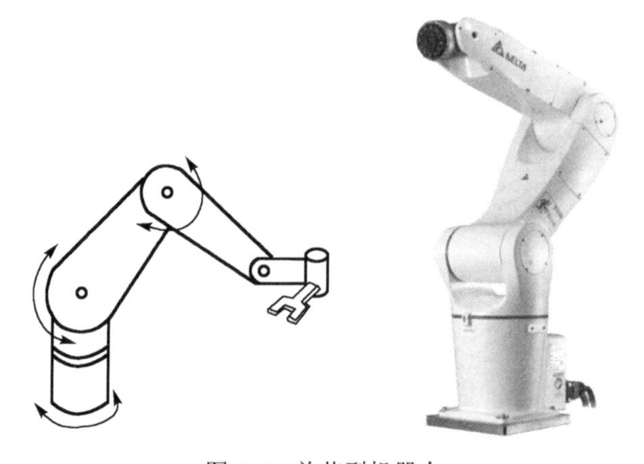

图 6-4 关节型机器人

视频 6-2 台达关节型机器人应用场景视频

5. SCARA 型机器人

SCARA 型机器人有三个转动关节，其轴线相互平行，可在平面内进行定位和定向。它还有一个移动关节，用于完成手爪在垂直于平面方向上的运动，如图 6-5 所示。

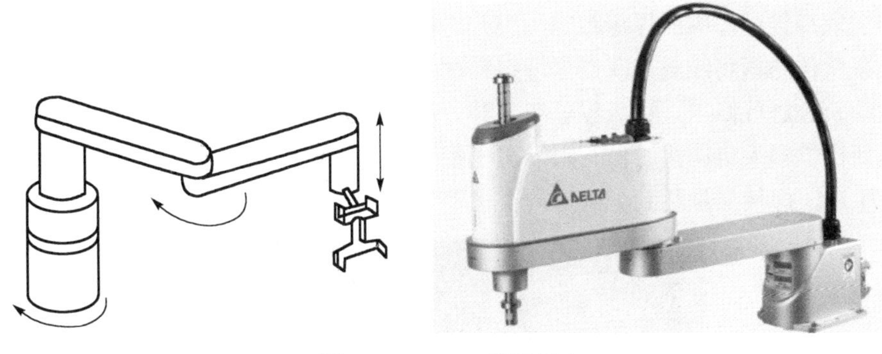

图 6-5　SCARA 型机器人

视频 6-3　台达 SCARA 型机器人应用场景视频

6.2.2　工业机器人的应用

从应用领域可以将工业机器人分成很多类，根据常用的机器人系列和市场占有量，主要分为点焊、弧焊、搬运、喷涂和装配等工业机器人。因此我国工业机器人未来发展战略应该主要发展这几种机器人，以此带动整个工业机器人技术的发展和产业壮大。

1. 点焊机器人

点焊机器人是用于制造领域中点焊作业的工业机器人。它由机器人本体、计算机控制系统、示教盒和点焊焊接系统等部分组成。点焊机器人常用的驱动方式为交流伺服电机驱动，具有保养维修简便、能耗低、速度快、精度高和安全性好等优点。

随着汽车行业的发展，焊接生产线要求焊钳一体化，点焊机器人的质量越来越大，达到 165kg。点焊机器人是目前汽车焊接中最常用的一种机器人，国外点焊机器人的质量已经达到 200kg。2008 年 9 月，哈尔滨工业大学机器人研究所研制完成国内首台 165kg 点焊机器人（见图 6-6），并成功应用于奇瑞汽车焊接车间。经过优化和性能提升的第二代机器人已经顺利通过验收，该机器人整体技术指标已经达到国外同类机器人的整体技术水平。

2. 弧焊机器人

弧焊机器人是可自动弧焊部件的工业机器人。我国在 20 世纪 80 年代中期研制出华宇-I 型弧焊机器人。一般的弧焊机器人是由示教盒、控制盘、机器人本体、自动送丝装置、焊接电源和焊钳清理装置等部分组成。弧焊机器人既可以在计算机的控制下实现连续轨迹控制和点位控制，还可以利用直线插补和圆弧插补功能焊接由直线及圆弧组成的空间焊缝。弧焊机器人的焊接作业主要有熔化极焊接作业和非熔化极焊接作业两种类型，具有可长期进行焊接作业以及保证焊接作业的高生产效率、高质量和高稳定性等特点。

随着科学技术的发展，弧焊机器人正向着智能化的方向发展，采用激光传感器或者视觉传感器实现焊接过程中的焊缝跟踪，提升焊接机器人焊接复杂工件的柔性和适应性。同时，结合视觉传感器离线观察获得焊缝跟踪的残余偏差，并基于残余偏差统计获得补偿数据，对运动轨迹进行修正，进而保证在各种工况下都能获得最佳的焊接质量。

沈阳新松机器人自动化股份有限公司已经开发出弧焊机器人（见图 6-7），并对其进行了小批量生产，焊接质量达到了国外同类机器人水平。

图 6-6　哈尔滨工业大学与奇瑞汽车联合研制的 165kg 点焊机器人的应用场景

图 6-7　由沈阳新松机器人自动化股份有限公司开发的弧焊机器人的应用场景

3. 搬运机器人

搬运机器人是可以进行自动化搬运作业的工业机器人。搬运作业是指用一种设备握持工件，从一个加工位置移动到另一个加工位置。搬运机器人可安装不同的末端执行器以完成各种不同形状和状态的工件搬运工作，大大减轻了人类繁重的体力劳动。

为了提高自动化程度和生产效率，制造企业通常需要快速高效的物流线来贯穿整个产品的生产及包装过程，而搬运机器人在物流线中发挥着举足轻重的作用。目前，世界上使用的搬运机器人超过 10 万台，被广泛应用于机床上下料、冲压机自动化生产线、自动装配流水线、码垛、搬运集装箱等。部分发达国家规定了人工搬运的最大重量，超过最大重量的必须由搬运机器人来完成。搬运机器人的最大负载可以达到 500kg。哈尔滨博实自动化股份有限公司已经开发出负载 300kg 的搬运机器人，如图 6-8 所示。

图 6-8 由哈尔滨博实自动化股份有限公司开发的搬运机器人正在码垛的场景

4. 喷涂机器人

喷涂机器人是可以进行自动喷漆或喷涂其他涂料的工业机器人。我国已经研制出了几种型号的喷涂机器人并投入使用，获得了较好的经济效益。我国的喷涂机器人起步较早，北京机械工业自动化研究所有限公司研制出我国第一台全电动喷涂机器人和第一条机器人自动喷漆生产线“东风汽车喷漆生产线”，但是近几年随着对喷涂机器人的喷涂质量要求的提高，喷涂机器人一般作为喷涂生产线的单元设备集成在系统制造中，所以我国汽车喷漆生产线大多数被国外的机器人产品占领。德国的杜尔喷涂机器人如图 6-9 所示。

图 6-9 德国的杜尔喷涂机器人

5. 装配机器人

常用的装配机器人主要有可编程通用装配操作手（Programmable Universal Manipula-tor for Assembly，PUMA）机器人和平面双关节型（Selective Compliance Assembly

Robot Arm，SCARA）机器人两种类型。与一般工业机器人相比，装配机器人具有精度高、柔顺性好、工作范围小、能与其他系统配套使用等特点，主要应用于汽车、电子、家电等制造行业。台达装配机器人如图 6-10 所示。

图 6-10　台达装配机器人

视频 6-4　台达装配机器人的应用场景视频

6.3　工业机器人的组成与技术参数

6.3.1　工业机器人的组成

工业机器人主要由机械系统、驱动系统、控制系统、检测系统和人机交互系统等组成，如图 6-11 所示。由图 6-11 可知，工业机器人通过人机交互系统接收作业任务，控制系统发出控制命令，驱动系统接收命令后驱动机械系统执行任务，检测系统将感知的信息反馈给控制系统实现闭环控制。

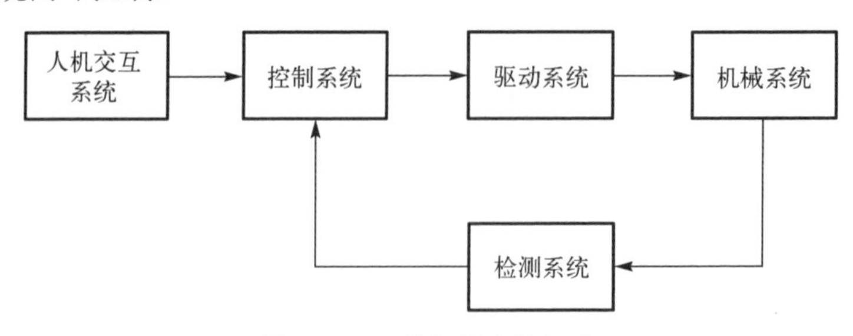

图 6-11　工业机器人的组成

1. 机械系统

机械系统是工业机器人完成握取工具（或工件）实现所需各种运动的机构部件，包括以下5个部分。

（1）手部。手部直接与工件或工具接触，并握持工件或工具。有些工业机器人直接将工具（如焊枪、喷枪、容器）装在手部，而不再设置手部。

（2）腕部。腕部用来连接手部与臂部、确定手部工作位置并扩大臂部动作范围。有些专用机器人没有腕部，而是直接将手部安装在手臂的端部。

（3）臂部。臂部用来支撑腕部和手部，实现较大运动范围。它不仅要承受抓取工件的重量，还要承受末端操作器、腕部和自身重量。臂部的结构、工作范围、灵活性、臂力和定位精度都直接影响工业机器人的工作性能。

（4）机身。机身用来支撑手部和臂部、安装驱动装置及其他装置。机身结构在满足结构强度的前提下应尽量减小尺寸和重量，同时要考虑外观要求。

（5）行走机构。行走机构用来扩大活动范围，有的采用专门的行走装置，有的采用轨道、滚轮机构。

总之，工业机器人的机械系统相当于人的身体（骨骼、手、臂和腿等）。

2. 驱动系统

驱动系统向机械系统的各个运动部件提供动力。按照采用的动力源不同，驱动系统分为液压驱动、气压驱动、电气驱动。液压驱动的特点是驱动力大，运动平稳，但泄漏问题不可忽视，同时也是难以解决的问题；气压驱动的特点是气源方便，维修简单，易于获得高速度，但驱动力小，速度不易控制，噪声大，冲击力大；电气驱动的特点是电源方便，信号传递运算容易，响应快。工业机器人的驱动系统相当于人的肌肉。

3. 控制系统

控制系统是工业机器人的指挥决策系统，用于控制驱动系统，让执行机构按照规定的要求完成工作。按照运动轨迹，可以将控制系统分为点位控制系统和轨迹控制系统。一般由计算机或高性能芯片（DSP、FPGA、ARM等）完成控制。工业机器人的控制系统相当于人的大脑。

4. 检测系统

为了使工业机器人正常工作，必须与周围环境保持密切联系，除要配备关节伺服驱动系统的位置传感器（称为内部传感器）外，还要配备视觉、力觉、触觉、接近觉等多种类型的传感器（称为外部传感器）以及传感信号的采集处理系统。工业机器人的检测系统相当于人的五官。

5. 人机交互系统

人机交互系统用于与周边系统及相应操作进行联系与应答，包括各种I/O接口、通信接口和示教器。工业机器人提供一个内部PLC，它可以通过I/O接口与外部设备相连，完成与外部设备间的逻辑与实时控制。一般至少有一个串行通信接口、USB 接口和网络接口，用于完成数据存储、远程控制、离线编程、多机器人协调等工作。示教器用于显示工业机器人当前的工作状态，并且可以将操作员的命令传送给控制系统。

6.3.2 工业机器人的技术参数

技术参数是工业机器人制造商在产品供货时提供的技术数据，在一定程度上反映了工业机器的操作性能，是选择、设计、应用工业机器人时必须要考虑的数据。工业机器人的主要技术参数一般有自由度、定位精度、重复定位精度、工作空间、最大工作速度和负载能力等。

1. 自由度

自由度是指工业机器人单独运动的参数的数量，一般不包括末端执行器的开合自由度。工业机器人的一个自由度通常对应一个关节的独立运动。自由度用于表示工业机器人动作的灵活程度，自由度越高工业机器人就越灵活，但结构也越复杂，控制难度越大，所以工业机器人的自由度要根据其用途设计，一般在 3～6 个之间。大于 6 个的自由度称为冗余自由度，冗余自由度提高了工业机器人的灵活性，可方便工业机器人躲避障碍物和改善工业机器人的动力性能。

2. 定位精度和重复定位精度

定位精度是指工业机器人末端执行器的实际位置与目标位置之间的偏差。重复定位精度是指在环境、目标动作和命令等相同的条件下，工业机器人连续重复运动若干次后，其位置的分散情况。定位精度和重复定位精度是工业机器人的重要性能指标，它不仅取决于控制系统和控制算法，还与工业机器人系统的机械结构相关。

3. 工作空间

工作空间表示工业机器人的工作范围，是指工业机器人运动时手腕中心点能达到的所有点的集合，也称为工作区域。由于末端执行器的形状和尺寸是多种多样的，因此为真实反映工业机器人的特征参数，工作空间是指不安装末端执行器时的工作区域。工作空间的大小不仅与工业机器人各连接杆的尺寸有关，还与工业机器人的整体结构有关。工作空间的形状和大小是十分重要的，工业机器人在执行某些作业时可能会因为存在手部不能达到的作业死区而不能完成任务。

4. 最大工作速度

最大工作速度是指工业机器人单轴最大稳定速度或者手臂末端最大的合成速度。最大工作速度越高，工业机器人的工作效率越高，但是工作速度越高就要花费越多的时间加速或减速，或者说对工业机器人的最大加速度的要求更高。

5. 负载能力

负载能力是指工业机器人在工作空间范围内的任意位姿上，所能承受的最大载荷。负载能力不仅取决于负载的大小，还与工业机器人运行的速度和加速度有关。为保证安全，将负载能力这一技术指标确定为高速运行时的承载能力。通常，负载能力不仅指负载载荷，还包括工业机器人末端执行器的载荷。

6.4　台达工业机器人

台达工业机器人可搭配周边应用模块，打造灵活、快速、高精度的自动化生产线。大幅降低人力与时间成本，优化产品质量及效率。台达工业机器人主要分为水平关节机器人DRS系列和垂直多关节机器人DRV系列，如图6-12所示。

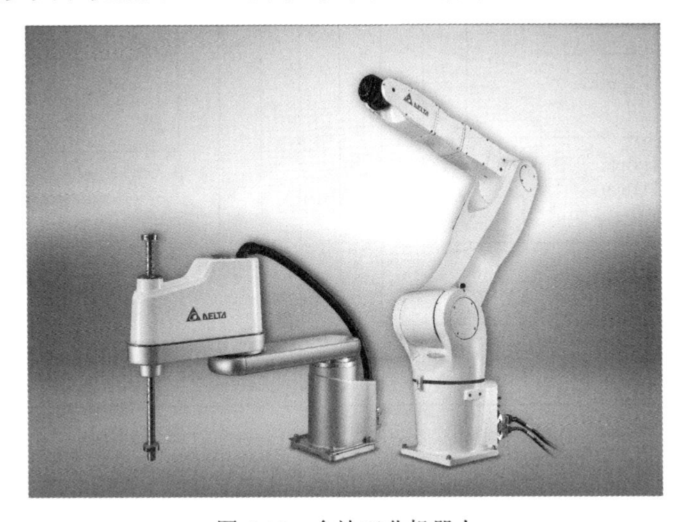

图6-12　台达工业机器人

6.4.1　操作工业机器人的注意事项

工业机器人在运动时，其工作空间属于危险场所，可能发生意外事故。为确保安全，在操作工业机器人时，必须遵守以下规范。

（1）要戴手套操作示教器。

（2）要采用较低的速度以保证操作安全。

（3）按示教器上的点动键前，要考虑工业机器人的运动趋势。

（4）在工业机器人静止时，不要认为工业机器人没有移动就是安全的，因为这时工业机器人可能是在等待继续移动的输入信号。

（5）保证工作区域清洁，无油、水及其他杂质。

（6）在运行前，必须明确工业机器人根据所编程序将要执行的全部任务。

（7）明确所有会影响工业机器人移动的开关、传感器和控制信号的位置和状态。

（8）明确工业机器人控制器和外围控制设备上的紧急停止按钮的位置，以备在紧急情况下使用这些按钮。

（9）事先考虑好避让工业机器人的运动轨迹，并确认该线路不被干扰。

6.4.2 台达工业机器人型号和规格

1. 台达工业机器人型号

台达 DRS 系列工业机器人的重复定位精度、线性度和垂直度都较高，同时具有免传感器的顺应功能，方便装配作业，还具有示教器示教和手把手示教等多种示教方式，方便用户使用。台达 DRV 系列工业机器人具有多自由度、动作灵活、腕部中空、方便布线、支持多种安装方式等优点。台达工业机器人型号命名规则如图 6-13 所示。

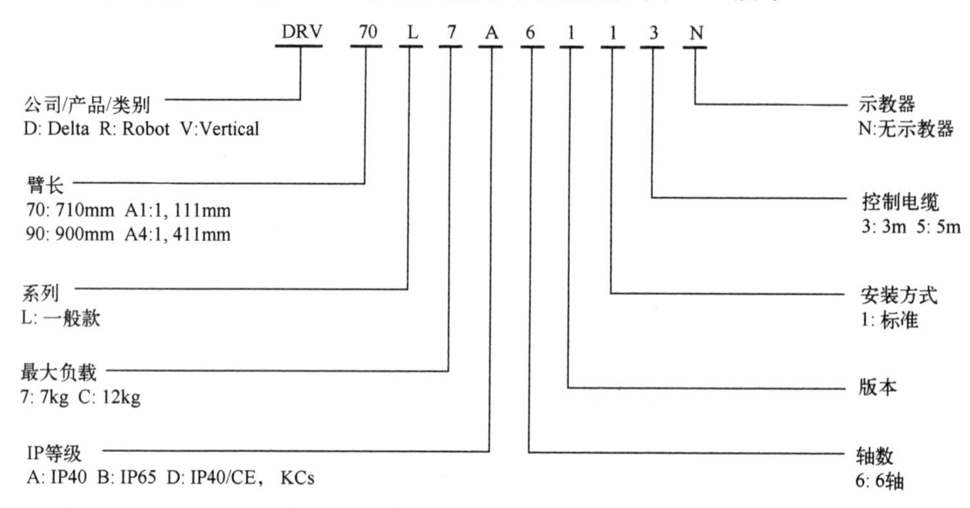

图 6-13 台达工业机器人型号命名规则

2. 台达工业机器人产品规格

本节以台达 DRV70L7A61 型工业机器人为例，介绍其产品参数，如表 6-1 所示。

表 6-1 台达 DRV70L7A61 型工业机器人的产品参数

型号		DRV70L7A61
控制轴数		6 个（垂直多关节型）
最大工作半径		710mm
最大负载		7kg
重复定位精度		±0.06mm
动作范围	J1	±170°
	J2	–105° ～+133°
	J3	–205° ～+65°
	J4	–190° ～+190°
	J5	–120° ～+120°
	J6	–360° ～+360°
最大速度	J1	450°/s
	J2	340°/s
	J3	510°/s

续表

型号		DRV70L7A61
最大速度	J4	550°/s
	J5	550°/s
	J6	820°/s
最大合成速度		11000mm/s
标准循环时间		0.32s
许用最大惯性力矩	J4	0.47kg・m²
	J5	0.47kg・m²
	J6	0.15kg・m²
许用负荷扭矩	J4	16.6N・m
	J5	16.6N・m
	J6	9.4N・m
重复定位精度		±0.02mm
IP 等级		IP40
质量		37kg
控制器		DCV-2J00-AA

6.4.3　台达工业机器人控制器

台达工业机器人控制器具有安全保护功能、运动控制功能、驱动功能、编码器接口功能、I/O 接口功能和通信接口功能等，本节介绍台达 DCV 系列工业机器人控制器参数，具体参数如表 6-2 所示。

表 6-2　台达 DCV 系列工业机器人控制器参数

型号		DCV 系列
尺寸		383mm×223mm×406mm
质量		22kg
冷却方式		风扇冷却
机器人控制	编程语言	台达机器人语言 DRL
	运动模式	点对点模式、直线插补、圆弧插补
	存储器容量	20MB 存储器供编程使用 1KB 全局变量位置点位 30KB 局部变量位置点位
输入/输出	标准 I/O	系统 DI/DO：7 输入、8 输出 用户 DI/DO：24 输入、12 输出
接口	以太网接口	1 个通道、RJ45，多用于编程调试
	DMCNET 接口	1 个通道、RJ45，可串接台达 DMCNET 产品
	RS-232/485 接口	1 个 9 孔 D 形接口
	示教器接口	1 个圆形连接器
	安全接口	8 针圆形连接器，2 组双通道供用户接外部紧急停止按钮，以及 2 组双通道用于接安全防护装置
	外部编码器接口	37 孔 D 形接口
	直流电源接口	3 针圆形连接器

续表

型号		DCV 系列
接口	交流电源接口	3 针连接器端子台
	机器人接口	欧式多级连接器
环境规格	安装地点	室内（避免阳光直射），无腐蚀性气体
	标准高度	海拔 1000m 以下
	大气压力	86kPa～106kPa
	环境温度	0℃～40℃
	湿度	0～90%RH 以下（不结雾）
	振动	20Hz 以下 $9.8m/s^2$（1G）
	IP 等级	IP 20
	接地系统	TN 系统：电力系统的中性点直接与大地相连

台达 DCV 系列工业机器人控制器接口如图 6-14 所示。

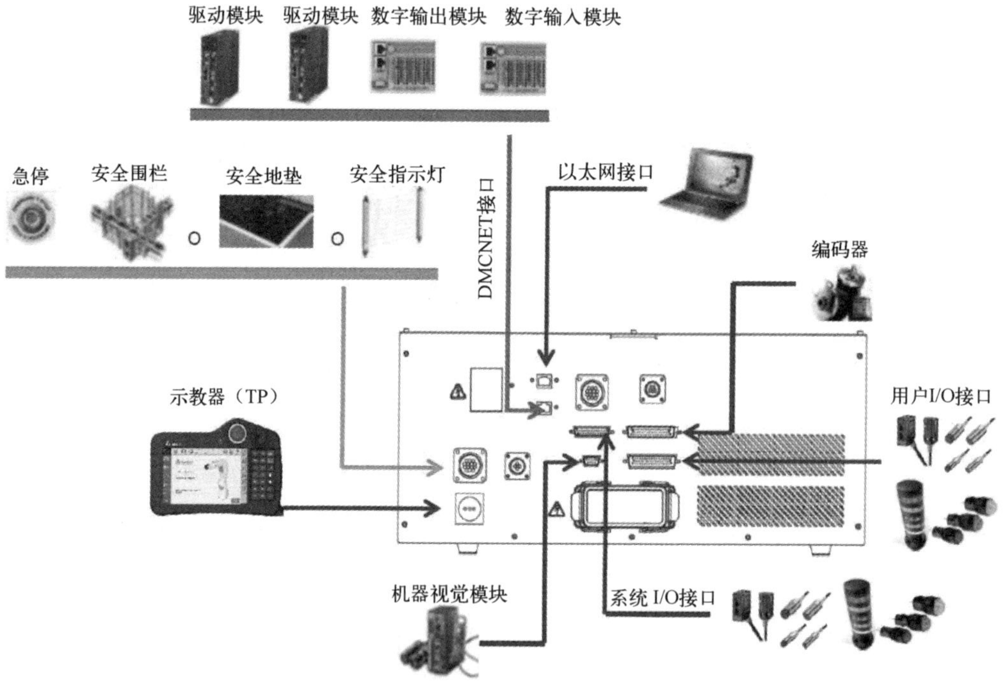

图 6-14 台达 DCV 系列工业机器人控制器接口

1. 电源接口

工业机器人控制器交流电源为单相 200～230V、50/60Hz、15A，为了避免端子松脱发生危险，需要采用 R 型端子接线，至少采用横截面积为 $2.0mm^2$ 的线缆，其中 L 和 N 为电源线，E 为接地线，如图 6-15 所示。

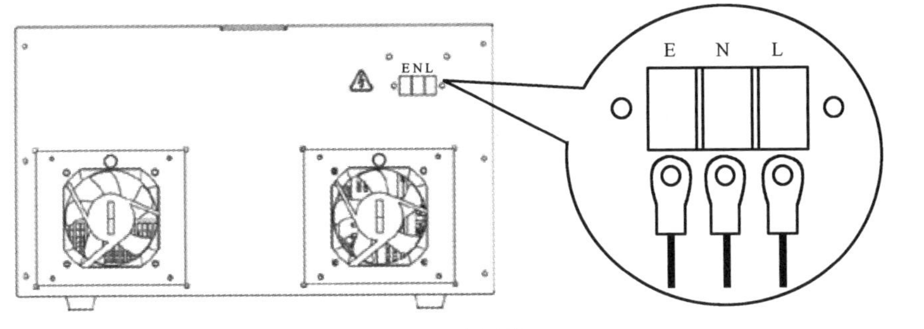

图 6-15　电源接口

2. RS-232/485 接口

RS-232/485 接口采用标准的 9 孔 D 形连接器，用户可以利用计算机、PLC、HMI、机器视觉等具有 RS-232/485 接口功能的控制器，与工业机器人控制器进行通信，读取工业机器人数据或者控制工业机器人。RS-232/485 连接器引脚定义如表 6-3 所示。

表 6-3　RS-232/485 连接器引脚定义

引脚号	定义	引脚号	定义	引脚号	定义
1	RS-485+	2	RS-232/RX	3	RS-232/TX
4	—	5	GND	6	RS-485–
7	—	8	—	9	—

3. 以太网接口

以太网接口采用标准的 RJ45 连接器，安装 DRAStudio 软件的计算机可以通过以太网接口完成工业机器人软件编程、点位设定、I/O 监控和报警处理等功能，如图 6-16 所示。PLC、HMI、机器视觉等控制器可以通过以太网接口与工业机器人控制器进行通信，读取工业机器人数据或者控制工业机器人。

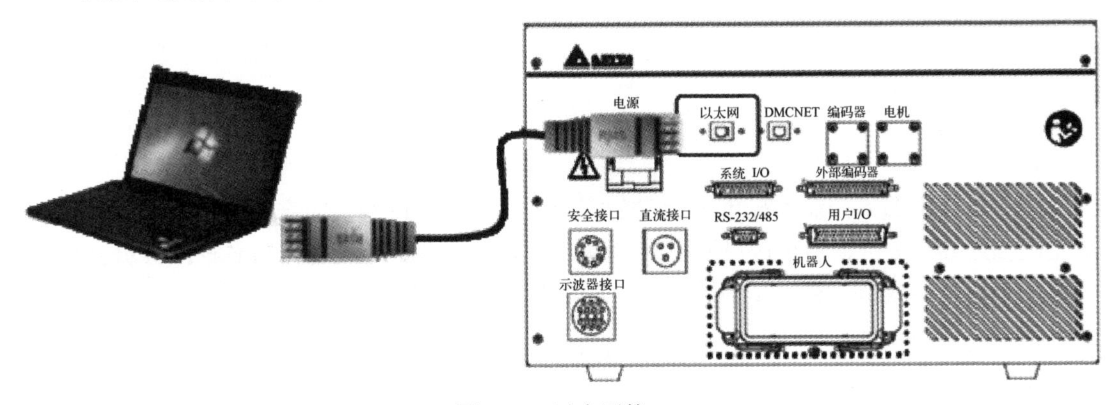

图 6-16　以太网接口

4. DMCNET 接口

DMCNET 接口采用标准的 RJ45 连接器，工业机器人控制器通过 DMCNET 接口最多可以连接 12 个具有 DMCNET 功能的台达产品，如图 6-17 所示。例如，连接伺服驱动器可以实现外围设备与工业机器人多轴同动控制，还可以连接远程 I/O 模块，实现工业机器人开关量 I/O、模拟量 I/O 和脉冲量 I/O 数量的扩展。

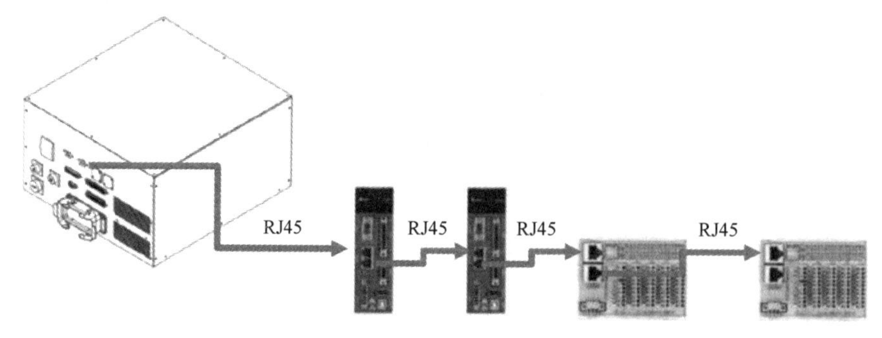

图 6-17 DMCNET 接口

5. 示教器接口

示教器通过示教器接口可以与工业机器人控制器进行数据读/写，如图 6-18 所示。用户通过示教器可以实现操控机器人、教导点位、编写 DRL 程序、I/O 监控等功能。

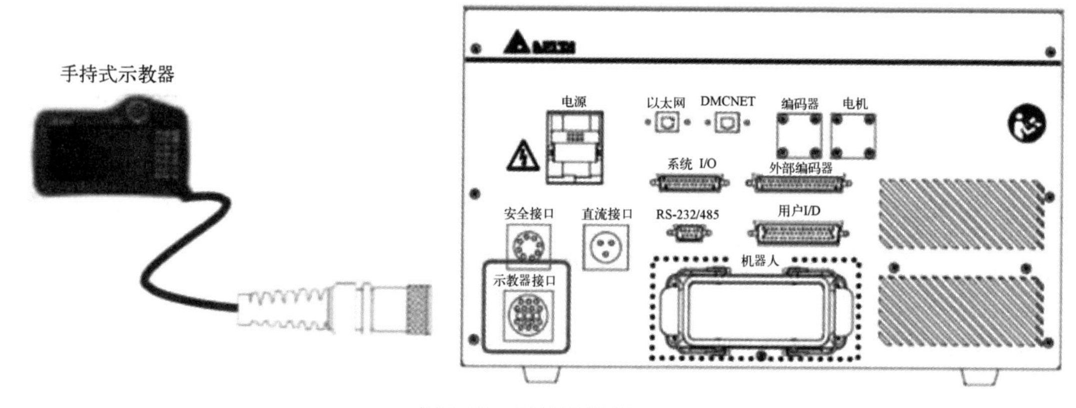

图 6-18 示教器接口

6. 安全接口

台达工业机器人控制器提供 8 点安全信号，用于工业机器人的安全防护，安全接口引脚定义如表 6-4 所示。安全接口 Pin1～Pin4 用于连接紧急停止信号，Pin5～Pin8 分别用于连接安全门锁、安全光栅、压力垫或激光扫描仪等设备。

表 6-4 安全接口引脚定义

Pin	DI	名称	Pin	DI	名称
1	DI	紧急停止 NC1	5	DI	安全防护 NO1
2		紧急停止 NC1	6		安全防护 NO1
3		紧急停止 NC2	7		安全防护 NO2
4		紧急停止 NC2	8		安全防护 NO2

在安全接口连接外部紧急停止信号时的注意事项如下。

（1）8 个 Pin 都要接线，这样控制器才可以正常启动。

（2）紧急停止接干接点信号，不能接 AC 或 DC 电压信号，否则会造成控制器内部元件损坏。

（3）严禁将紧急停止线路短路，以确保整个机器人系统及人员安全。

（4）紧急停止为安全信号，需将紧急停止按钮装设在方便按压的位置。

（5）确保按照如图 6-19 所示的方式进行配线，紧急停止按钮必须为 2 个 NC 接点，如果只接 1 个 NC 接点，则控制器会持续显示紧急停止异常。

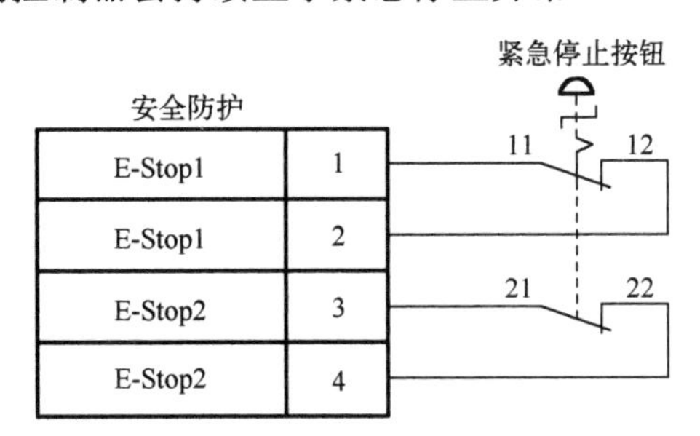

图 6-19　台达工业机器人控制器安全接口电路

（6）不能使用 1 个 NC 接点同时接在安全连接器上的 Pin1～Pin4，这样系统的安全等级会下降。

（7）设计安装 1 个以上的紧急停止按钮，当预连接多个紧急停止按钮时，将多个紧急停止 NC 信号串联，不可使用并联方式。

（8）当紧急停止信号触发时，工业机器人会立即停止工作，并切断交流电源以达到安全停止的要求。

7. 系统 DI/DO 接口

系统 DI/DO 接口采用标准的 25 孔 D 形连接器，提供 7 点开关量输入和 8 点开关量输出，与上位控制器通信，系统 DI/DO 接口引脚定义如表 6-5 所示。

表 6-5　系统 DI/DO 接口引脚定义

Pin	DI/O	名称	Pin	DI/O	名称	Pin	DI/O	名称
1	DI2	功能性暂停	10	DO2+	伺服状态	19	DO6–	程序运行状态 2
2	DI3	功能性暂停解除	11	DO2–	伺服状态	20	DO7+	控制器准备完成
3	DI4	操作模式选择 1	12	DO3+	到位状态	21	DO7–	控制器准备完成
4	DI5	操作模式选择 2	13	DO3–	到位状态	22	DO8+	保留
5	DI6	Run/Stop 选择 1	14	DO4+	功能性暂停状态	23	DO8–	保留
6	DI7	Run/Stop 选择 2	15	DO4–	功能性暂停状态	24	—	—
7	DI8	报警解除	16	DO5+	程序运行状态 1	25	—	—
8	DO1+	报警状态	17	DO5–	程序运行状态 1			
9	DO1–	报警状态	18	DO6+	程序运行状态 2			

设计系统 DI/DO 接口电路的注意事项如下。

（1）所有系统 DI 接口信号均为 NPN（Sink）连接方式。

（2）因控制器的直流接口已经为控制器系统提供了 24V 直流电源，故不能将系统 DI 接口信号连接到其他电源，避免无法传送信号或者导致系统 DI 接口烧毁。

（3）当要输入到系统 DI 接口的信号本身带电或由上位控制器传送信号到系统 DI 接口时，需要使用继电器或光耦合器。

（4）系统 DO 接口的每个输出点位最大仅能提供 40mA 电流，如果要驱动大电流负载，则需要通过继电器实现。

（5）不可以在系统 DO 接口输出点接交流电源，这样会导致控制器损坏。

以下对系统 DI/DO 接口的功能进行简要介绍。

（1）功能性暂停。功能性暂停 DI2 能使工业机器人处于暂停状态，同时功能性暂停状态 DO4 输出变为 ON，直到功能性暂停解除 DI3 有效时，才能使工业机器人继续动作。注意，禁止将安全防护（如安全门锁、安全光栅、压力垫或激光扫描仪等）装置信号接到此 DI2，并且禁止短接安全连接器中的安全信号，这样会使当工作人员进入到工业机器人的运动范围内时，对工作人员构成极大威胁。

（2）操作模式选择。操作模式分为 Auto、T1、T2 三种，DI4、DI5 的配置如表 6-6 所示。

表 6-6　操作模式选择

操作模式	DI4	DI5	功能
Auto	0	1	工业机器人自动运行，示教器无法操作，通过程序设定运转速度
T1	1	0	多用于示教操作，且工业机器人的合成速度低于 250mm/s
T2	1	1	多用于示教操作，且工业机器人的合成速度不超过 2000mm/s

（3）Run/Stop 模式选择。Run/Stop 模式分为 PAUSE、STOP、RUN 三种，DI6、DI7 模式选择如表 6-7 所示。

表 6-7　D16、D17 模式选择

操作模式	DI6	DI7	功能
PAUSE	0	1	在 Auto 模式暂时停止执行程序，后面可继续执行程序
STOP	1	0	在 Auto 模式停止执行程序，使工业机器人停止
RUN	1	1	在 Auto 模式执行程序，工业机器人开始动作

（4）报警解除。当工业机器人或控制器异常时，报警状态 DO1 输出变为 ON，直到故障解除并且报警解除 DI8 有效时，使报警状态 DO1 输出变为 OFF。台达工业机器人异常表及故障排除方法参见相关技术手册。

（5）其他系统 DO 功能介绍。当工业机器人控制器内集成的所有轴的驱动器均处于启动（Servo ON）状态时，伺服状态 DO2 会持续变为 ON。当工业机器人移动时，其到位状态 DO3 信号持续输出；当工业机器人停止移动时，其到位状态 DO3 输出变为 OFF。程序运行状态（DO5 和 DO6）用于指示工业机器人处于 PAUSE、STOP、RUN 状态；工业机器人控制器准备完成后，DO7 会持续为 ON。

8．用户 DI/DO 接口

用户 DI/DO 接口采用标准的 50 孔 D 形 3 排连接器，提供 24 点开关量输入和 12 点开关量输出，供用户自行连接，用户 DI/DO 接口引脚定义如表 6-8 所示。

表 6-8　用户 DI/DO 接口引脚定义

Pin	DI/O	名称	Pin	DI/O	名称	Pin	DI/O	名称
1	DI1	User.DI1	18	DI18	User.DI18	35	DO6+	User.DO6+
2	DI2	User.DI2	19	DI19	User.DI19	36	DO6–	User.DO6-
3	DI3	User.DI3	20	DI20	User.DI20	37	DO7+	User.DO7+
4	DI4	User.DI4	21	DI21	User.DI21	38	DO7–	User.DO7-
5	DI5	User.DI5	22	DI22	User.DI22	39	DO8+	User.DO8+
6	DI6	User.DI6	23	DI23	User.DI23	40	DO8–	User.DO8-
7	DI7	User.DI7	24	DI24	User.DI24	41	DO9+	User.DO9+
8	DI8	User.DI8	25	DO1+	User.DO1+	42	DO9–	User.DO9-
9	DI9	User.DI9	26	DO1–	User.DO1–	43	DO10+	User.DO10+
10	DI10	User.DI10	27	DO2+	User.DO2+	44	DO10–	User.DO10-
11	DI11	User.DI11	28	DO2–	User.DO2–	45	DO11+	User.DO11+
12	DI12	User.DI12	29	DO3+	User.DO3+	46	DO11–	User.DO11-
13	DI13	User.DI13	30	DO3–	User.DO3–	47	DO12+	User.DO12+
14	DI14	User.DI14	31	DO4+	User.DO4+	48	DO12–	User.DO12-
15	DI15	User.DI15	32	DO4–	User.DO4–	49	—	—
16	DI16	User.DI16	33	DO5+	User.DO5+	50	COM	DI_COM
17	DI17	User.DI17	34	DO5–	User.DO5–			

用户在设计 DI/DO 接口电路时需要注意以下 5 方面内容。

（1）所有用户 DI 信号可以自行选择为 NPN 或 PNP 接线方式。

（2）用户 DI 信号的公共端为 DI_COM。

（3）不能直接将用户 DO 信号连接到感性负载上，最好是通过继电器以保护 DO 输出点。

（4）用户 DO 的每个输出点位最大仅能提供 40mA 电流，如果要驱动大电流负载，则需要通过继电器实现。

（5）不能在系统 DO 输出点接交流电源，会导致控制器损坏。

9．外部编码器接口

外部编码器接口采用标准的 37 孔 D 形连接器，用户可以将一个外接编码器连接到控制器。外部编码器接口引脚定义如表 6-9 所示，表中未出现的引脚功能未定义。

表 6-9　外部编码器接口引脚定义

引脚号	名称	引脚号	名称	引脚号	名称
1	Z	4	/B	7	+5V
2	/Z	5	A	8	0V
3	B	6	/A	9	—

10. 连接器接口

连接器接口主要用来连接工业机器人与控制器之间的电机和编码器电缆信号。在连接电缆时，需要将连接器固定，以确保信号传输的正确性，以及避免因接触不良导致动作或不可预期的事情发生，连接器接口引脚定义如表 6-10 所示，其接线方式如图 6-20 所示。

表 6-10 连接器接口引脚定义

Pin	Module1	Pin	Module2	Pin	Module3	Pin	Module4	Pin	Module4
1	J1-U	1	J3-U	1	J5-U	1	J1-5V	13	J4-5V
2	J1-V	2	J3-V	2	J5-V	2	J1-0V	14	J4-0V
3	J1-W	3	J3-W	3	J5-W	3	J1-T+	15	J4-T+
4	J1-Ground	4	J3-Ground	4	J5-Ground	4	J1-T–	16	J41-T–
5	J1-Brk+	5	J3-Brk+	5	J5-Brk+	5	J2-5V	17	J5-5V
6	J1- Brk–	6	J3-Brk–	6	J5- Brk–	6	J2-0V	18	J5-0V
7	J2-U	7	J4-U	7	J6-U	7	J2-T+	19	J5-T+
8	J2-V	8	J4-V	8	J6-V	8	J2-T–	20	J5-T–
9	J2-W	9	J4-W	9	J6-W	9	J3-5V	21	J6-5V
10	J2-Ground	10	J4-Ground	10	J6-Ground	10	J3-0V	22	J6-0V
11	J2-Brk+	11	J4-Brk+	11	J6-Brk+	11	J3-T+	23	J6-T+
12	J2- Brk–	12	J4- Brk–	12	J6- Brk–	12	J3-T–	24	J6-T–

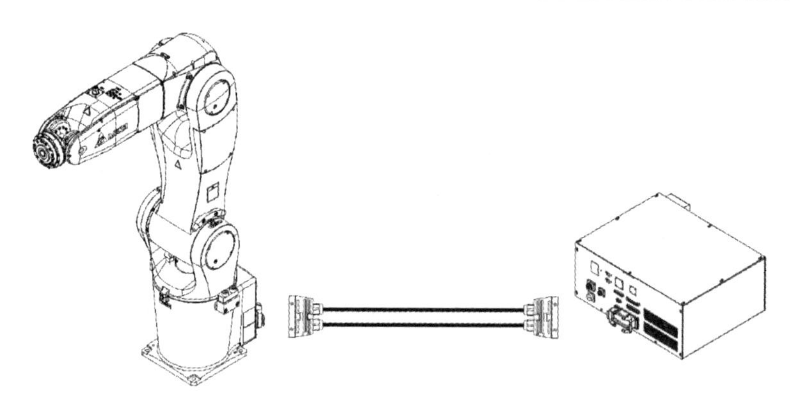

图 6-20 连接器接口的接线方式

视频 6-5 台达机器人伺服电机生产线应用视频

6.4.4 台达工业机器人示教器

台达工业机器人示教器主要分为触控界面和实体按键，如图 6-21 所示。

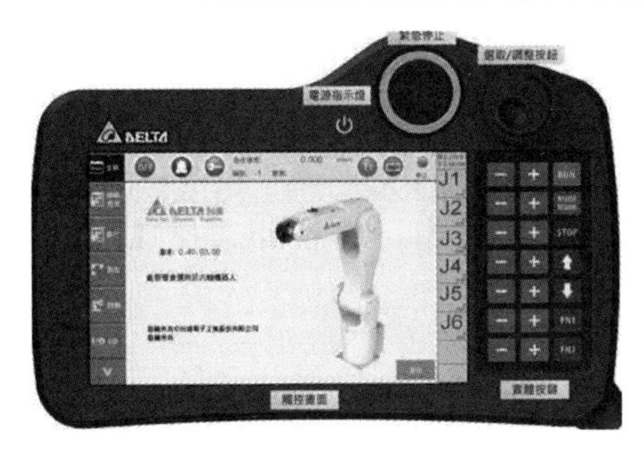

(a)示教器正面

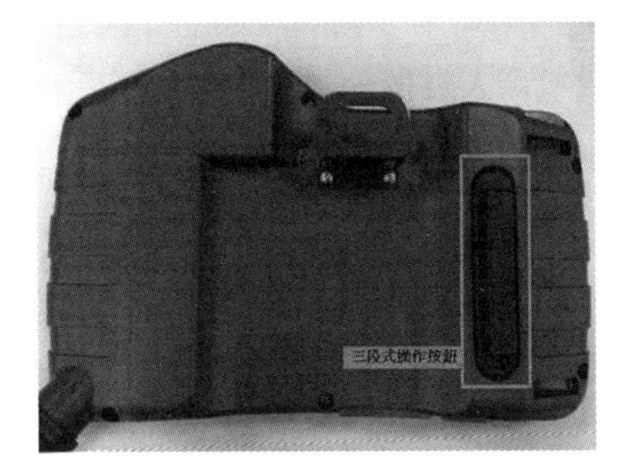

(b)示教器背面

图 6-21　台达工业机器人示教器

1．触控界面功能

触控界面功能包括控制机械手臂运行状态、联机状态，编辑机器人语言，显示/教导点位数据，设定系统相关参数，显示系统信息等。

2．实体按键功能

实体按键功能包括控制三段式操作按钮、JOG 操作（Jog）、自动运行（Run）、运行暂停/继续（Pause/Resume）、运行/停止（Start/Stop）、页面切换键、选取/调整旋钮、紧急停止（E-Stop）、教导盒电源指示灯等功能。

6.4.5　台达工业机器人编程软件

DRAStudio 软件为 DRS/DRV 系列工业机器人通用编程软件，其界面如图 6-22 所示。DRAStudio 软件与控制器连接后，为用户提供项目管理、JOG 操作、教导点位、编辑机器语言、设定 I/O 等功能。用户可以在台达官方网站下载 DRAStudio 软件。

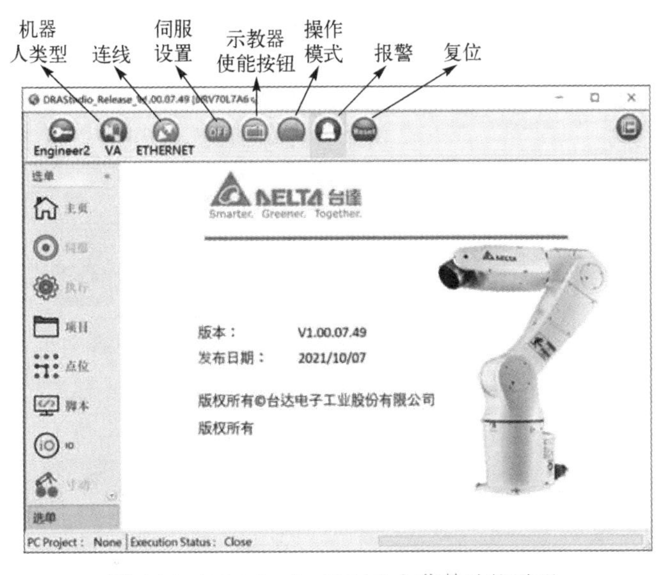

图 6-22　DRAStudio 界面及主菜单功能说明

1. 机器人类型

单击主界面菜单栏中的“机器人类型”按钮（图 6-22 中的“VA”按钮），弹出“Select the model”界面。根据实际设备情况选择机器人类型，本设计选择 DRV 系列的“DRV70L7A61”型号，如图 6-23 所示。

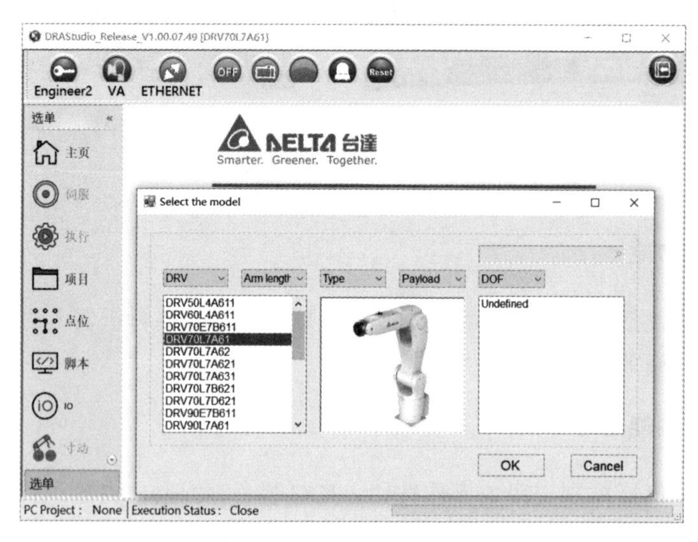

图 6-23　机器人类型的选择

2. 通信设置

单击主界面菜单栏中的“连线”按钮（图 6-22 中的“ETHERNET”按钮），弹出“连线”窗口，选择与机器人控制器进行通信的类型，如图 6-24 所示。在使用 Ethernet 通信方式时，要正确设置机器人控制器的 IP 地址，并且要确保编程的计算机在同一个局域网段。在使用 USB 通信方式时，需要正确设置串口地址。

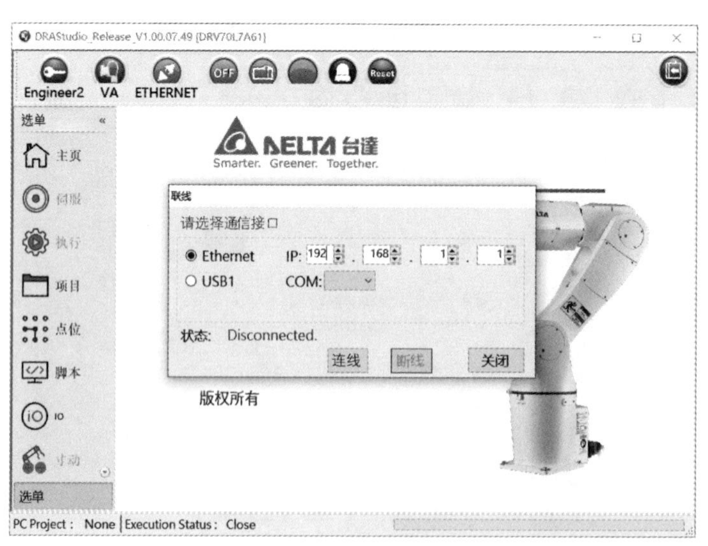

图 6-24　通信设置

3. 其他菜单按钮

主界面菜单栏中的“伺服设置”按钮用于启动/停止伺服电机，“示教器使能按钮”用于设置示教器是否有效，“操作模式”按钮用于切换自动模式和示教模式，“复位”按钮用于报警信息解除。

4. 项目管理

项目管理界面中有建立 PC 端项目列表、建立控制器端项目列表、项目上传下载、项目编辑等功能，如图 6-25 所示。

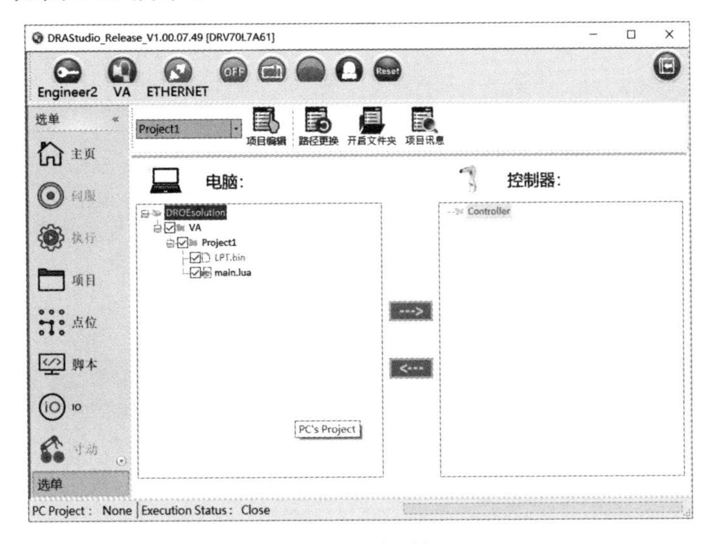

图 6-25　项目管理

5. 点位管理

在“点位管理（Point）”选项卡中，用户可以对机器人的工作点位及使用的机器人坐标系进行管理和设置，其界面如图 6-26 所示。

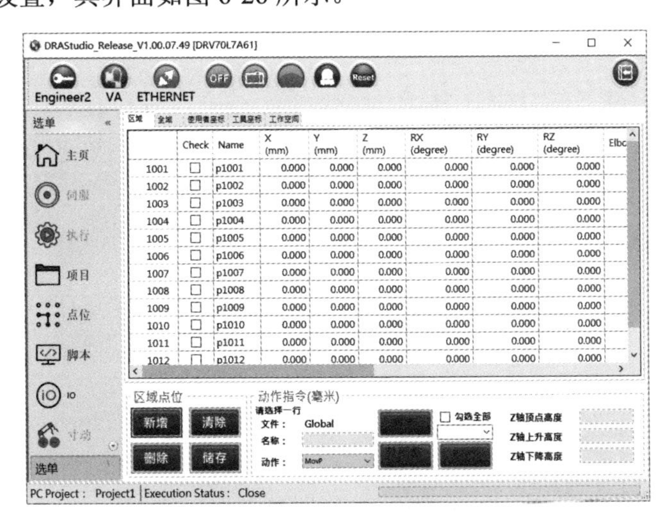

图 6-26　点位管理

6. 脚本编辑

在“脚本”选项卡中，分别有开启机器人语言文件、储存机器语言文件（Save）、执行（Start）、暂停（Pause）、停止（Stop）、逐步执行（Step）、删除中断（Delete Break Points）、剪下（Cut）、复制（Copy）、贴上（Paste）、复原、取消复原、搜寻/取代（Search）、快捷指令（Quick）状态栏，如图 6-27 所示。

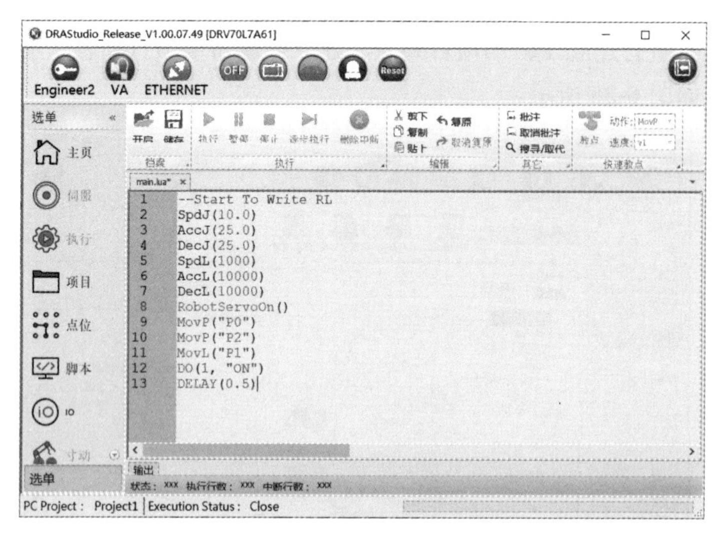

图 6-27　脚本编辑

7. 寸动设定

在“寸动设定（Jog）”选项卡中有速度设定（Speed）、模式设定（Mode）、距离设定（Distance）、用户与机器人相对方位设定，并与辅助画面的（Jog）页签做同步搭配，如图 6-28 所示。

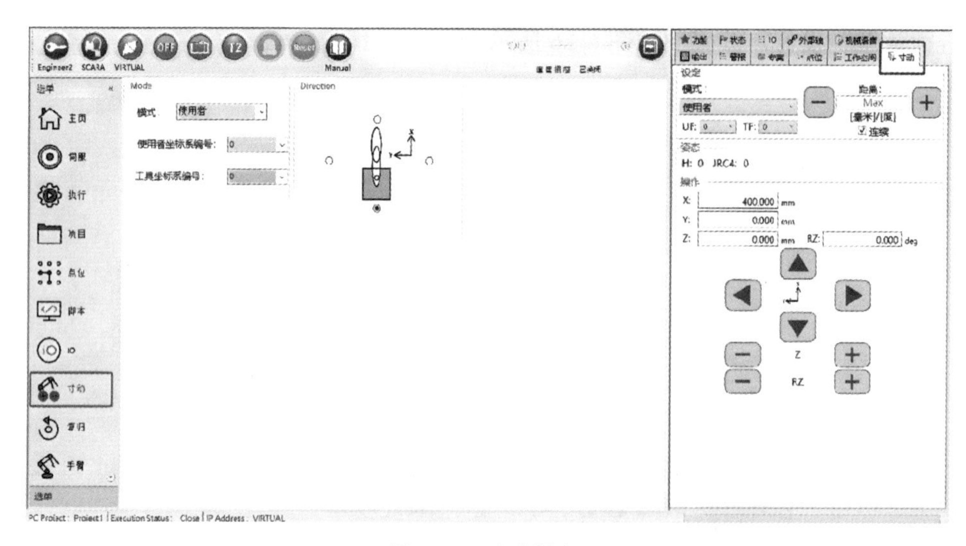

图 6-28　寸动设定

8. I/O 监控

在"I/O 监控（I/O）"选项卡中有监控系统 I/O、用户 I/O 和外挂 I/O，DI 和 DO 的编号为 IO 编号，绿色灯代表为 ON，橘色灯代表为 OFF，如图 6-29 所示。

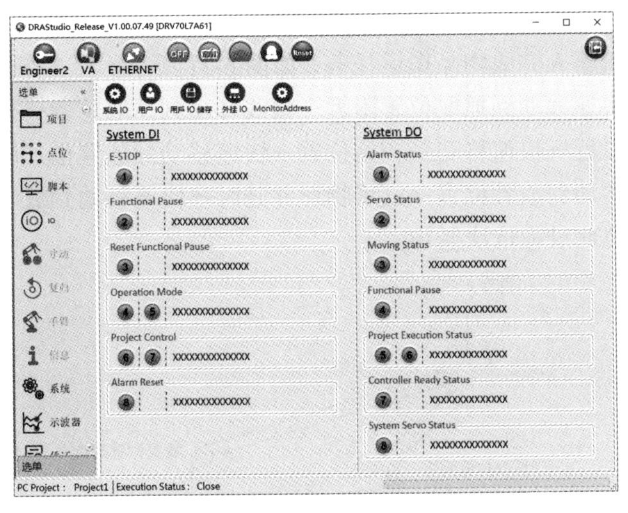

图 6-29　I/O 监控

9. 系统设定

"系统设定（System）"选项卡具有设定 RS232/485 参数、切换语言（Language）、更改控制器 IP（Controller IP）等功能，如图 6-30 所示。

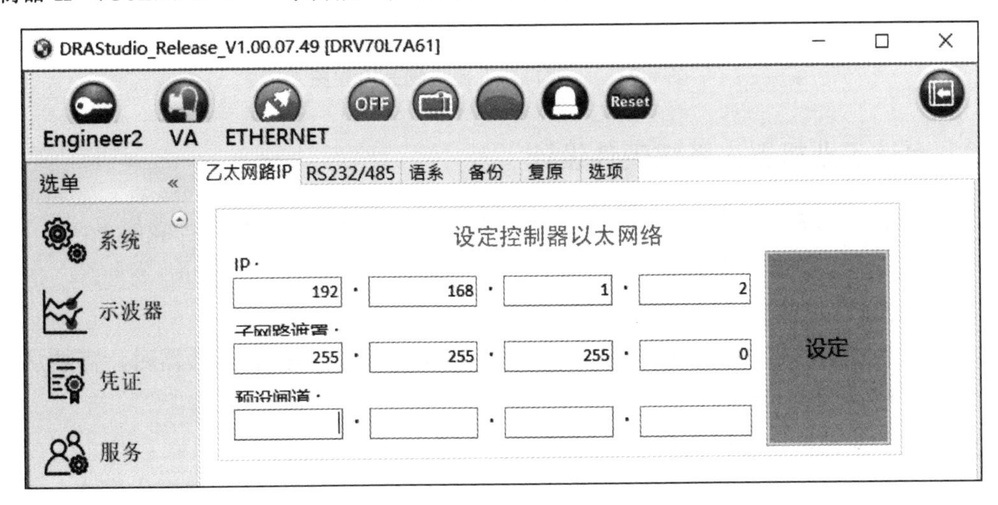

图 6-30　系统设定

视频 6-6　台达机器人示教器操作演示视频

6.5 台达工业机器人应用案例

6.5.1 问题描述

利用台达工业机器人完成物品搬运任务，如图 6-31 所示，其工作过程为：启动→快速移动到初始位置→快速移动到抓取位置附近→直线移动到抓取位置→抓取物料并延时→直线移动到抓取位置附近→快速移动到初始位置→快速移动到放置位置附近→直线移动到放置辅助位置→直线移动到放置位置→放置物料并延时→快速移动到放置位置附近→快速移动到初始位置。按照此过程依次循环。

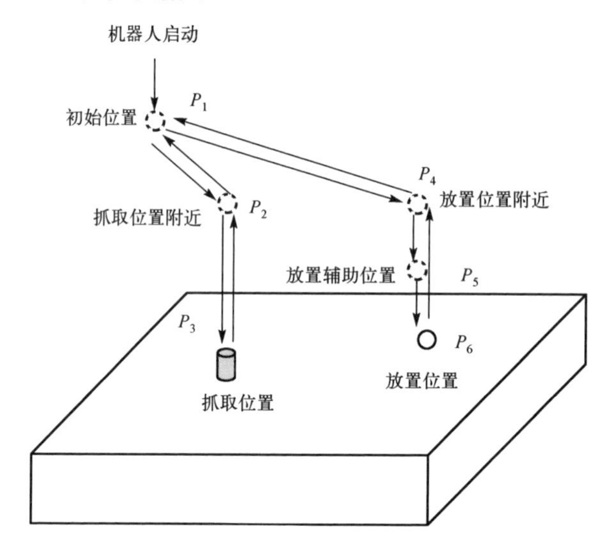

图 6-31 工业机器人搬运物品流程图

6.5.2 台达工业机器人系统硬件设计

台达工业机器人接线图如图 6-31 所示，设计应用系统硬件的基本步骤如下。

（1）完成全防护装置架设。

（2）急停按钮与安全信号确实连接。

（3）手持式示教器确实连接在控制器上，当在没有选购手持式示教器时，需要从配件包中取出手持式示教器短路连接器，并将其安装在手持式示教器连接器上。

（4）将工业机器人与控制器连接好并进行固定。

（5）模式选择配线有 DI4、DI5，共有 Auto、T1 25%、T2 100%三种操作模式，本案例采用 Auto 模式。

（6）DO1 接 DC24V 电磁阀，用于气路控制，实现物料抓取与放置。

（7）电源接单相交流电源（220V～230V、50/60Hz）并确实接地，L、N 为电源线，E 为接地线。

（8）将无熔丝开关由 OFF 向上切换为 ON。

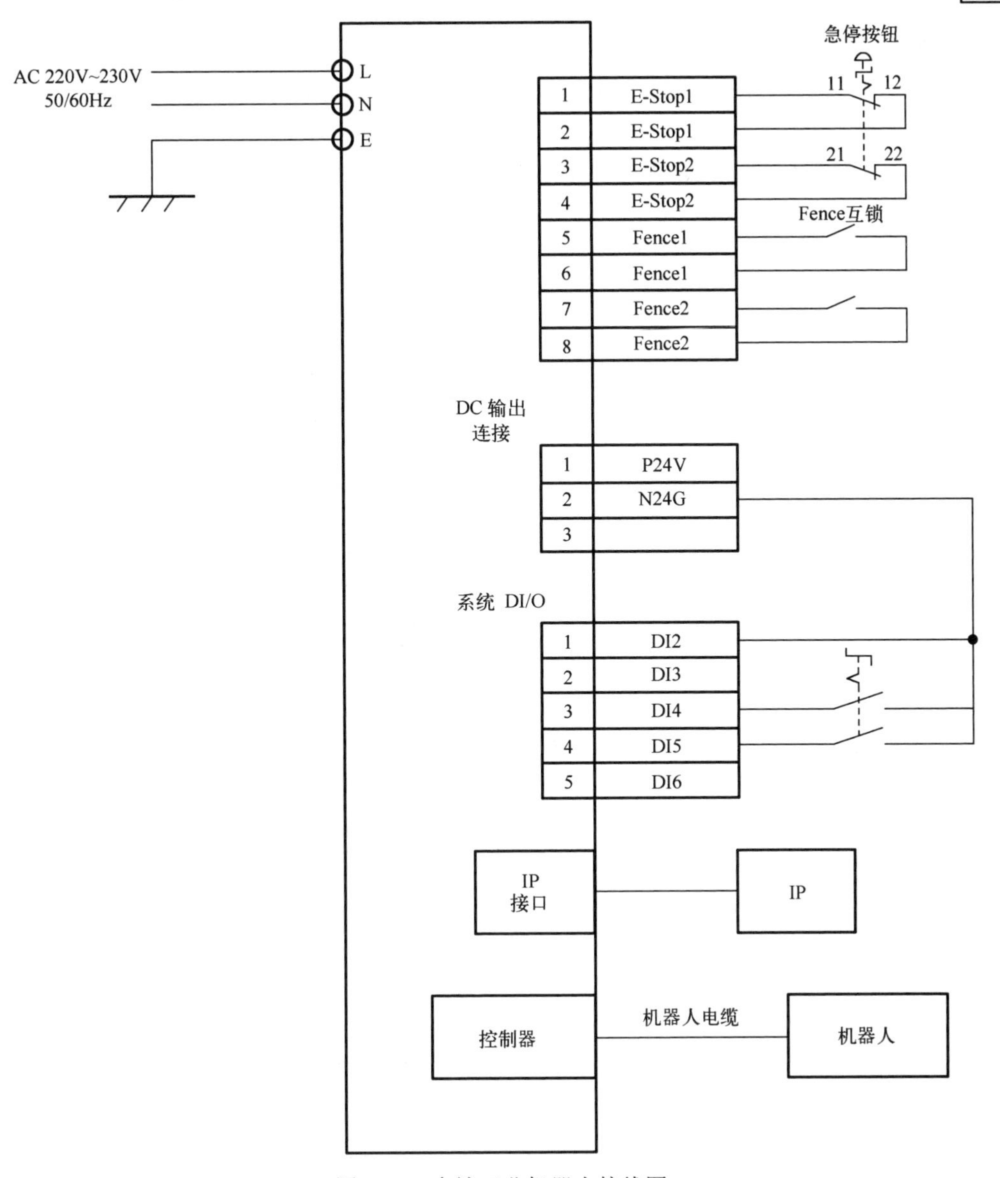

图 6-32　台达工业机器人接线图

6.5.3　台达工业机器人系统软件设计

按照搬运工艺要求对台达工业机器人系统软件进行设计，其步骤如下。

（1）运行软件 DRAStudio。

（2）用户对 DRAStudio 软件的功能需求是不同的。单击“权限设定（Authority）”按钮，弹出“Authority”窗口，即可输入权限密码。

（3）选择合适的工业机器人类型，本案例选择 DRV70L7A61。

（4）选择合适的通信方式，本案例选择以太网通信方式，控制器的 IP 地址为 192.168.1.1。

（5）在“项目”页面，新建抓取项目，并将其命名为 Pick。

（6）在“点位”页面，通过机器人寸动功能确定机器人运动过程中的点位，并建立点位信息保存。点位确定好后可以手动测试点位是否合适，如有偏差可做适当调整。

（7）在“脚本”页面，通过 DRL 语言编写台达机器人运动程序，其程序流程图如图 6-33 所示。编写好 DRL 程序后进行自动运行调试，确保程序正确。

（8）在“项目”页面，将编写好的程序下载到控制器中。

（9）将操作模式切换为 Auto，自动运行编写好的抓放物料的程序。

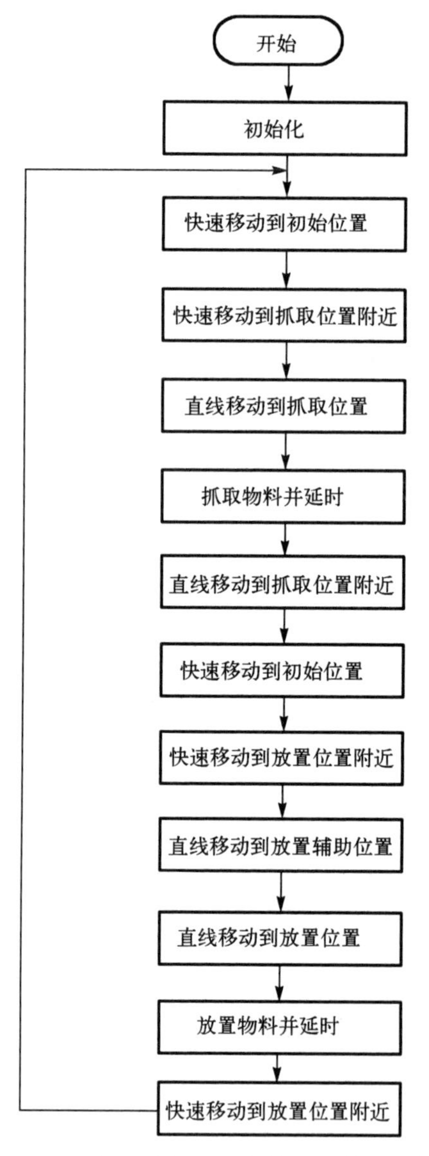

图 6-33　台达工业机器人搬运物料程序流程图

视频 6-7　台达坐标型机器人上下料应用视频

思考题

1．什么是工业机器人？简述工业机器人的特点。

2．常见的工业机器人可以分为哪些类别？分别应用于什么场合？

3．参考台达工业机器人控制器技术手册，绘制台达工业机器人控制器主电路图和控制电路图。

4．如何利用示教器对台达机器人进行在线示教？

5．台达 PLC 与台达工业机器人有哪些系统集成设计方案？

6．台达机器视觉与台达工业机器人有哪些系统集成设计方案？

7．实现智能加工码垛系统，要求可以识别标号不同的工件，并将不同的工件放到不同的货架位置上。试描述此控制系统的硬件组成有哪些？如何设计硬件系统？如何设计软件系统？调试并完成相关功能。

第 7 章

机器视觉技术

机器视觉是计算机科学的重要研究领域之一，结合光、机、电综合应用检测识别技术，发展十分迅速。机器视觉主要研究范畴包括图像特征检测、轮廓表达、基于特征的分割、距离图像分析、形状模型及表达、立体视觉、运动分析、颜色视觉、主动视觉、自标定系统、物体检测、二维与三维物体识别及定位等。其应用范围也日益扩大，涉及到机器人、工业检测、物体识别、医学图像分析、军事导航和交通管理等诸多领域。随着计算机、人工智能、信息处理以及其他相关领域学科的发展，对机器视觉的研究会更加深入。

机器视觉是一项综合技术，包括图像处理、机械工程技术、控制技术、电光源照明、光学成像、传感器、模拟与数字视频技术、计算机软硬件技术等，可以代替人眼做识别、测量、判断。目前，机器视觉主要应用在智能制造领域，其下游应用广泛，已经在汽车制造、消费电子、医疗制药、食品包装、服务机器人、无人驾驶等领域逐步应用起来，未来前景可期。

引用案例

智能无人巡检机器人助力国产大飞机 C919 生产

2022 年 11 月，记者从中国航天科工集团第四研究院了解到，该院所属的江苏金陵智造研究院有限公司自主研发的智能无人巡检机器人（见图 7-1），目前已在上海飞机制造有限公司的国产大飞机 C919 部装厂房投入使用。

图 7-1　智能无人巡检机器人

这款机器人针对飞机制造厂房工装盘点定制研发，搭载了工装巡检模块，其主要功能是根据工装管控系统下发的指令，开展指定区域的工装自动巡检任务，完成工装盘点，并对工装异常的位置进行标记，从而实现对整个厂房内工装的有效管理。

据了解，这款智能无人巡检机器人具备自动巡航、自动跟随、远程操控等多种运动控制模式，可模块化搭载超清网络摄像头、热成像传感器、RFID/蓝牙工装巡检模块等设备。该款机器人具备智能图像识别、智能语音识别等功能，可进行全天候户外作业，在海关巡检查验、武警安防巡逻、厂房物资盘点等领域均有应用。

7.1　机器视觉概述

7.1.1　机器视觉的定义

在地球上，以人类为首的所有动物都能感受外界传来的各种信息，以掌握外界的状况而采取行动。为了感知信息，人类拥有视觉、听觉、嗅觉、触觉、味觉 5 种感觉，也就是所谓的“五感”。虽然人类可以从眼睛、耳朵、鼻子、皮肤、舌头等处获得信息，但是获取信息最多的途径还是依靠视觉。在借助“五感”获得的信息中，大约有 80%来自视觉。长久以来，人类一直梦想着能够制造出具有智能的机器，而智能机器实现的基础就是机器视觉。那么什么是机器视觉呢？美国制造工程师协会（Society of Manufacturing Engineers，SME）机器视觉分会和美国机器人工业协会（Robotics Industries Association，RIA）自动化视觉分会为机器视觉做了如下定义：“机器视觉是通过光学的装置和非接触的传感器自动地接收和处理一个真实物体的图像，以获得所需信息或用于控制机器人运动的装置”。通俗地说，机器视觉就是用机器模拟生物宏观视觉功能，代替人眼来做测量和判断。首先，通过图像传感器将被摄取的目标转化成为图像信号，传送给专用的图像处理系统，根据像素分布、亮度和颜色等信息，转变成数字化信号；随后，图像处理系统对这些信号进行各种运算来抽取目标的特征，如面积、长度、数量、位置等；最后，根据预设的容许度和其他条件（如待检测物品尺寸、角度、偏移量、个数、合格/不合格、有无等）输出结果。从广义上讲，机器视觉包括利用光学装置获取物体的表面及内部信息，并通过计算机系统对这些信息进行分析处理，以实现控制和决策。这不仅包括可见光范围内的信息获取，还涵盖了非可见光，如红外线和超声波，以及人眼无法直接观察的物体内部信息的检测与处理。

科学家们通过研究发现，人脑中许多组织都参与了视觉信息的处理，视觉认知作为一个复杂奥妙的过程，人类对其还知之甚少，因而制造出具有视觉功能的智能机器的梦想也一直难以实现。随着视觉传感技术、信息处理技术和计算机技术等的迅猛发展，具有视觉功能的智能机器开始被人类制造出来，并逐渐形成了机器视觉的学科和产业。对于智能机器而言，赋予其人类视觉功能是极其重要的，于是人们把计算机的快速性、可靠性、结果的可重复性与人类视觉的高度智能化和抽象化能力结合起来，形成一门新的学科——机器视觉。

7.1.2　机器视觉的特点

机器视觉技术是精密测试技术领域内最具有发展潜力的新技术，它综合运用了电子学、光电探测、图像处理和计算机技术，将机器视觉引入到工业检测识别中，具有非接触、速度快、柔性好等突出优点。因此，机器视觉技术在各个领域得到了广泛应用。基于视觉的检测技术在工件自动检测和识别中具有显著优势，相比于红外检测技术、超声波检测技术、射线检测技术和全息摄影检测技术，它更能节省时间和劳动力，同时提升检测的准确性和工作效率。机器视觉还具有以下优点：首先，即使在丢失了绝大部分的信息后，其所提供的关于周围环境的信息仍然比通过激光、雷达、超声波等方式提供的信息更多、更准确；其次，机器视觉的采样周期比超声波、激光雷达等的采样周期都短，所以更适用于工件的在线检测、识别、定位等。基于这些优点，人们对该领域进行了大量研究，并取得了一定成果。

机器视觉的应用领域极为广泛，是实现仪器设备精密控制、智能化、自动化的有力武器，其优点如下。

（1）可实现非接触测量。由于机器视觉采用非接触测量方式，因此对观测者和被观测者都不会产生任何伤害，这样能显著提高系统的可靠性，扩大仪器设备的作用空间。

（2）具有较宽的光谱响应范围。由于人类的视觉感知能力只限于电磁波谱的可视波段，而成像器件的感知范围则可覆盖几乎全部电磁波谱，从γ射线到无线电波，因此成像器件可以对非人类习惯的那些图像源进行加工，这些图像源包括超声波、电子显微镜及计算机产生的图像，从而扩大了人类的视觉范围。

（3）能够长时间工作。人类的体力和精力所限，难以长时间、高质量地对同一对象进行观察。机器视觉则不然，它可以长时间地执行观测、分析与识别任务，并可工作在恶劣的环境中。

7.1.3 机器视觉的应用

机器视觉可用来保证产品质量、控制生产流程、感知环境等，在工业检测、机器人视觉、农产品分拣、医学、军事、航天、气象、天文、安全等领域应用广泛，几乎覆盖国民经济的各个行业。

1. 机器视觉在电子半导体行业中的应用

电子行业属于劳动密集型行业，需要大量人员完成检测工作，而随着半导体工业大规模集成电路日益普及，制造业对产量和质量的要求日益提高，在需要降低生产力成本的前提下，机器视觉扮演着不可或缺的角色。机器视觉在电子半导体行业中的应用案例如下。

（1）对 IC 表面字符的识别及对引脚数目的检测、长短引脚的判别和对引脚间距离的检测。连接器引脚计数检测如图 7-2 所示。

（2）在高速贴片机上，对电子组件的快速定位。

（3）在精密电子组件上，对微小异物和缺陷的检测和芯片单品合格与否的判定。

2. 机器视觉在汽车制造业中的应用

随着汽车制造工艺的日益复杂，汽车制造商对零部件的质量提出了更高要求，面对市场竞争和客户高标准的要求，制造商和零部件供应商必须借助高效可靠的检测手段来避免不合格零部件的生产，其中机器视觉是最值得关注的方法之一。在汽车电子产品的接插件生产过程中，对生产效率和成品尺寸精度都有较高要求，机器视觉能够 24 小时在线检测。机器视觉在汽车制造业中的应用案例如下。

（1）对汽车总装和零部件的检测，包括对零部件尺寸、外观、形状的检测；对总成部件错漏装、方向、位置的检测；对读码、型号、生产日期的检测；对总装配合机器人焊接导向和质量的检测；对轴承生产中滚珠数量的计数、滚珠间隙的检测和滚珠及内外圈破损的检查；在生产轴承密封圈过程中对焊接的光洁度和是否有凹陷、裂缝、膨胀及不规则颜色的检测；对电气性能和功能的检测。对轴承滚珠的计数如图 7-3 所示。

（2）对汽车仪表盘的检测，包括对仪表盘指针角度的检测和对指示灯颜色的检测等。

（3）对发动机的检测，如对机加工位置、形状和尺寸大小的检测；对活塞标记方向和型号的检测；对曲轴连杆、字符、型号的检测；对缸体/缸盖读码、字符、型号的检测等。

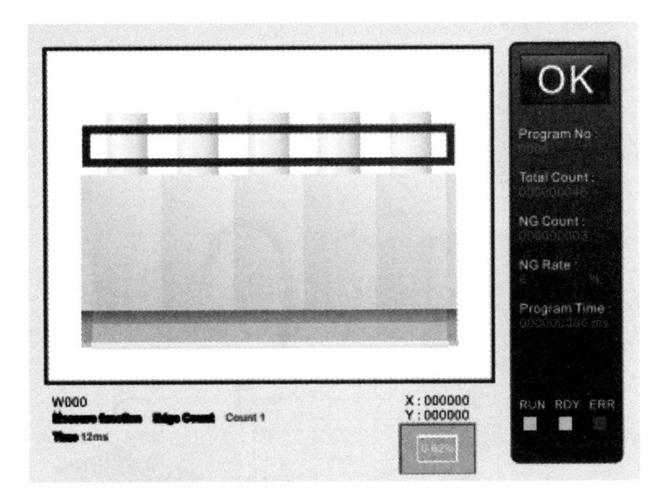

图 7-2　连接器引脚计数检测

（图片来源：中达电通股份有限公司 DMV 系列机器视觉系统检测应用技术手册）

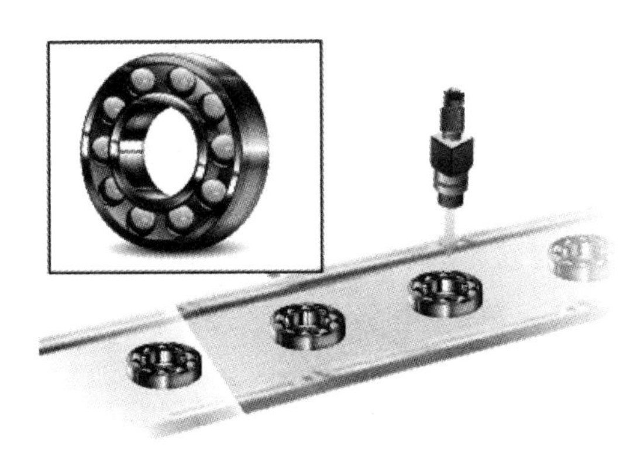

图 7-3　对轴承滚珠的计数

（图片来源：中达电通股份有限公司 DMV 系列机器视觉系统检测应用技术手册）

3. 机器视觉技术在流水线生产中的应用

机器视觉在各类流水线生产中有着广泛的应用，流水线生产的应用案例如下。

（1）瓶装啤酒生产流水线检测系统：可以检测啤酒是否达到标准容量、标签是否完整。

（2）螺纹钢外形轮廓尺寸的探测系统：以频闪光作为照明光源，利用面阵和线阵 CCD（Charge-Coupled Device，电荷耦合器件）作为螺纹钢外形轮廓尺寸的探测器件，实现热轧螺纹钢几何参数的在线动态检测。

（3）轴承实时监控系统：实时监控轴承的负载和温度变化，消除过载和过热等危险。

（4）引导机器人定位检测系统：利用机器视觉检测工件位置，机器人根据位置坐标进行定位焊接、抓取、钻孔、拧螺丝等操作，如图 7-4 所示。

（5）医药包装检测系统：对包装袋表面条形码的读取和生产日期的检测；对药片的外形及其包装情况的检测；对胶囊生产的壁厚和外观的检测。

（6）零部件测量系统：应用于长度测量、角度测量、面积测量等方面。

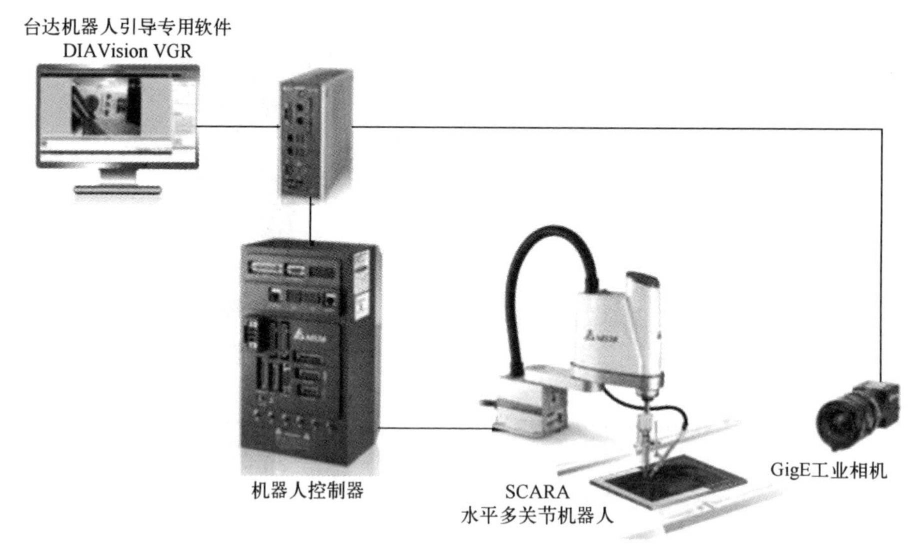

图 7-4　引导机器人定位检测系统

（图片来源：中达电通股份有限公司 DMV 系列机器视觉系统检测应用技术手册）

机器视觉的出现极大地提高了生产质量，将企业从劳动依赖中解放出来，实现自动生产、检测，在降低劳动力成本、应对市场竞争、提高效率等方面起到积极的推动作用。随着行业特点不断被挖掘，各行各业对于机器视觉技术的需求不断增加，这意味着机器视觉具有非常好的市场前景。

视频 7-1　锁螺丝机器人工作站视频

视频 7-2　台达垂直多关节机器人外观检测工作站视频

7.2　机器视觉硬件系统

机器是指由各种金属和非金属部件组成的装置。光作用于视觉器官，使其感受细胞兴奋，然后经神经系统加工后便产生视觉。视觉中的“视”指光源、镜头、相机、图像采集卡等硬件系统，“觉”则指感知、分析、理解等软件。机器视觉是一个系统概念，是人工智能的一个分支，是集现代先进控制技术、计算机技术、传感器技术于一体的光、机、电技术。

一个完整的机器视觉系统包括工业相机、镜头和光源等设备，该系统首先通过这些设备将拍摄目标转换为图像信号，并传输给图像处理系统。图像处理系统将这些图像信号根据像素分布、亮度和灰度等信息转换为数字信号。随后，机器视觉系统根据具体需求对这些数字信号进行分析，提取出目标特征。最后，根据这些特征的分析结果，机器视觉系统控制现场设备执行相应的操作。

7.2.1 光源

光源是影响机器视觉系统输入的重要因素，它直接影响输入数据的质量和应用效果。由于没有通用的机器视觉光源照明设备，因此针对每个特定的应用实例，要选择相应的照明装置，以达到最佳的效果。光源分为可见光源和不可见光源，常见的几种可见光源有白炽灯、日光灯、水银灯和钠光灯，可见光源的缺点是光能不稳定，所以如何使光能在一定程度上保持稳定是目前急需解决的问题。另外，因为环境光有可能影响图像质量，所以可采用增加防护屏的方法来减少环境光对光源的影响。

1. 影响光源的因素

（1）对比度。对比度对机器视觉来说非常重要，机器视觉应用照明的最重要的任务就是使需要被观察的特征与需要被忽略的图像特征之间产生最大的对比度，从而易于区分特征。

（2）亮度。当选择两种光源时，最佳的选择肯定是更亮的那个光源。因为当光源亮度不够时，就会出现以下三种情况：①相机的信噪比不够；②图像的对比度不够，在图像上出现噪声的可能性也随之增大；③光源的亮度不够，必然需要增大光圈，从而减小景深，并且自然光也会随机对系统产生影响。

（3）鲁棒性。测试光源好坏的方法是看光源是否对部件的位置敏感度最小。当光源放置在摄像头视野的不同区域或不同角度时，图像不会随之变化，这样的光源为好的光源。方向性很强的光源增大了对高亮区域的镜面反射发生的可能性，这不利于后面的特征提取。在很多情况下，好的光源需要在实际工作中与其在实验室中有相同的效果。

（4）光源可预测。当光源入射到物体表面时，光源是可以被预测的，光可能被吸收或被反射。光可能被完全吸收（黑金属材料的表面难以照亮）或者被部分吸收（造成了颜色的变化及亮度的不同）。不被吸收的光源就会被反射，并且入射光的角度等于反射光的角度。

（5）物体表面。如果所有物体表面都是相同的，那么在解决实际应用时就没有必要采用不同的光源了，但由于物体表面的不同，因此需要观察视野中的物体表面，并分析光源入射后的反射效果。

（6）光源的位置。既然光源按照入射角反射，那么光源的位置对获取高对比度的图像很重要，光源的目标是使感兴趣的特征与其周围的背景对光源的反射不同。通过观察预测光源在物体表面的反射效果就可以确定光源的位置。

（7）选择光源。根据照明形状的需要来选择光源，需要光源有足够的均匀度，并且稳定性要好。

2. 光源的分类

（1）按照射方法分类。按照射方法可将光源分为背向照明、前向照明和同轴照明等，常见光源类型如图 7-5 所示。其中，背向照明是将被测物放在光源和摄像机之间，它的优点是能获得高对比度的图像；前向照明是光源和摄像机位于被测物的同侧，这种方式便于安装；同轴照明是指照明光线平行地穿越固定式同轴镜头的垂直面，对于观察非常平整或抛光的表面是非常理想的。

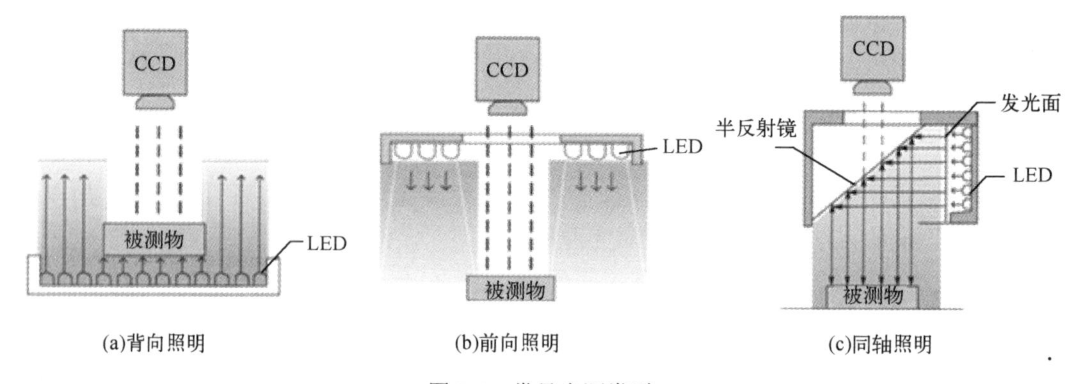

图 7-5 常见光源类型

（2）按形状分类。

① 环形光源：环形光源提供不同照射角度、不同颜色组合，更能突出物体的三维信息；高密度 LED 灯阵列的高亮度；多种紧凑设计，节省安装空间；解决对角照射阴影问题；可选配漫射板导光，光线均匀扩散。

② 条形光源：条形光源是较大方形结构被测物的首选光源，颜色可根据需求搭配、自由组合，照射角度与安装位置随意可调。

③ AOI 专业光源：不同角度的三色光照明，照射凸显三维信息；外加漫射板导光，减少反光不同角度组合。

④ 球积分光源：具有积分效果的半球面内部，均匀反射从底部 360° 反射出的光线使整个图像的照度十分均匀。

⑤ 线性光源：超高亮度，采用柱面透镜聚光，适用于各种流水线连续检测场合。

⑥ 点光源：大功率 LED 灯，体积小，发光强度高；是前卤素灯的替代品，尤其适合作为镜头的同轴光源，具有高效散热装置，大大延长光源的使用寿命。

7.2.2 镜头

常见工业镜头如图 7-6 所示。

图 7-6 常见工业镜头

1. 工业镜头的选择

在选择工业镜头时，需要考虑以下参数。

（1）视场：即 FoV（Field of View），也称视野范围，是指观测被摄物的可视范围，也就是充满相机采集芯片的物体部分。

（2）工作距离：即 WD（Working Distance），是指从镜头前部到被摄物的距离，即清晰成像的表面距离。

（3）分辨率：图像系统可以测到的被摄物上的最小可分辨率特征尺寸，在大多数情况下，视野越小，分辨率越高。

（4）景深：即 DoF（Depth of Field），被摄物离最佳焦点较近或较远时，镜头保持所需分辨率的能力。

（5）焦距（f）：是光学系统中衡量光的聚集或发散的度量方式，是指从透镜的光心到光聚焦的焦点的距离，也是指照相机中从镜片中心到底片或 CCD 等成像平面的距离。

焦距变化对相关参数的影响：焦距越小，景深越大；焦距越小，畸变越大；焦距越小，渐晕现象越严重，使图像差边缘的照度降低。

（6）失真：又称为畸变，是指被摄物平面内的主轴直线，经光学系统成像后变为曲线，则此光学系统的成像误差称为畸变，畸变像差只影响图像的几何形状，而不影响图像的清晰度。

（7）光圈与 F 值：光圈是一个用来控制镜头通光量的装置，它通常是在镜头内。用 F 值表示光圈的大小，如 F2、F4。

2. 工业镜头的接口

工业镜头的接口类型如图 7-7 所示。

（1）C 型（见图 7-7（a））：C 型接口镜头与摄像机接触面至镜头焦平面（摄像机 CCD 光电感应处的位置）的距离（简称接口距离）约为 17.5mm。

（2）CS 型（见图 7-7（b））：CS 型的接口距离约为 12.5mm，CS 型镜头与 CS 型摄像机可以配合使用。可以在 C 型镜头与 CS 型摄像机之间增加一个 5mm 的 C/CS 转接环。CS 型镜头与 C 型摄像机无法配合使用。

（3）F 型：通用型接口，一般适用于焦距大于 25mm 的镜头。

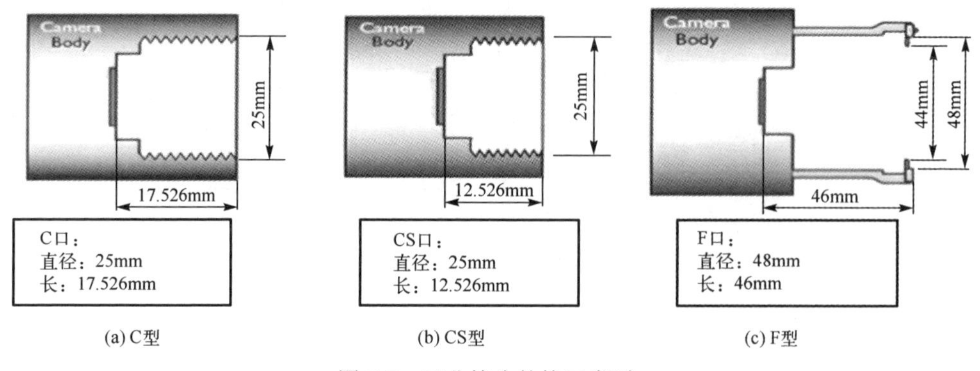

(a) C型　(b) CS型　(c) F型

图 7-7　工业镜头的接口类型

7.2.3　相机

按照不同标准可以将相机分为：标准分辨率数字相机和模拟相机等。要根据不同的实际应用场合选择不同类型和分辨率的相机，如线扫描 CCD 和面阵 CCD、单色相机和彩色相机。

在完整的机器视觉系统中，工业相机与民用相机相比，具有更强的图像稳定性、工作持续性以及环境适应性，是机器视觉领域的关键部件，主要用于工业成像。工业相机的工作原理是被摄物反射光线，经过镜头折射在感光传感器上（CCD 或 CMOS）产生模拟电流信号，此信号经过 A/D 转换器被转换成数字信号，然后传递给图像处理器得到图像，最后通过通信接口传入计算机中，以便后续进行图像处理分析。

工业相机按照不同的指标有诸多分类，按图像处理器芯片类型可以分为 CCD 相机、CMOS 相机；按输出信号形式可以分为模拟相机、数字相机；按成像色彩可以分为彩色相机、黑白相机；按像素排列方式可以分为面阵相机、线阵相机；按扫描方式可以分为隔行扫描相机、逐行扫描相机；按图像处理方式可以分为直接显示工业相机、智能相机；按响应频率可以分为光相机、红外相机、紫外相机等；按接口类型可以分为 USB2.0 相机、USB3.0 相机、1394A 相机、1394B 相机、GigE 相机、Camera Link 相机。

模拟相机的输出格式是模拟信号，一般搭配模拟采集卡才能在图像上进行显示。模拟信号的输出主要有两种标准：PAL（Phase Alternating Line，相位交替线）和 NTSC（National Television System Committee，国家电视系统委员会），对于黑白相机，PAL 相对应的是 CCIR（International Radio Consultative Committee，国际无线电咨询委员会）标准，而 NTSC 则对应 EIA（Electronic Industries Alliance，电子工业联盟）标准。相比于模拟相机，数字相机在机器视觉领域的应用更为广泛。当彩色相机成像图像为彩色图像时，可以将色彩模式换成 MONO（Monochrome 的缩写，指单色或黑白模式）模式，即当作黑白相机使用，而黑白相机在机器视觉应用较为广泛。根据芯片种类可以将彩色相机主要的图像传感器分为 CCD 和 CMOS 图像传感器。两者都是使用光敏二极管进行光电转换的，但在工作原理和产品特性上存在较大差别。

1. CCD 工作原理

CCD 是电荷耦合器件的简称，在感光像点接收光照后，感光元件产生对应的电流，电流大小与光强对应，因此感光组件直接输出的电信号是模拟信号。在 CCD 传感器中，每个感光组件都不对此做进一步处理，而是将它直接输出到下一个寄存器，结合该组件生成的模拟信号输出给第三个寄存器，以此类推，直到结合最后一个寄存器，才能形成统一的输出。

由于感光组件生成的电信号太过微弱，再加上在此过程中会产生大量电压损耗而无法直接进行 A/D 转换，因此必须对这些输出数据进行统一的放大处理。该任务是由 CCD 传感器中的放大器专门负责的，经放大器处理之后，每个像点的电信号强度都获得同样幅度的增大；因电信号只通过一个放大器放大，所以产生的噪点较少。并且由于 CCD 本身无法将模拟信号直接转换为数字信号，因此还需要一个专门的 A/D 转换芯片进行处理，最终以二进制数字图像矩阵的形式输出给专门的 DSP 芯片处理。

2. CMOS 工作原理

CMOS 是互补金属氧化物半导体的简称，CMOS 传感器中的每个感光组件都直接整合了放大器和 A/D 转换器。当感光二极管接收光照、产生模拟电信号后，电信号首先被该感光组件中的放大器放大，然后直接被转换成对应的数字信号。换句话说，在 CMOS 传感器中，每个感光组件都可产生最终的数字输出，所得数字信号合并之后会被直接送至 DSP 芯片处理。

但 CMOS 感光组件中的放大器属于模拟器件，无法保证每个像点的放大率都保持严格一致，以致放大后的图像数据无法代表拍摄物体的原貌。体现在最终的输出结果上，就是图像中出现大量的噪声，其品质明显低于 CCD 传感器的，不过目前这方面的问题已解决。并且由于 CCD 是统一放大信号，因此其噪声小，而 CMOS 是各个感光元器件单独放大信号，导致噪声较大，但是 CMOS 传感器具有分辨率高、成本低、体积小等优点。

随着 CMOS 传感器在消费电子设备的广泛应用，CMOS 技术发展加速，其性能已经显著提高，且制造成本大幅下降。CMOS 目前在传感器的图像质量和分辨率已经逐渐不落后于 CCD，且其保持了本身的固有优势，目前在工业相关展会上，很难看到 CCD 的身影，也侧面说明 CMOS 会是未来工业相机传感器的主流。

7.2.4 机器视觉图像处理平台

典型的机器视觉图像处理平台可分为两大类：PC 式视觉系统或称为板卡式机器视觉系统（PC-Based Vision System），以及嵌入式机器视觉系统也称为智能相机（Smart Camera）或视觉传感器（Vision Sensor）。

1. PC 式视觉系统

PC 式视觉系统是一种基于个人计算机（PC）的视觉系统，一般由光源、光学镜头、CCD 相机（或 CMOS 相机）、图像采集卡、图像处理软件及一台 PC 构成。基于 PC 的机器视觉应用系统尺寸较大、结构复杂，开发周期较长，但可达到理想的精度及速度，能实现较为复杂的系统功能。图像采集卡只是完整的 PC 式视觉系统的一个部件，但是它扮演非常重要的角色，图像采集卡的类型直接决定了可以连接到其上的摄像头的接口类型，包括黑白摄像头、彩色摄像头、模拟摄像头和数字摄像头等。比较典型的是 PCI 或 AGP 兼容的捕获卡，可以将图像迅速地传送到计算机存储器进行处理，有些采集卡有内置的多路开关。例如，可以连接 8 个不同的摄像机，然后告诉采集卡采用哪一个相机抓拍到的信息。有些采集卡有内置的数字输入以触发采集卡进行捕捉，当采集卡抓拍图像时，数字输出口就触发闸门。

2. 嵌入式机器视觉系统

所谓嵌入式机器视觉系统是指一种利用视觉方法分析周边环境的机器，主要涉及两种技术：嵌入式视觉系统和计算机视觉系统。嵌入式视觉系统具有易学、易用、易维护、易安装等特点，可在短期内构建起可靠而有效的机器视觉系统，从而极大地提升应用系统的开发速度。

自 20 世纪 90 年代以来，随着微处理器和半导体技术的快速发展，机器视觉技术也随之螺旋式上升。这些技术最初在欧美广泛应用于图像处理领域，并逐渐演变成今天我们所熟知的机器视觉技术。当在通用计算机上集成机器视觉系统时，涉及照明、成像、图像数字化、图像处理算法、软硬件等多门技术，对技术人员提出了极高的要求。若使用嵌入式机器视觉系统，则软硬件配置变得灵活，开发环境与程序更加通用。这不仅便于增加生产量和扩展生产线，还令生产柔性得到极大提升，使企业能够快速响应对机器视觉技术的普遍需求。

7.3 机器视觉软件系统

7.3.1 数字图像处理

数字图像处理是基于数字计算机利用特定算法来处理数字图像的过程。作为数字信号处理的子类别或领域，数字图像处理比模拟图像处理具有更多优势，它允许将更广泛的算法应用于输入数据，并且可以避免在处理过程中产生噪声和失真之类的问题。

允许在数字图像处理过程中使用更复杂的算法，故数字图像处理既可以在简单任务上提供更复杂的性能，又可以实现模拟方式无法实现的效果。图像是事件或事物的一种表示、写真或临摹，或一个生动的或图形化的描述。图是物体透射光或反射光的分布。像是人的视觉系统对图的接收在大脑中形成的印象或认识。图像是图和像的结合，是客观景物通过某种系统的一种映射。从广义上说，图像是自然界景物的客观反映。按照空间坐标和亮度（或色彩）的连续性可以将图像分为模拟图像和数字图像。

（1）模拟图像（物理图像）：是指直接从观测系统（输入系统）获得未经采样和量化的图像；模拟图像在空间分布和亮度取值上均为连续分布。

（2）数字图像：是指图像的数字表示或经过采样和量化的图像，像素就是离散单元，量化的灰度就是数字量值。

数字图像处理就是利用计算机处理所获取视觉信息的技术，它依赖于计算机和其他相关技术（如数据存储，显示和传输）的发展。光电图像处理不仅包含数字图像处理的全部内容，还需要考虑和涉及图像的采集、处理、显示、传输、存储等一体化系统及光电领域的各种应用技术等。

可将一幅图像定义为一个二维函数 $f(x,y)$，其中 x,y 是空间坐标，而在任意一对空间坐标 (x,y) 处的幅值称为图像在该点处的强度或灰度。当 x,y 和灰度值 f 是有限离散数值时，称该图像为数字图像。数字图像是由有限个元素组成的，每个元素都有特定的位置和幅值，这些元素称为像素。数字图像处理涉及的相关概念如下。

（1）采样与量化：所谓的图像数字化，是指将模拟图像经过离散化后，得到用数字表示的图像。图像的数字化包括空间离散化（即采样）和明暗表示数据的离散化（即量化）。对坐标的数值化称为取样；对幅值的数字化称为量化。

（2）分辨率：是指区分图像中的目标物细节的程度。图像分辨率包括空间分辨率和幅度分辨率，分别由图像的采样和量化决定。空间分辨率是图像中可辨别的最小细节的度量。灰度分辨率是灰度级中可分辨的最小变化。

（3）图像增强：通过某种技术有选择的突出对某个具体应用有用的信息，削弱或抑制一些无用的信息。图像增强技术可以基于图像的灰度直方图进行，根据处理方式的不同，可以分为两种方法：空域处理和频域处理。空域处理直接作用于图像的像素，而频域处理则先转换图像的频率信息，再在频域中进行修改。常用的彩色增强技术有真彩色增强技术、假彩色增强技术、伪彩色增强技术。

（4）图像的加、减、乘、除操作：相加用于平滑噪声，相减用于增强差别，相乘用于矫正阴影和模板操作，相除用于调整图像的亮度和对比度。

（5）直方图均衡化：对在图像中像素个数多的灰度级进行展宽，而对像素个数少的灰度级进行缩减，从而达到使图像变清晰的目的。

（6）直方图匹配：也称直方图规定化。是指使原图像灰度直方图变成规定形状的直方图，而对图像做修正的增强方法。

（7）空域滤波：是指利用像素及像素邻域组成的空间进行图像增强的方法，其原理是对图像进行模板运算。模板运算的基本思路是将赋予某个像素的值作为它本身灰度值和其相邻像素灰度值的函数。

7.3.2　图像处理软件

通过底层算法实现目标适配的图像处理软件是用于处理图像信息的各种应用软件的总称，工业视觉软件可以对数字信号进行各种运算来抽取目标特征，进而根据判断结果来控制现场设备，使现场设备自动完成图像采集、显示、存储、处理等流程。处理获取的图像信息（即视觉信号）是机器视觉系统的关键所在，不同的机器视觉图像处理软件有不同的目标倾向，最终通过图像处理算法实现对被测物体的识别、定位、测量、检测等功能。

机器视觉系统在行业应用中的功能主要有三大类：定位、测量及缺陷检测，而机器视觉技术在完成这一系列应用时都离不开图像处理这一重要环节。图像处理包括图像识别、图像描述、图像增强、图像复原、图像分割和图像分析等一系列具体功能，而这些功能都为机器视觉系统的应用提供了不同的辅助手段。在定位过程中，图像识别强大的搜索功能可以在最短的时间内准确定位目标；在测量服务中，图像增强能更好地提取测量目标的主要特征；图像分析是直接参与测量的有效工具；在缺陷检测环节，若没有图像处理，则缺陷检测将无法实现，对比更是无从谈起。

图像处理软件是处理图像的重要工具，通过该软件对采集到的图像进行分析处理，从而实现对产品的监控、检测、筛选与测量等。因此，图像处理软件作为机器视觉系统接力的最后一棒，是实现自动化、智能化最为关键的一步，有着举足轻重的地位。

目前，图像处理软件主要由外国品牌厂商主导，国内厂商大多对这些软件进行二次开发后再使用。美、德系的 Cognex、Keyence、NI 等公司提供了主要的图像处理软件，该软件的底层算法基本上被垄断。国内的图像处理软件一般是在 OpenCV 等开源算法库或者 Halcon、VisionPro、NIvision 等第三方商业算法库的基础上进行二次开发的。独立的底层算法具有较高的技术壁垒，国内厂商仅有创科视觉、维视图像、奥普特、海康威视、众为兴等少数机器视觉企业完成了底层算法的研究并有一定应用。

7.4 台达机器视觉设备

台达 DMV 系列机器视觉系统（见图 7-8）针对自动化生产线的需求，提供产品质量的瑕疵检测、外观尺寸量测、工件计数、识别确认，以及自动化对位组装等多项视觉检测功能。使用者可通过 DMV 图像处理控制器的内部多任务运算处理能力，搭配人性化的操作界面以及多样化的机器视觉检测功能进行作业。DMV 图像处理控制器的检测功能包括面积检测，边缘位置检测，距离、计数、角度、瑕疵及斑点检测，图形比对，轮廓比对，字符辨识，坐标、角度运算，寻边量测，以及自动定位、坐标搜寻等多项功能，有效解决生产线因操作人员疲劳或疏忽造成的误判，或是检测出人眼无法辨识的产品缺陷，以及精准组装高精密产品等问题，全面提升产品质量、减少客退件数、提高设备产能及降低人力成本。通过 DMV 图像处理控制器的视觉检测工具可以检测产品质量及提高整个自动化生产在线的效率，并且可以有效地应用于一般产业机械、汽车工业、橡塑料制造、医药、食品、印刷、包装产业、金属加工、机械手臂整合应用、TFT、半导体、太阳能等其他相关电子产业，保障各种产业生产的产品质量，使用户满意。

图 7-8 台达 DMV 系列机器视觉系统

台达 DMV 系列机器视觉系统的输入是嵌入式机器视觉检测系统，包括 DMV1000G、DMV2000、DMV3000G 共三个系列。

1．DMV1000G

DMV1000G 系列机器视觉系统简单、好上手，无须特殊复杂的设定，内置闪光灯定时输出控制及双相机同步运行功能，可以大幅降低机器视觉系统的硬件开发成本。DMV1000G 系列机器视觉系统可通过以太网、串行式工业网络通信接口及 I/O 接口输出，将检测完成的数据回传至 PLC 及各种类型的上位控制器，能快速应用于自动化系统中。

2．DMV2000

DMV2000 系列机器视觉系统采用高速 Camera Link 接口相机，比以往支持更多的通信接口，可以快速连接外部设备。多部相机可以同时并行执行任务，提高效率与降低开发成本。在编写程序过程中，用户可自行定义运转模式的显示、工作接口，这样可以提高弹性及灵活度。

3．DMV3000G

DMV3000G 系列机器视觉系统提供智能型、人性化的工作接口，并采用台达自制 GigE 相机，达到更高的传输速率，并保留 DMV1000、DMV2000 系列机器视觉系统最优质的功能，为用户提供更完整的视觉检测方案。

7.4.1　台达 DMV 系列机器视觉系统的组成

台达 DMV2000 系列机器视觉系统主要由控制器本体、操作鼠标、摄影机、传输线、镜头、光源及调光器等基本部件组成。

1．摄影机

台达 DMV2000 系列机器视觉系统配套摄影机采用 CAMERA_LINK 传输接口，摄影机上标准配备 CH1 和 CH2 共两个传输接口。当只使用一条传输线时，需要将其接在 CH1 接口。若需要提升摄影机的传输速率时，需要将摄影机上的 CH1 和 CH2 接口同时经由两条传输线接至 DMV2000 主机接口（如同时连接到 DMV2000 的 CAMERA-1 和 CAMERA-2 接口）。台达 DMV2000 系列机器视觉系统配套摄影机规格如表 7-1 所示。

表 7-1　台达 DMV2000 系列机器视觉系统配套摄影机规格

型号	像素/万	彩色	芯片类型	接口	帧率/fps	芯片尺寸/μm
DMV-CM30CCL	30	彩色	1/3" COMS	C mount	480	7.4
DMV-CM30GCL	30	灰阶	1/3" COMS	C mount	480	7.4
DMV-CM2MCCL	200	彩色	2/3" COMS	C mount	295	5.5
DMV-CM2MGCL	200	灰阶	2/3" COMS	C mount	295	5.5
DMV-CM4MCCL	400	彩色	1" COMS	C mount	159	5.5

续表

型号	像素/万	彩色	芯片类型	接口	帧率/fps	芯片尺寸/μm
DMV-CM4MGCL	400	灰阶	1" COMS	C mount	159	5.5
DMV-CD5MCCL	500	彩色	2/3" CCD	C mount	16	3.45
DMV-CD5MGCL	500	灰阶	2/3" CCD	C mount	16	3.45
DMV-CM4MCCL	1200	彩色	1.76" COMS	F mount	50	5.5
DMV-CM4MGCL	1200	灰阶	1.76" COMS	F mount	50	5.5

2. 镜头

根据摄影机类型选择合适的镜头，台达 DMV2000 系列机器视觉系统配套镜头规格如表 7-2 所示。

表 7-2 台达 DMV2000 系列机器视觉系统配套镜头规格

型号	摄像机像素/万	影像尺寸	焦距/mm	接口
DMV-LN06W40	30	2/3"	6	C mount
DMV-LN08W40	30	2/3"	8	C mount
DMV-LN12W40	30	2/3"	12	C mount
DMV-LN16W40	30	2/3"	16	C mount
DMV-LN25W40	30	2/3"	25	C mount
DMV-LN35W40	30	2/3"	35	C mount
DMV-LN50W40	30	2/3"	50	C mount
DMV-LN75W40	30	2/3"	75	C mount
DMV-LN100W40	30	2/3"	100	C mount
DMV-LN05M	200	2/3"	5	C mount
DMV-LN08M	200	2/3"	8	C mount
DMV-LN12M	200	2/3"	12	C mount
DMV-LN16M	200	2/3"	16	C mount
DMV-LN25M	200	2/3"	25	C mount
DMV-LN35M	200	2/3"	35	C mount
DMV-LN50M	200	2/3"	50	C mount
DMV-LN12M06	400、500	1"	12	C mount
DMV-LN16M06	400、500	1"	16	C mount
DMV-LN25M06	400、500	1"	25	C mount
DMV-LN35M06	400、500	1"	35	C mount
DMV-LN50M06	400、500	1"	50	C mount

3. 光源

根据应用案例需要选择合适的光源，台达 DMV2000 系列机器视觉系统配套光源主要组成如下。

（1）环形光源。环形光源分为红色光（DMV-DR6736R）和白色光（DMV-DR6736W）两种类型，可以通过选配扩散板（DMV-DR6736D）来优化光源照射效果。环形光源的照射角度为 30°，内径为 36mm，外径为 67mm，适用于一般表面照明。

（2）同轴光源。同轴光源主要为白色光（DMV-CX40W），其玻璃窗口的尺寸为 40mm×40mm，适用于高反射性（如金属）表面照明。

（3）背光板。背光板主要为红色光（DMV-BL60R），其尺寸为 60mm×60mm，适用于在测量尺寸时的打光照明。

（4）电源供应器。电源供应器为光源提供合适的电源，自带闪光灯控制功能，主要分为一通道输出（DMV-PS12C1）和两通道输出（DMV-PS12C2），根据需要可以选配电源延长线（DMV-CA30P）。

7.4.2　台达 DMV 系列机器视觉控制器

台达 DMV2000 系列机器视觉控制器提供高速、精准、多任务运算处理能力，具有智能型、人性化的操作接口和多点 I/O 接口，并且支持标准工业网络接口（Ethernet、RS-232、RS-485）及具有多样化的机器视觉检测功能，主要具有以下特点。

（1）多部摄影机可以同时多任务并行，提高效率与降低开发成本。

（2）具有影像自动更正与镜头失真补偿功能。

（3）具有新一代人性化操作接口，快速建立视觉检测系统。

（4）具有智能型操作流程与接口，节省开发时间。

（5）内建多功能视觉开发工具模块，不需自行编写复杂程序。

（6）提供数字 I/O 接口及光源控制模块，满足各种应用场合。

（7）硬件规格优于同等级系列产品，实现高速运算处理。

（8）采用高速 Camera Link 接口相机。

（9）支持工业以太网络、RS-232、RS-485 通信接口，快速连接外部设备。

（10）通过工业级标准认证，其系统可靠度优于 PC-Based 系统的可靠度。

（11）内建 PLC 通信链接功能，可自动交换数据，无须编写通信程序。

（12）自行定义运转模式中的显示与操作接口。

台达 DMV2000 系列机器视觉控制器规格如表 7-3 所示。

表 7-3　台达 DMV2000 系列机器视觉控制器规格

型号		DMV2000 系列
输入电源		DC24V
消耗电流		2 部摄影机：3.4A 以下；4 部摄影机：4A 以下
冷却方式		风扇冷却
摄影机	形式	Camera Link 数字彩色/灰阶摄影机
	分辨率	30 万像素、200 万像素、400 万像素、500 万像素、1200 万像素
	连接数目	最多连接 DMV2000-CL2-HS 2 台 最多连接 DMV2000-CL4-HS 4 台
项目数目		内部存储器：1000 组 记忆卡：视空间大小而定，上限为 9999 组 可由 I/O 接口及通信（RS232/485、以太网）方式切换
检测窗	数目	最大 1000 个/项目

续表

型号		DMV2000 系列
检测窗	功能	面积检测、斑点检测、边缘角度测量、边缘计数、边缘节距测量、边缘位置和宽度测量、样本比对、轮廓比对、瑕疵检测、影像强度分析、边缘追踪、宽度追踪、标记应用、字符辨识、精细比对、彩色检测、一维/二维条形码识别、2D 平台定位
	ROI 种类	矩形、圆形、多边形、椭圆形、环形、扇形、旋转矩形
	ROI 数目	1 个
	屏蔽种类	矩形、圆形、多边形、椭圆形、环形、扇形、旋转矩形
	屏蔽数目	8 个（每个检测窗口）
前处理	数目	15 种
	种类	二值化、扩张、侵蚀、平均、中值、Laplacian、SobelX、SobelY、Sobel、差分、彩色萃取、亮度补正、对比强化、阴影修正、自定义
执行模式		永远执行、从不执行
计算器运算	数量	最大 1000 组（每个项目）
	函数	四则运算等 71 个计算函数
I/O 接口	可规划输入	8 点高速；24 点一般
	可规划输出	11 点高速；38 点一般
通信接口	RS232	最高 115200bps
	RS485	最高 230400bps
	以太网	10/100/1000BASE-T
显示	屏幕显示	FHD1920×1080 输出、XGA1024×768 输出
	显示比例	5%～1000%可调整
	操作语言	中文、英文
	输出接口	VGA、HDMI
操作接口	鼠标	标准 3 键
闪光灯控制		DMV2000-CL2-HS：由 I/O 接口设定输出控制、最多支持 2 组 DMV2000-CL4-HS：由 I/O 接口设定输出控制、最多支持 4 组
记忆卡样式		Micro SD 卡（最大支持至 32GB）；CLASS10

台达 DMV2000 系列机器视觉控制器接口如图 7-9 所示。

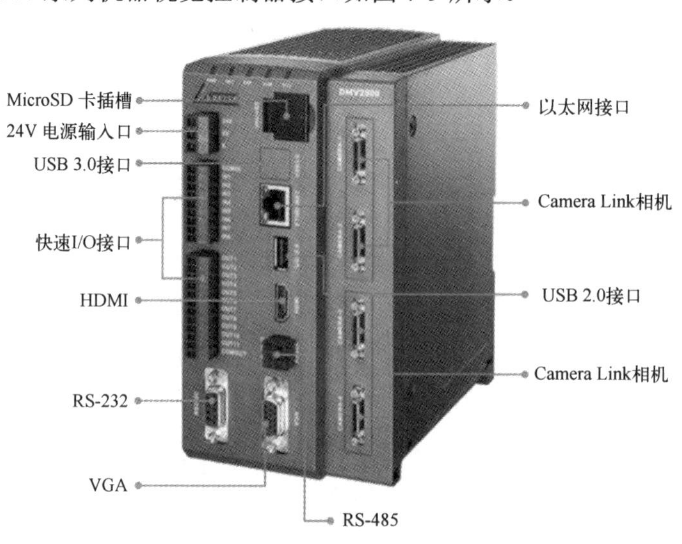

图 7-9 台达 DMV2000 系列机器视觉控制器接口

1. I/O 接口

台达 DMV2000 系列机器视觉控制器配有两种类型的 I/O 接口：9 针端子用于输入信号，而 12 针端子则用于输出信号，这两种接口都是脱落式设计，便于连接和维护，并且用户可以根据需求自由定义每个 I/O 接口的功能。输入接口具有摄影机取像触发、测试状态、触发禁止、PLC 数据链路通信启动旗标、并列输出交握旗标、通信输出交握旗标、并行数值输入、功能选择、功能选择启动触发、系统重置等功能；输出接口具有控制器准备好输出指示、总合判断结果输出、错误状态指示、并列输出交握旗标、摄影机取像完成、摄影机光源闪频控制输出、功能选择切换成功旗标、功能选择切换失败旗标、允许功能选择切换旗标、并列结果输出等功能。用鼠标操作设置 I/O 接口功能，可以单击“系统”按钮，选择“通讯设置”（同通信设置）选项打开“外部通讯装置设定”（同外部通信装置设定）属性表，选择“外部端子”属性，在其属性表选择自己需要的属性。台达 DMV2000 系列机器视觉控制器外部端子设置如图 7-10 所示。

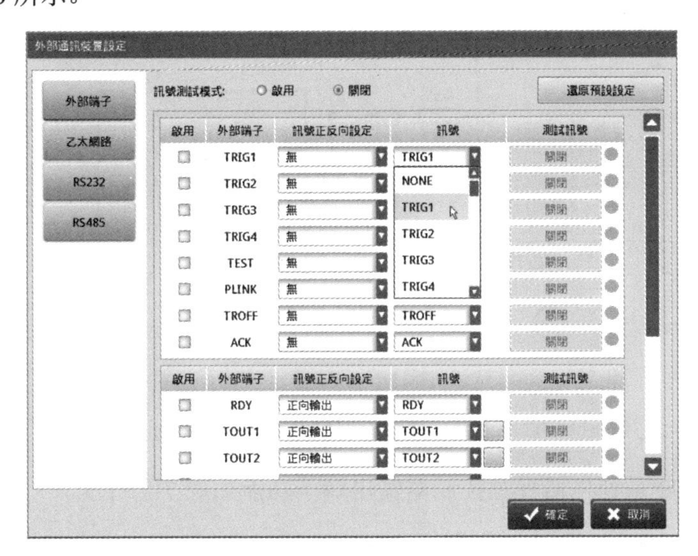

图 7-10　台达 DMV2000 系列机器视觉控制器外部端子设置

台达 DMV2000 系列机器视觉控制器输入端子功能如表 7-4 所示。

表 7-4　台达 DMV2000 系列机器视觉控制器输入端子功能

序号	名称	功能
1	COMIN	9 针输入共通接点（NPN/PNP 选择）
2	IN1	TRIG1：摄影机 1 取像触发
3	IN2	TRIG2：摄影机 2 取像触发
4	IN3	TRIG3：摄影机 3 取像触发
5	IN4	TRIG4：摄影机 4 取像触发
6	IN5	TEST：测试状态（所有检测结果均不输出）
7	IN6	PLINK：PLC 数据链路通信启动旗标
8	IN7	TROFF：触发禁止（检测禁止）
9	IN8	ACK：并列输出交握旗标

台达 DMV2000 系列机器视觉控制器输入电路如图 7-11 所示。根据 PLC 输出晶体管类型可以选择 NPN 或者 PNP 接口电路方式，直流电源、PLC 晶体管、电阻电容滤波电路、双向光耦合器共同构成直流回路，实现光电隔离和电平转换等功能。

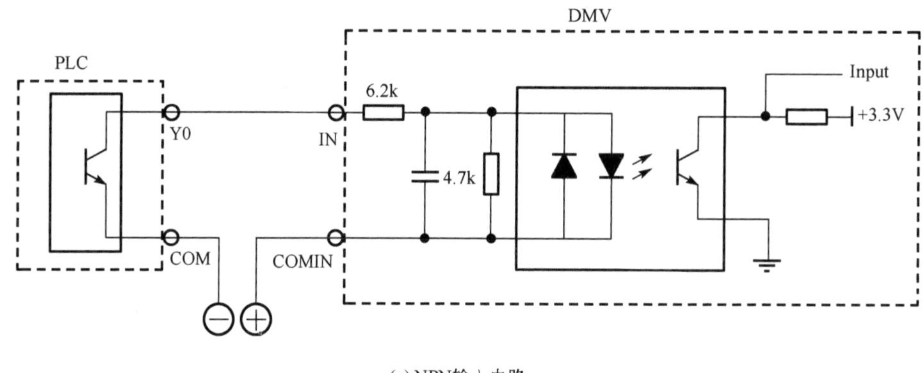

(a) NPN输入电路

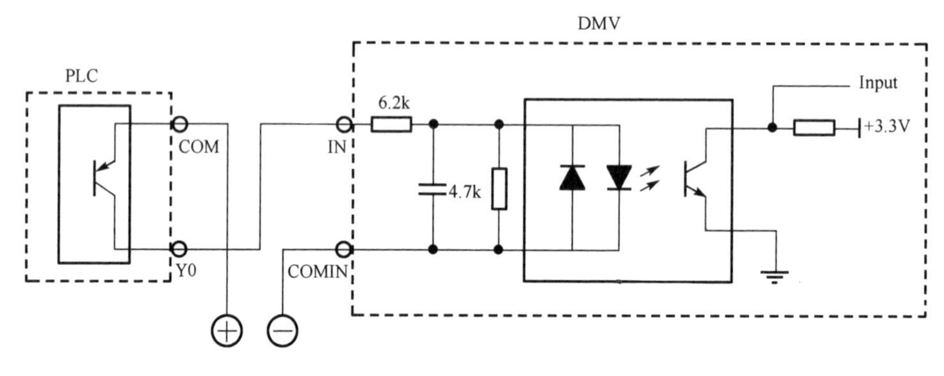

(b) PNP输入电路

图 7-11 台达 DMV2000 系列机器视觉控制器输入电路

台达 DMV2000 系列机器视觉控制器输出端子功能如表 7-5 所示。

表 7-5 台达 DMV2000 系列机器视觉控制器输出端子功能

序号	名称	功能
1	OUT1	RDY：控制器准备完毕，等待取像检测输出指示
2	OUT2	TOUT1：总合判断结果输出 1
3	OUT3	TOUT2：总合判断结果输出 2
4	OUT4	ERR：错误状态指示
5	OUT5	STR：并列输出交握旗标
6	OUT6	REND1：摄影机 1 取像完成
7	OUT7	REND2：摄影机 2 取像完成
8	OUT8	REND3：摄影机 3 取像完成
9	OUT9	REND4：摄影机 4 取像完成
10	OUT10	FLH1：摄影机 1 光源闪频控制输出
11	OUT11	FLH2：摄影机 2 光源闪频控制输出
12	COMOUT	12 针输出共同接点（NPN 输出方式，需接负端电源）

台达 DMV2000 系列机器视觉控制器一般输出电路如图 7-12 所示。根据该机器视觉控制器输出的 NPN 晶体管极性设计接口电路，该直流回路由直流电源、机器视觉控制器输出晶体管、光耦合器、PLC 输入电路构成。

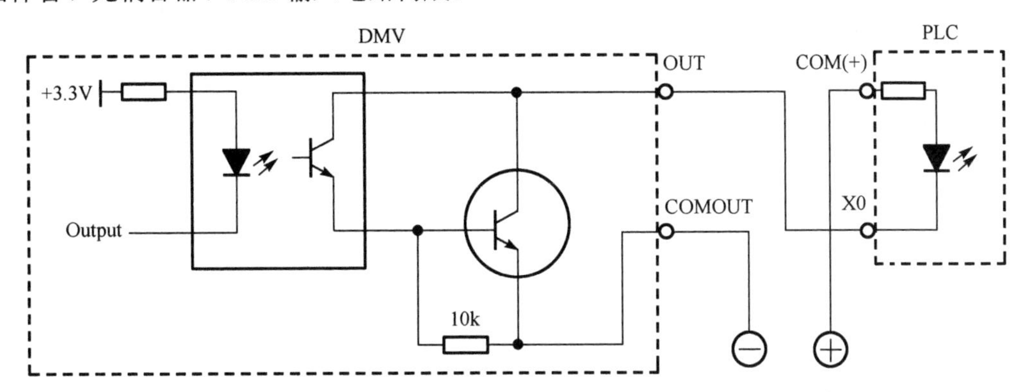

图 7-12　台达 DMV2000 系列机器视觉控制器一般输出电路

台达 DMV2000 系列机器视觉控制器接光源调光器闪频控制输出电路如图 7-13 所示。根据该机器视觉控制器输出的 NPN 晶体管极性设计接口电路，该直流回路由直流电源、机器视觉控制器输出晶体管、光耦合器、光源调光器构成，正极电源 24V 需串接 10kΩ 电阻。当电阻值错误时，不会烧毁 DMV 主机 I/O 接口，但可能会造成闪光灯闪频动作不正确。

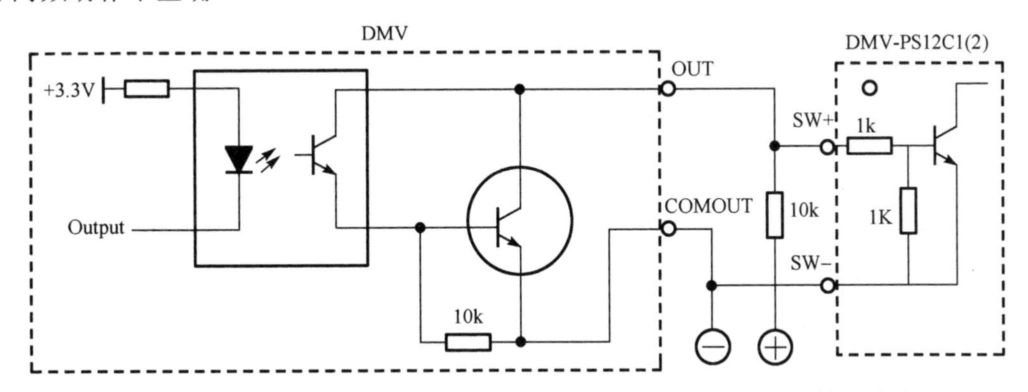

图 7-13　台达 DMV2000 系列机器视觉控制器接光源调光器闪频控制输出电路

2. RS-232/485 串行接口

RS-232 串行接口采用标准的 9 孔 D 形连接器，RS-485 串行接口采用标准的 3 线接口，用户可以利用 PLC、HMI、机器人等具有 RS-232/485 接口功能的控制器。当定义 RS-232 串行接口为主站（Master）模式时，可以与机器人（Master）联机；当定义 RS-232 串行接口为从站（Slave）模式时，可以与台达 PLC 联机。RS-485 串行接口内建 3 线接口，可实现一对多的通信架构，接线时直接由 D+端接到联机组件的 D+端，D−端接到联机组件的 D−端即可。

用鼠标操作设置 RS-232 接口功能，单击“系统”按钮，选择“通迅设置”选项，打开“外部通讯装置设定”属性表，单击“RS232”按钮，在其属性表中进行设置，如图 7-14 所示。设置 RS-232 接口的传输速率、数据传输格式等参数。

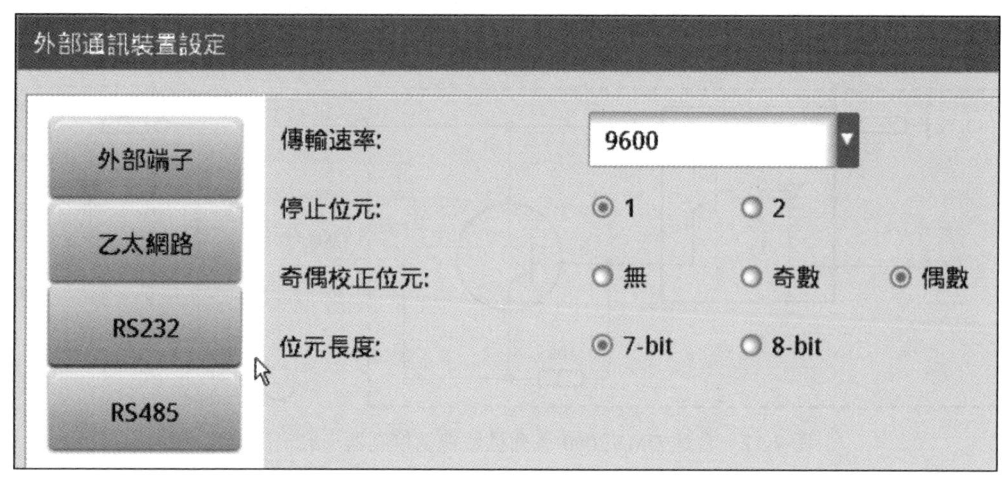

图 7-14　设置 RS-232 接口

通过鼠标设置 RS-485 接口功能，单击“系统”按钮，选择“通迅设置”选项，打开“外部通讯装置设定”对话框，单击“RS485”按钮，并对其中的参数进行设置，如图 7-15 所示。需要设置 RS-485 接口的传输速率、数据传输格式、站点地址等参数。

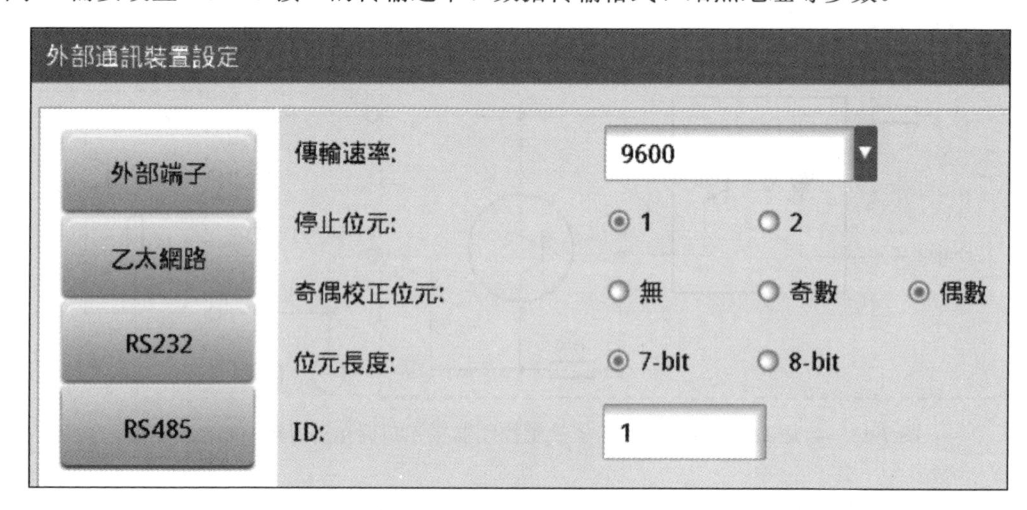

图 7-15　设置 RS-485 接口

3. 以太网接口

以太网接口采用标准的 RJ45 连接器、TCP/IP 通信协议，支持 Modbus TCP 功能。PLC、HMI、工业机器人等控制器可以通过以太网接口与机器视觉控制器进行通信。通过鼠标设置以太网接口的 IP 地址，单击“系统”按钮，选择“通迅设置”选项，打开“外部通讯装置设定”对话框，单击“乙太网络”（同以太网络）按钮，对其中的本机“IP 位址”进行设置，如图 7-16 所示。

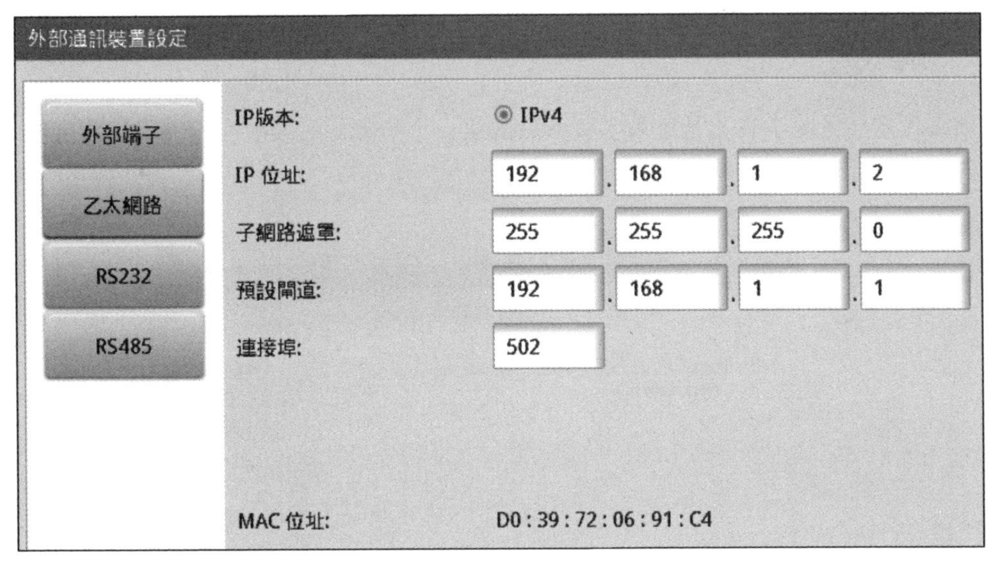

图 7-16　设置 IP 接口

7.4.3　台达机器视觉控制器基本操作

DMV2000 控制器以鼠标或键盘作为操作工具输入接口指令。基本操作相关内容主要是针对页面功能、项目设定方法做说明，其中包含主页面介绍、工具设定、系统设定。

1．主页面介绍

DMV2000 控制器的启动界面如图 7-17 所示，大多数设置操作都在此界面完成。

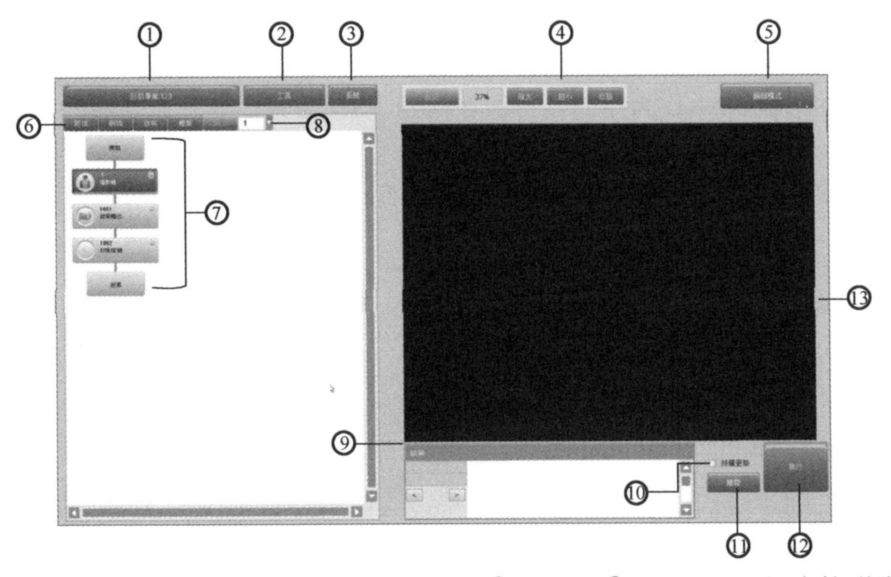

①当前项目；②工具；③系统；④放大、缩小、自动；⑤编辑模式；⑥新增、删除、命名、复制、粘贴；⑦检测流程；⑧并列流程序号；⑨结果；⑩持续更新；⑪触发；⑫执行；⑬摄影机拍摄的影像画面

图 7-17　DMV2000 控制器的启动界面

2. 项目设定

项目设定（见图 7-18）是进入主页面后的第一个步骤，后续所有检测设定将会根据所选定的项目进行储存。

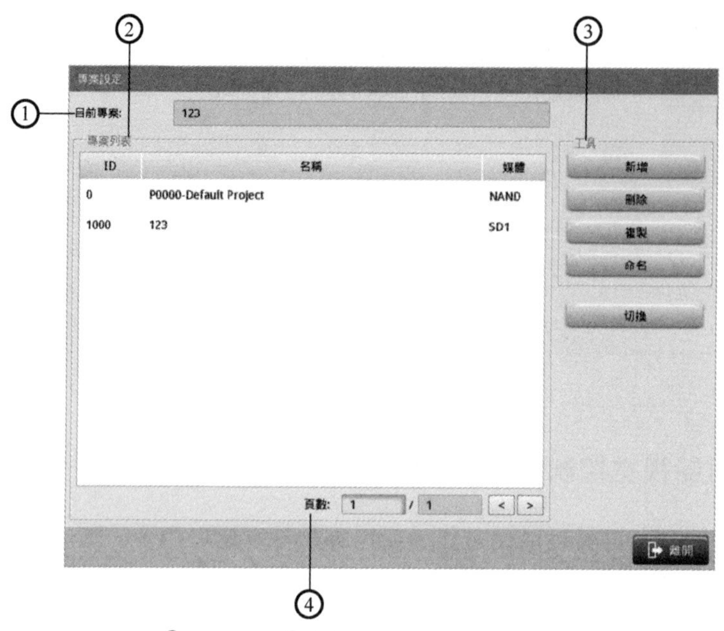

①当前项目；②项目列表；③工具；④页数。

图 7-18　项目设定

项目用于显示当前进行设定操作的项目名称。DMV2000 内部存储器可储存 1000 组项目，搭配记忆卡可扩增至 9999 组。项目列表显示目前储存于控制器与记忆卡的项目，其中媒体选项 NAND 为控制器内部存储器，SD 为记忆卡。控制器内部存储器的项目编号为 0～999。记忆卡的项目编号从 1000 开始。利用工具菜单可以实现新建、删除、复制、重命名、切换等操作。页数用于显示目前所在的页数，可按左、右箭头键做页面切换。

3. 工具设定

工具设定界面包括 DMV2000 控制器整体系统内部功能与相关参数的检视设定，具体为登录影像管理、项目执行时检测画面的编辑，以及判断结果设定。

1）登录影像管理

登录影像管理如图 7-19 所示，登录影像管理包括对摄影机所拍摄的影像进行储存、命名、删除和复制等操作。通过该界面既可以对个别摄影机已登录的影像进行动作，也可以对所有摄影机已登录的影像进行动作。登录影像过程为：在调整摄影机设定完成后，先单击“持续更新”按钮，再确认摄影机是否拍摄到符合需求的影像，若符合要求则最后单击“登录影像”按钮，即可完成动作。

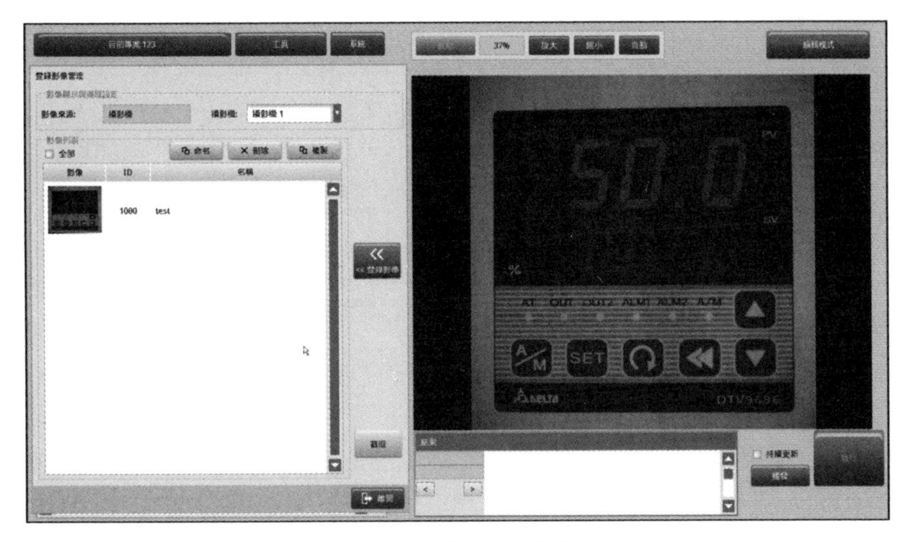

图 7-19　登录影像管理

2）画面编辑

项目设定完成后，即可进入项目执行阶段。“画面编辑”界面（见图 7-20）为在运转模式（Run Mode）时检测窗口的布局方式。

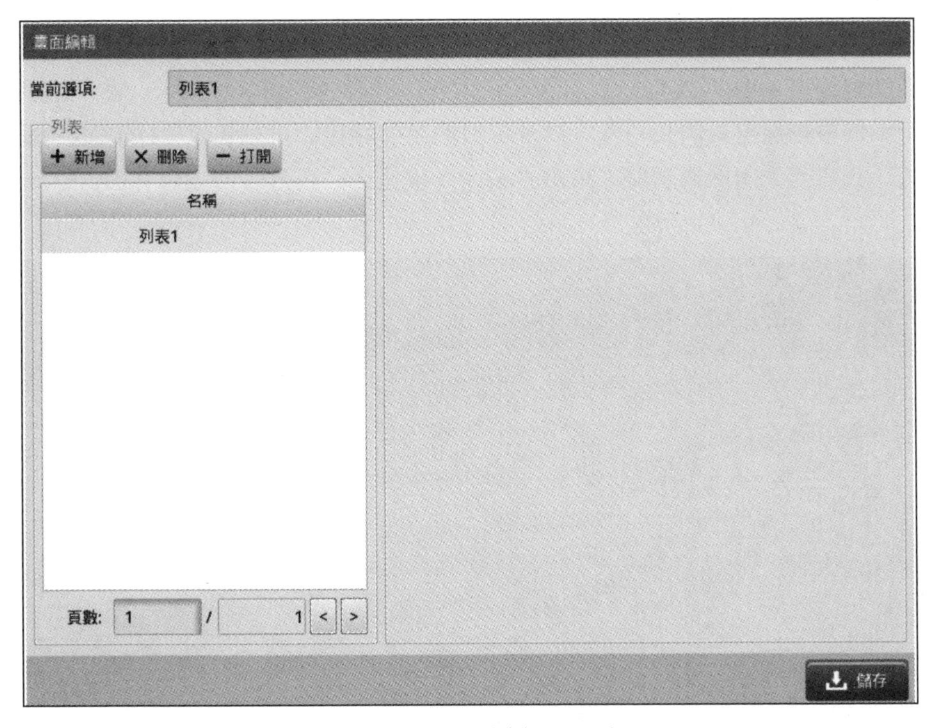

图 7-20　“画面编辑”界面

单击“新增”按钮后，即可新增列表并选择列表布局方式。根据检测需求，1 个流程可选择 1～4 个检测窗口，每个窗口均可以切换多个检测组件的显示结果，如图 7-21 所示。

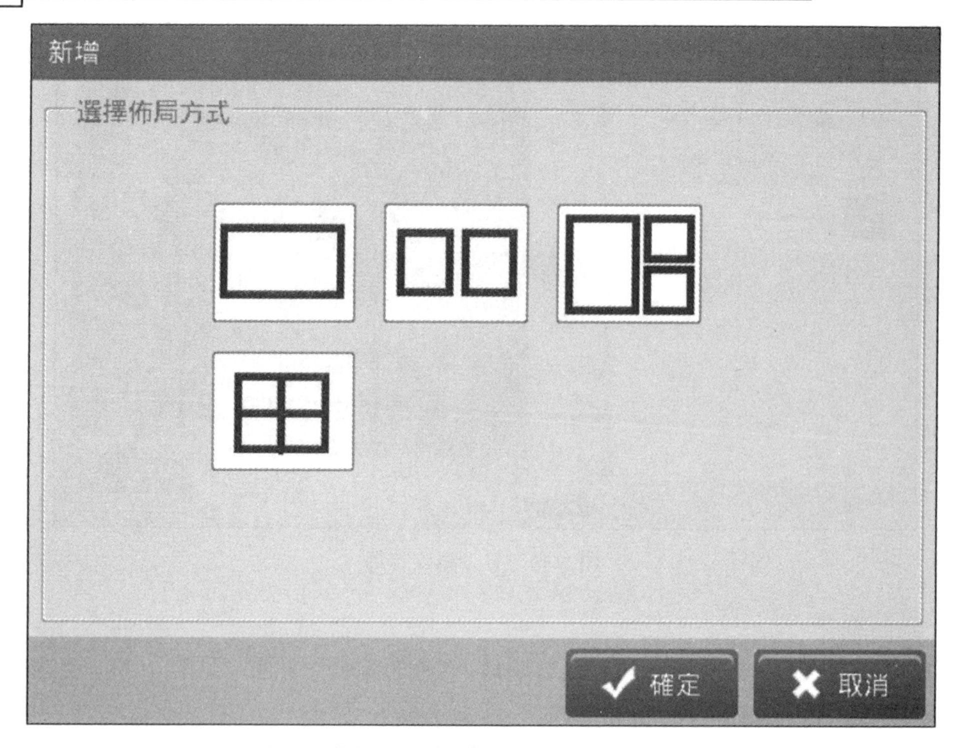

图 7-21 新增画面布局方式

画面编辑设定如图 7-22 所示。单击鼠标右键，选择“编辑”选项卡，在“编辑”选项卡中，可以调整影像窗口的长与宽，以及窗口的字体颜色。可以通过“Dot ON / Dot OFF”选择开关，开启或关闭网格功能。单击“关闭”按钮后，离开画面编辑界面。

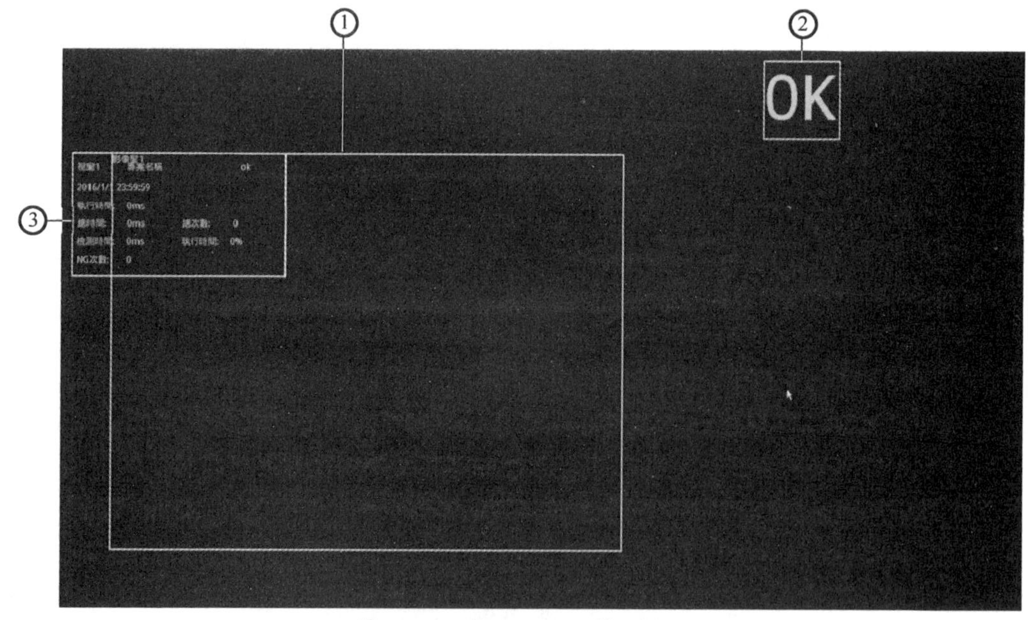

①影像窗；②执行结果；③窗口。

图 7-22 画面编辑设定

影像窗口用于检测组件触发执行时的画面显示。执行结果用于显示项目在触发执行后的结果（OK / NG）。窗口用于检测项目执行时的数据，包括项目名称、日期与时间、运行时间、总时间、检测时间、NG 次数、总次数、NG 比率等。

3）判断设定

在项目检测执行时，Run mode 窗口用于显示执行结果，被标识为“OK”或“NG”。这些判断结果是根据用户在“判断设定”窗口中设定的参考数据来确定的，如图 7-23 所示。需要在该判断设定窗口中设置三个子项目，分别是“最终 OK/NG 设定”“判断设定”“OK/NG 设定”。

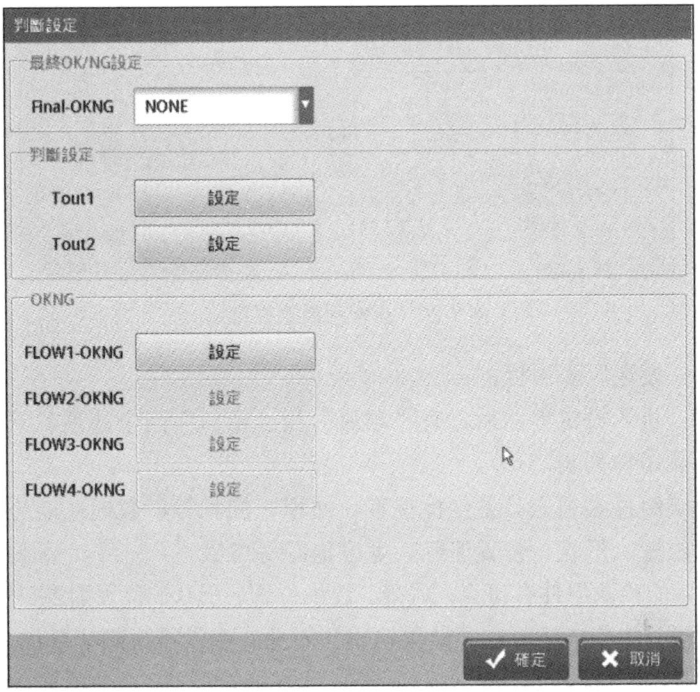

图 7-23　“判断设定”窗口

（1）最终 OK/NG 设定子项目。

设定最终判定结果为 OK 或 NG 的依据如下。

①Tout1：若 Tout1 检测结果为 OK，则最终判定结果为 OK。

②Tout2：若 Tout2 检测结果为 OK，则最终判定结果为 OK。

③Tout1 AND Tout2：若 Tout1 与 Tout2 两者的检测结果同时为 OK，则最终判定结果为 OK。

④Tout1 OR Tout2：若 Tout1 或 Tout1 其中一者检测结果为 OK，则最终判定结果为 OK。

（2）“判断设定”子项目。

如何判断 Tout1 与 Tout2 的检测结果是 OK 还是 NG？首先单击“设定”按钮，弹出“判断设定”界面，再单击“新增”按钮，即会出现该项目所设定的流程数量与项目，用户根据需求选择要列入检测判断的流程或项目，如图 7-24 所示。

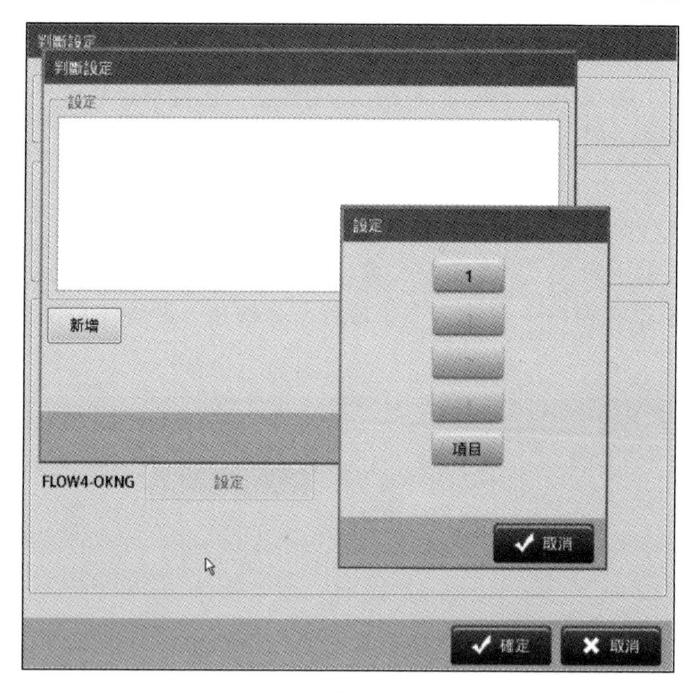

图 7-24　新增判断流程设定

（3）“OK/NG 设定”子项目。

①类型选择：进入设定界面后，有“项目”与“窗口”两个选项。

②组件：检测组件列表。

③参数：检测组件必须先具备坐标位置、面积、周长等参数值才能显示，然后才有斑点、瑕疵、边缘位置、形状、位置追踪、宽度追踪等参数。

④参考：具备的检测组件有斑点、瑕疵、边缘位置、形状、位置追踪、宽度追踪等参数。

新增“选择项目”完成后，在“结果输出”界面，可以再次确认要被列入判断 OK/NG 的检测组件，如图 7-25 所示。

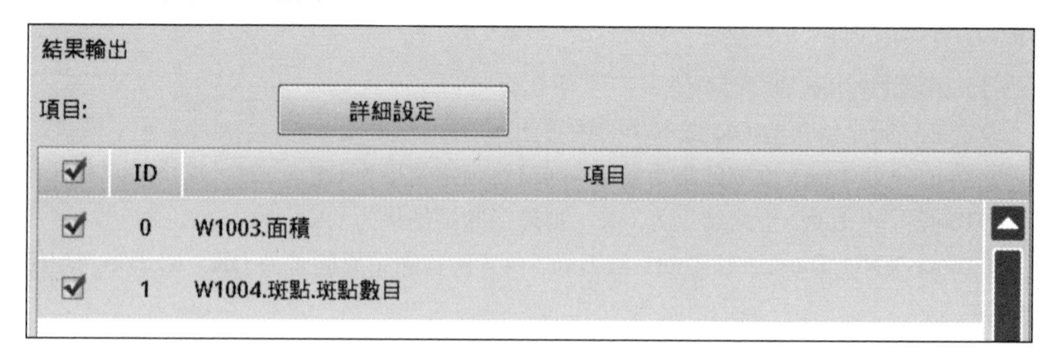

图 7-25　DMV2000 控制器结果输出

3. 系统设定

DMV2000 控制器在编辑模式下，初始画面显示“目前项目”“工具”“系统”三种设定选项。单击“系统”按钮，即可弹出“系统设定”窗口，系统设定是控制器的内部设定，系统设定适用于所有检测项目，不会因个别项目不同而有变化。

1）一般设定

在“一般设定”界面中，可以设定在项目检测时的日期、时间和显示语言，并设定初始画面是执行模式（Run Mode）或是设定模式（Program Mode），如图 7-26 所示。

控制器設定

一般設定	檢測機器名稱:	Delta DMV2000 Device.
攝影機設定	日期時間設定:	2016 / 5 / 9 14 : 41 : 32
通訊設定	顯示語系設定	繁體中文
顯示設定	啟動畫面:	○ 執行模式 ◉ 設定模式

图 7-26 “一般设定”界面

2）摄影机设定

（1）摄影机参数设定。

根据 DMV2000 的型号不同，可分别同时运行 2 台、4 台和 8 台摄影机，因此可选择对应序号的摄影机作为工作相机。每台摄影机均可为彩色摄影机或黑白摄影机，连接上摄影机后，控制器会跳出“是否自动侦测相机型号与规格”选项，选择对应的设备参数后即会自动导入。“摄影机设定”界面如图 7-27 所示。

個別設定

攝影機設定 | 白平衡 | ROI

選擇工作相機：攝影機 1

相機型號:	Delta Camera DCC-500
相機模式:	24bit 彩色
解析度:	4.00 Megapixels
更新率:	FPS 39
快門速度:	16.67ms 16667 微秒
增益:	0
亮度:	0
Clamp:	40
距離/像素:	1 微米
HDR致能:	□ 啟用
HDR 參數1:	1

图 7-27 “摄影机设定”界面

（2）白平衡设定。

白平衡功能用于校正图像中的颜色偏差，确保色彩被真实还原。通过自动或手动调整，匹配画面中的白色区域，从而提供更自然的色彩表现。

（3）ROI 设定。

针对圈选的范围进行影像截取，这样在检查与量测时可以节省图像处理时间，用户可根据实际需求调整检测区域的大小。

（4）触发器设定。

设定触发器类型，分为外部端子、内部触发器、Ethernet（TCP/IP）、RS-232 及 RS-485 共 5 种类型，如图 7-28 所示。一个检测流程最多可被 4 种触发器触发。

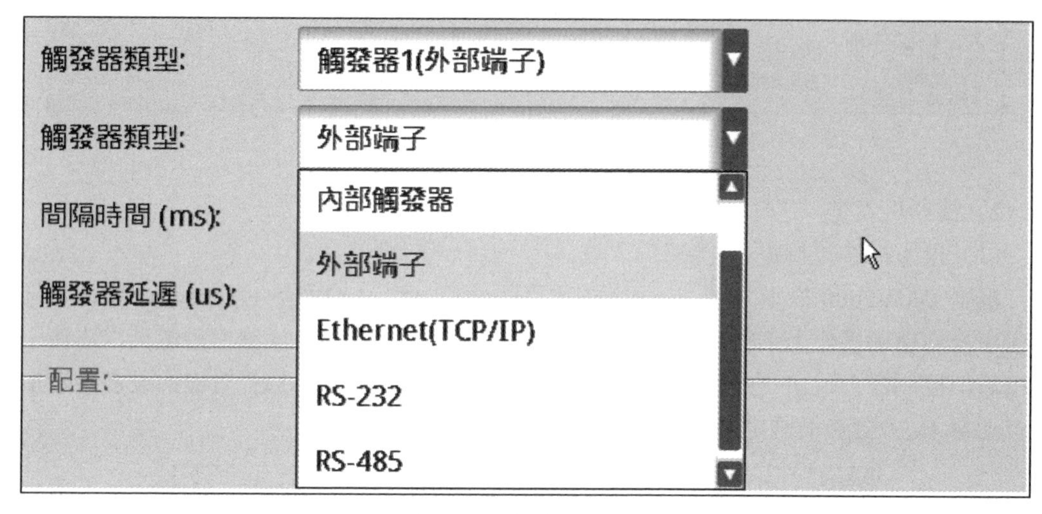

图 7-28 触发器设定

（5）闪光灯设定。

在拍摄过程中，闪光灯通过控制闪光时间来配合相机快门，确保动作捕捉时的光线输出。根据机种型号不同，最多可连接至 8 台摄影机，因此闪光灯最多也可设定为 8 个，可以为同一流程设定多个闪光灯或是分别为不同流程设定多个闪光灯。用户可以根据检测需求自行设定。“闪光灯设定”界面如图 7-29 所示。

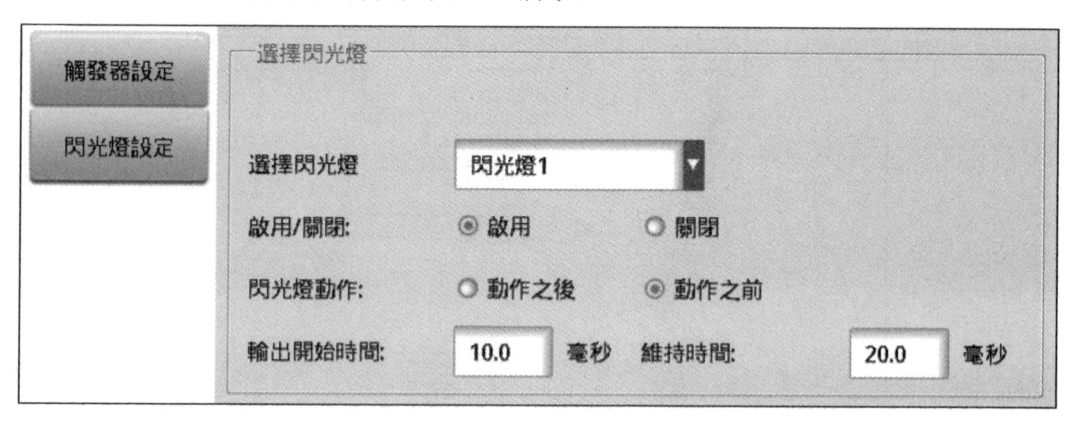

图 7-29 “闪光灯设定”界面

3）通信设定

控制器可以通过外部 I/O 端子信号的通信方式与上位控制器进行通信连接，其中设定功能包含外部通信装置设定与通信协议设定，具体设置方式可查阅相关技术手册。

4）显示设定

根据控制器端设定检测时所显示的画面需求，目前控制器只支持屏幕分辨率为 1920 像素×1080 像素，暂不支持屏幕分辨率为 1024 像素×768 像素。显示标尺是显示摄影机拍摄画面的辅助工具，使用者可根据检测需求，选择开启或是关闭。

视频 7-3　台达机器视觉产品介绍视频

7.5　台达机器视觉检测流程与检测设定

通过使用流程图架构对 DWV2000 系列机器视觉系统进行检测和设定，根据每个流程图，并且遵循正确步骤进行相关参数设定后，即可快速建立完成所需的检测系统项目。

7.5.1　台达机器视觉检测流程

每个完整的检测需求即为一个项目。项目的建立是根据不同检测物的检测需求设定产生的，并且各项目间的设定内容并不相互影响。例如，对检测物 A 执行边缘位置与边缘角度指令，而对检测物 B 执行面积及瑕疵检测指令，由于对检测物 A 与 B 的检测要求不同，因此检测物 A 与 B 的检测即各为一个独立的项目。在新建机器视觉检测项目后，可根据检测需求配合连接的摄影机数量进行流程设定，具体流程如图 7-30 所示。

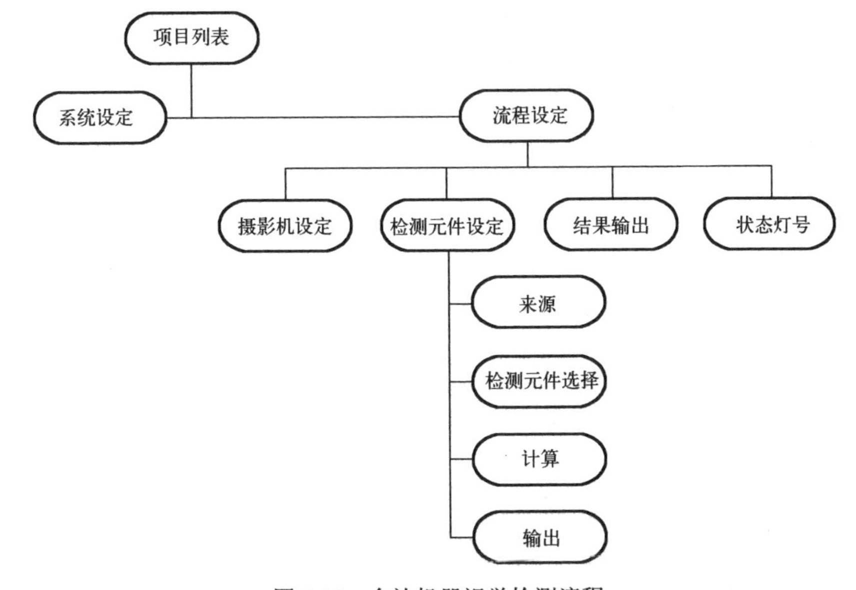

图 7-30　台达机器视觉检测流程

根据检测需求不同，每个项目可以有 1～8 个流程并行，在新增项目的同时设定并行的流程数量。一个流程必须包括“摄影机”“检测组件”“结果输出”“状态灯号”，且最多可设有 1000 个“检测组件”。台达机器视觉流程图界面如图 7-31 所示。

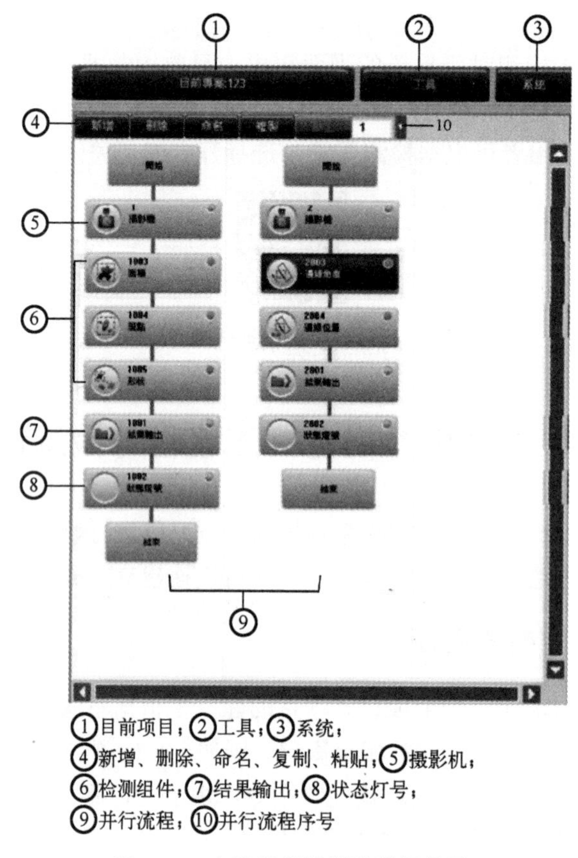

图 7-31　台达机器视觉流程图界面

7.5.2　台达机器视觉检测设定

台达机器视觉检测的软件设计功能主要包括摄影机设定、检测组件设定、计算设定、输出结果设定和状态灯号设定，摄影机的设定前文已经介绍过，在此不做赘述。

1．检测组件设定

DMV2000 控制器支持 20 种检测组件，如图 7-32 所示。检测组件新增确认完成后，需要单击左侧小图标，分别对影像选择、ROI、颜色条件、前处理、参数、限制、定位、执行等参数进行设定。

（1）面积。在设定的区域范围内，计算黑色或白色像素的数量。通过二值化的方式，先将影像转换为只有黑色与白色两种阶层再进行量测，当像素数量符合设定范围时，检测结果为 OK，反之当像素数量超出设定范围时，检测结果为 NG。

（2）斑点。通过二值化的方式，先将影像转换为只有黑色与白色两种阶层再进行量测，然后再计算黑色或白色的像素群，当该像素群满足设定范围时，即为一个斑点。斑点的数

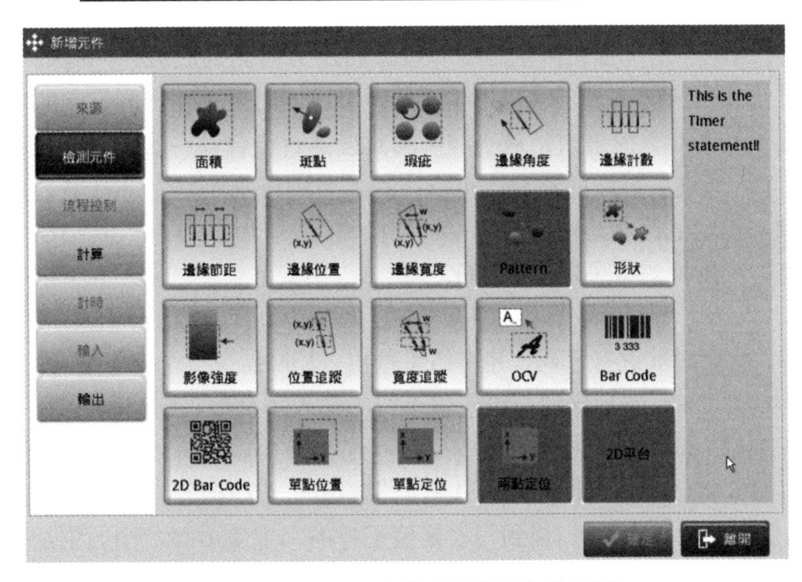

图 7-32　DMV2000 控制器检测组件界面

量、面积与坐标也均可被检出。

（3）瑕疵。当检测对象有固定方向的瑕疵（如刮伤、污点）时，可利用瑕疵工具检测瑕疵。

（4）边缘角度。用于寻找灰阶影像上由于明暗变化所形成的两个边缘。通过水平或垂直方向扫描取其两个边缘坐标绘出一条直线，并计算该直线相对于水平的倾斜角度。

（5）边缘计数。用于检测影像明暗变化量是否符合设定值。若检测的边缘数量符合设定的范围，则检测结果判定为 OK；若无法检测到符合范围的边缘数量，则检测结果判定为 NG。

（6）边缘节距。用于强化边缘的宽度。边缘宽度仅可用于测量两个边缘间的宽度结果，边缘节距可同时测量数个边缘宽度，并能从中计算出个别宽度、宽度最大值、宽度最小值与宽度平均值。

（7）边缘位置。用于寻找灰阶影像上由于明暗变化量所形成的边缘。通过水平或者垂直方向扫描取其两个边缘，若明暗变化量符合设定值且计算取得 X 坐标、Y 坐标，则检测结果判定为 OK；反之在检测范围中，若无法检测到符合设定值的明暗变化量，则检测结果判定为 NG。

（8）边缘宽度。用于寻找灰阶影像上由于明暗变化所形成的边缘并计算出其宽度。通过水平或垂直方向扫描寻找外缘或内缘的方式来获取宽度尺寸。若明暗变化差异符合测量宽度的设定限制范围，则检测结果判定为 OK；若测量的宽度尺寸未符合设定的限制范围，则检测结果判定为 NG。

（9）形状。用于寻找设定范围中的默认样本影像，并搜寻该特定样本的轮廓、X 坐标、Y 坐标、旋转角度及与预设样本的相似度。在待测物有偏移的情形下，一般先执行形状工具，再将 X 坐标、Y 坐标与旋转角度结果提供给后续其他检测工具做定位参考以校正偏移。

（10）影像强度。用于测量检测范围所有灰阶像素中的最大亮度、最小亮度、平均亮度与标准偏差亮度等。

（11）位置追踪。用于强化边缘位置。通过边缘位置仅可找到两个边缘。位置追踪是通过水平或垂直方向扫描寻找明暗变化差异符合测量宽度的边缘点，并且可在同一平面内找到数个边缘点并输出坐标。

（12）宽度追踪。用于强化测量边缘宽度。将所有侦测到的边缘，通过水平或垂直方向扫描寻找外缘或内缘的方式来取得边缘间的距离，同时可以输出测量到的最大距离和最小距离。可用于判断对象的最大、最小与平均宽度是否符合设定的限制范围。

（13）OCV。通过字符库的建立，可以在检测范围内判定输入字符串是否符合设定阈值。若扫描到与设定值符合的输入字符串，则检测结果判定为 OK；若扫描到与设定值不符的输入字符串，则检测结果判定为 NG。

（14）Bar Code。用于读取一维条形码，在 ROI 内寻找有效的一维条形码，当寻找到一维条形码后，将会对其进行译码，并将结果输出。若扫描到与设定值符合的一维条形码，则检测结果判定为 OK；若扫描到与设定值不符的输入字符串，则检测结果判定为 NG。

（15）2D Bar Code。用于读取二维条形码，在 ROI 内寻找有效的二维条形码，当寻找到二维条形码后，将会对其进行译码，并将结果输出。若扫描到与设定值符合的二维条形码，则检测结果判定为 OK；若扫描到与设定值不符的二维条形码，则检测结果判定为 NG。

（16）单点位置。当机器视觉与机械手臂等配合时，机器视觉的坐标单位是像素，而机械手臂的坐标单位是实际单位（如 mm），通过对坐标转换矩阵的设定，即可将机器视觉的坐标系转换成机械手臂的坐标系。

（17）单点定位。先将机器视觉的坐标系转换成机械手臂的坐标系后，再通过位移的计算达到定位的目的。

2. 计算设定

将“检测组件”的数值进行四则运算与函数运算，以取得新数值，此数值供后续“输出”选项设定使用。并可针对此新数值在计算器功能中设定上/下限范围来取得该计算器编号的逻辑判断结果，此结果将供后续“判断器”与“输出”选项的逻辑设定使用。计算设定界面如图 7-33 所示。

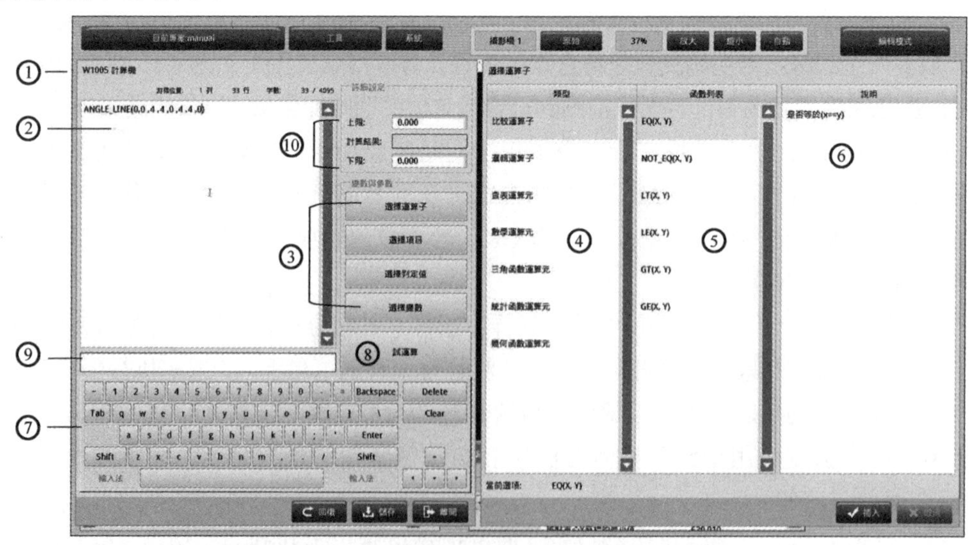

①计算编号；②运算函数显示区；③变量与参数；④类型；⑤函数列表；
⑥说明；⑦操作键盘；⑧试运算按钮；⑨试运算显示区；⑩详细设定

图 7-33　计算设定界面

DMV2000 控制器常用运算函数如表 7-6 所示。

表 7-6　DMV2000 控制器常用运算函数

序号	名称	函数名
1	比较运算	EQ、NOT_EQ、LT、LE、GT、GE
2	逻辑运算	AND、BIT_AND、OR、BIT_OR、XOR、BIT_XOR、NOT、BIT_NOT
3	查表操作	INRANGE、CHOOSE、MAXN、MINN、MAXthN、MINthN
4	数学操作	ABS、POW、MOD、LOG10、LN、EXP、SQR、SQRT、SUM、TRUNC、ROUND、CEIL、FLOOR
5	三角函数	SIN、SINH、COS、COSH、TAN、TANH、ASIN、ACOS、ATAN、ATAN2、RAD、EDG、PI
6	统计函数	MAX、AVG、AVG_RANGE、MIN、SDEV、MEDIAN
7	几何函数	LINE_DIST、LINE_ISECT_X、LINE_ISECT_Y、CIRCLE_CX、CIRCLE_CY、CIRCLE_CR、ANGLE_H_POS、ANGLE_H_LINE、ANGLE_LINE、LINE_FITM、LINE_FITC、CIRCLE_FITD、CIRCLE_FITE、CIRCLE_FITF、POS_LINE_DIST、POS_LINE_DIST_X、POST_LIINE_DIST_Y、POS_CIRCLE_DIST、ISEC_LINE_CIRCLE_CNT、ISEC_LINE_CIRCLE_X0、ISEC_LINE_CIRCLE_Y0、ISEC_LINE_CIRCLE_X1、ISEC_LINE_CIRCLE_Y1、ISEC_CIRCLE_CIRCLE_CNT、ISEC_CIRCLE_CIRCLE_X0、ISEC_CIRCLE_CIRCLE_Y0、ISEC_CIRCLE_CIRCLE_X1、ISEC_CIRCLE_CIRCLE_Y1、

3．输出结果设定

将“检测组件”“计算”的数值数据结果与“检测组件”“计算”“判断器”的逻辑判断结果输出，用户可自行选择经由何种通信接口输出结果内容。

（1）影像输出。先选择硬件接口（以太网络、SD 卡）输出结果内容，再单击“详细设定”按钮，选择当项目执行时要输出的检测组件的检测结果是 OK 或是 NG 的界面。

（2）内部存储器。DMV2000 共提供 32 组内部存储器，用户可选择设定“常数值”“判断值”“检测结果值”，并且在“计算”工具中直接代入此处的设定值进行计算即可。

（3）结果输出设定。结果输出设定界面如图 7-34 所示，先选择将检测结果输出的检测组件后，再依次设定“装置选择”“数据输出优先权”“当内存不足时”三者的属性。

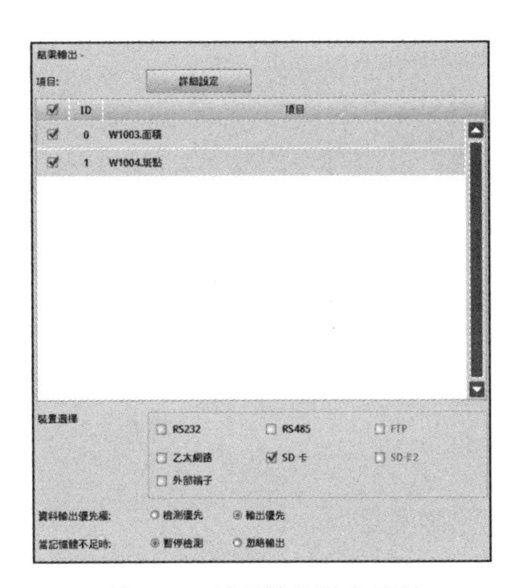

图 7-34　结果输出设定界面

4．状态灯号设定

单击“详细设定”按钮后，选择在运行状态时列入判断 OK/NG 的检测组件，“状态灯号”设定界面如图 7-35 所示。

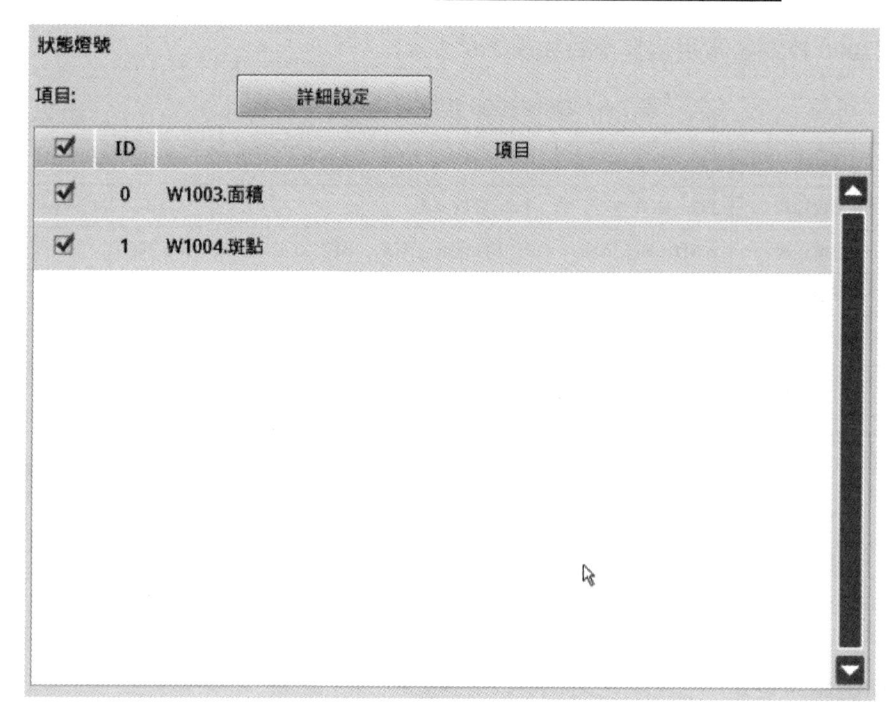

图 7-35 “状态灯号”设定界面

视频 7-4 台达 SCARA 机器人饼干分拣应用

视频 7-5 DMV2000 与台达机器手通信设置视频

思考题

1．机器视觉的定义是什么？在哪些领域应用最为广泛？

2．机器视觉的硬件系统由哪些结构组成？每个部分的功能是什么？

3．台达 DMV 系列机器视觉系统由哪些结构组成？

4．如何使用台达机器视觉进行图像检测？并简述其设置流程。

5．某加工工件有不同的形状，相同形状的工件还分为圆柱实心和圆柱空心，要求设计分拣系统，对不同工件进行识别并计数，同时利用二维机器将不同的工件放入不同的工件台上，如何实现？需要哪些设备？需要哪些硬件？如何连接和设置这些设备？以及如何设计软件实现相关功能？

第 8 章 智能制造先进控制技术

随着科学技术的不断发展，计算机技术、信息技术及自动化技术这三大技术已经融入到人们的日常社会生产当中，在各个领域发挥着重要的作用。我国传统的制造业需要在技术方面进行转型升级，才能够不断地创新发展，在世界市场的竞争中取得一个有利的地位。

工业 4.0 时代是利用信息技术促进产业变革的时代，通常被称为人工智能时代。该名词最先由德国提出，其目的是以网络实体系统与物联网作为技术条件基础来提升各大制造业的智能化水平，将生产中的供应、制造、销售信息数据化、智慧化，最后达到快速、有效、个人化的产品供应。我国的“十四五”智能制造发展规划将创新能力、质量效益、两化（工业化、信息化）融合、绿色发展进行整体考虑，积极抓住新一轮科技革命、产业变革与我国加快转变经济发展方式形成历史性交汇，实施制造业强国战略。

我国结合自身的发展状况，提出了“智能制造”这一国家战略。智能制造是众多科学技术融合发展的新研究课题，所以对智能制造先进控制技术的研究具有重大的意义。本章将介绍几种智能制造先进控制技术的基本概念，包括大数据、云计算、机器学习以及其他先进控制技术。

引用案例

我国首套轨梁物料智能识别系统进入试运行阶段

2020 年 7 月 13 日，新松公司自主研发的国内首套轨梁物料智能识别系统完成安装调试，在鞍钢股份有限公司（以下简称“鞍钢”）大型厂进行最后阶段的试运行。车间里，正在岗位上卖力工作的 8 台新松工业机器人引起大家关注。新松工业机器人系统的陆续应用，极大提升鞍钢智能化水平，实现生产线上的生产信息流和物流真正匹配，优化岗位配置，改善作业环境，减轻岗位劳动强度，提升生产效率。作为产业链前端的钢铁行业，也迎来新的发展机遇。

刚刚进入最后试运行阶段的新松鞍钢项目包括镜面检测物料智能识别系统、成品入库智能识别系统，具有 11 项新松独有的专利技术进行全方位的技术支撑，搭载新松自主研发的新一代控制器的 20kg 工业机器人，具有优良的技术水平，机器视觉识别系统可实现钢轨端部的自动贴标涂油，自动检测识别，清理打磨，不用人工参与；还可进行远程监控，并可兼容不同断面、不同长度类型的钢轨自动贴标任务，实现全流程可识别、可跟踪、可追溯，自动化程度高。应用在钢铁行业智能制造中的机器人融合了传感技术、力学控制、人工智能、仿生学等各种先进技术，具有高精准性、可靠性和一致性，能够充分应对钢铁生产环境，对钢铁行业的可持续发展有重要影响。

数字化时代加速激发机器人与智能制造的需求，机器人与智能制造不仅能够提高企业生产效率和市场竞争力，还可以大幅降低用工风险，推动自动化、智能化生产进程，提升企业管理效率。

8.1 大 数 据

大数据已经成为研究人员关注的热点，各大媒体都充斥着对大数据各个维度的报道，其范围涉及大数据的概念、技术、应用和展望等各个方面。数据正在以前所未有的速度增长，大数据时代已经到来。本章首先介绍大数据的概念与相关术语、主要特征及类型，接着阐述大数据的应用及发展趋势，最后给出大数据在工业方面的应用现状。

8.1.1 大数据的概念与相关术语

通过对大量文献资料追踪溯源，发现“大数据”这个词最早出现在 1980 年的美国，著名的未来学家托夫勒在其所著的《第三次浪潮》中，将大数据称颂为“第三次浪潮的华彩乐章”。2008 年 9 月，《自然》杂志推出了名为“大数据”的封面专栏。从 2009 年开始，“大数据”成为互联网技术行业中的热门词汇，被世人推崇和讨论。目前，尽管大数据的发展已有几十年的时间，但仍没有一个统一、完整、科学的定义。

1. 狭义的大数据

所谓大数据，狭义上可以定义为：用现有的一般技术难以管理的大量数据的集合。早期，很多研究机构和学者对大数据进行定义时，一般将其作为一种辅助工具或从其体量特征来进行定义。例如，高德纳（Gartner）咨询管理公司数据分析师 Merv Adrian 认为，大数据是指那些由于其庞大的规模，常规软件工具难以在正常时间和空间范围内处理和分析的数据。

作为大数据研究讨论先驱者的咨询公司麦肯锡，2011 年在其大数据研究报告中，根据大数据的数据规模来对其进行诠释，其给出的定义是：大数据指的是规模已经超出了传统的数据库软件工具收集、存储、管理和分析能力的数据集。需要指出的是，麦肯锡在其报告中同时强调，大数据并不能被理解为超过某个特定的数字，或超过某个特定的数据容量就是大数据，随着大数据技术的不断发展，其数据集容量也会不断增长。行业的不同也会使大数据的定义有所不同。

电子商务行业的巨人亚马逊的专业大数据专家 John Rauser 对大数据定义为：大数据指的是超过了一台计算机的设备、软件等处理能力的数据规模、资料信息海量的数据集。总体来说，对大数据的狭义理解，研究者大多从微观的视角出发，将大数据理解为当前技术难以处理的一种数据集；而对于大数据的宏观定义，目前还没有提出一种可量化的内涵理解，但多数都提出了对于大数据的宏观理解概念。我们需要保持大数据在不同行业领域是不断更新的、可持续发展的观念。

2. 广义的大数据

对于广义的大数据定义，主要以对大数据进行分析管理、挖掘数据背后所蕴含的巨大价值为视角，给出大数据的概念。例如，维基百科对大数据给出的定义是：巨量数据或称为大数据、大资料，指的是所涉及的数据量规模巨大到无法通过当前的技术软件和工具在一定的时间内进行截取、管理、处理，整理成为需求者所需要的信息，并根据该信息进行决策。

被誉为“大数据时代的预言家”的 Viktor Mayer-Schönberger 在其专著《大数据时代：生活、工作与思维的大变革》中对大数据的定义为：大数据是人们获得新的认知、创造新的价值的源泉；大数据还是改变市场、组织机构，以及政府与公民关系的方法。他还认为有些事情只有在大规模数据的基础上可以做到，而这些事情在小规模的数据基础上是无法完成的。

IBM（International Business Machines Corporation）对于大数据的定义则是从大数据的特征进行诠释的，它认为大数据具有 3V 特征，即数据量大（Volume）、数据种类多（Variety）和速度快（Velocity），故大数据是指具有容量难以估计、种类难以计数且增长速度非常快的数据。

IDC（International Data Corporation）则在 IBM 的基础上，根据自己的研究，将 3V 发展为 4V，其认为大数据具有 4 方面的特征：数据量大（Volume）、数据种类多（Variety）、数据速度快（Velocity）、数据价值密度低（Value）。所以 IDC 对大数据的定义为：大数据指的是具有规模海量、类型多样、体系纷繁复杂并且需要超出典型的数据库软件进行管理且能够给使用者带来巨大价值的数据集。

通过梳理大数据的定义可以发现，大多数研究机构和学者对大数据的定义普遍是从数据的规模量，以及对数据的处理方式来进行的，并且其对大数据的定义也多是从自身的研究视角出发，因此对于大数据的定义可谓是“仁者见仁，智者见智”。

3. 相关术语

初步了解大数据后，下面介绍几个与大数据相关的概念和术语。

（1）数据。数据是可以获取和存储的信息。除了直观的数字，数据也可以是文字、图像、声音、视频等能被记录下来的信息。

（2）大数据。本节前面提到，关于大数据的定义，不同行业、机构有不同的说法。本书对大数据的定义为：在特定的时间内，用现有的一般软件工具难以进行获取、存储、处理和分析的超大型数据的集合。

（3）元数据。元数据（Metadata）是提供一个数据集的特征和结构信息来描述数据属性的数据。元数据主要是描述数据属性的信息，用来支持如指示存储位置、历史数据、资源查找、文件记录等功能。这种数据主要是由机器生成的，搜寻元数据对于大数据的存储、处理和分析是至关重要的一步，因为元数据提供了数据系谱信息以及数据处理的起源。

（4）云计算。现阶段对云计算的定义有多种说法。对于到底什么是云计算，至少可以找到数十种解释。广为接受的说法是美国国家标准与技术研究院（NIST）的定义：云计算是一种按使用量付费的模式，这种模式提供可用的、便捷的、按需的网络访问，进入可配置的计算资源（包括网络、服务器、存储、应用软件、服务）共享池，这些资源能够被快速提供并释放，使管理资源的工作量和与服务提供商的交互减小到最低限度。中国云计算网将云计算定义为：云计算是分布式计算（Distributed Computing）、并行计算（Parallel Computing）和网格计算（Grid Computing）的发展，或者说是这些科学概念的商业实现。

本书对云计算的定义为：云计算是一种基于互联网的分布式计算方式，通过这种方式，共享的软硬件资源和信息可以按需提供给计算机和其他设备。

从技术上看，大数据与云计算的关系密不可分。大数据离不开云计算，大数据要对海量数据进行分布式数据挖掘，就必须依托云计算的分布式处理、分布式数据库和云存储及虚拟化技术。云计算是大数据分析与处理的一种重要方法，云计算强调的是计算，而大数据则是计算的对象。

（5）大数据技术。大数据技术就是处理大数据所用到的技术，一般是指根据特定的目标要求，从各种类型的海量数据中快速获得有价值信息所需要的技术。常用的大数据技术有大数据采集技术、大数据存储技术、大数据分析处理技术和大数据可视化技术等。

8.1.2 大数据主要特征

要确保数据的可用性，就要分析大数据的数据特征。当前，从 IDC 的 4V 特征 4 个方面来理解，大数据的特征表现为数据量大（数据存储量大和增量大）、数据种类多（数据来源多，数据格式多）、数据速度快及数据价值密度低，因此，只有具备这些特征的数据才是大数据。大数据的 4V 特征如图 8-1 所示。

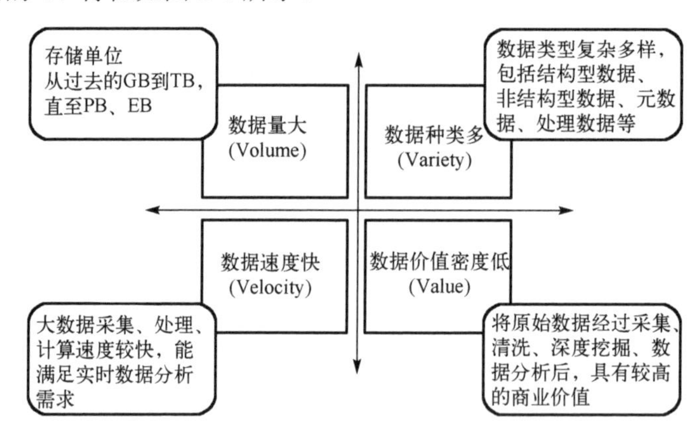

图 8-1 大数据的 4V 特征

1. 数据量大（Volume）

这个“大”源于广泛采集、多处存储和大量计算。普通的计算机存储容量以 GB、TB 为单位，而大数据则以 PB（1024TB）、EB（约 100 万 TB）为单位。

2. 数据种类多（Variety）

大数据既包括地理位置信息、数据库、表格等结构化数据，又包括文本、图像、音视频等非结构化数据。不同的数据类型需要不同的处理程序和算法，所以大数据对数据的处理方法和技术也有更高的要求。

3．数据价值密度低（Value）

决策者要获得必需的信息，就要对大量数据进行处理。现在通用的做法是通过使用强大的机器算法进行数据挖掘，进而获得与逻辑业务相吻合的结果。这个过程可以理解为在无边沙漠中用筛子淘取金沙，其价值密度可想而知。

4．数据速度快（Velocity）

大数据需要处理的数据有的是爆发式产生的，如大型强子对撞机工作时每秒产生 PB 级数据；有的数据虽然是流水式产生的，但由于用户数量众多，短时间内产生的数据量（如网站点击流、系统日志、GPS 等数据）依然很庞大。为了满足实时性需求，数据的处理速度必须快，过时的数据会贬值。

有学者提出提高数据的准确性和可信赖度（Veracity）这一特征，进而构成大数据“5V”特征。可信赖度是指需要保证数据的质量。由于大数据中的内容与真实世界中的事件息息相关，要想从规模庞大的数据中正确提取出能够解释和预测现实的数据，就必须保证数据的准确性和可信赖度。

此外，有学者还提出了大数据特征新的论断，例如，动态性（Vitality）强调整个数据体系的动态变化；可视性（Visualization）强调数据的显性化展现；合法性（Validity）强调数据采集和应用的合法性，特别是对于个人隐私数据的合理使用；暂时性（Volatility）强调需要存储多久的数据；在线性（Online）是大数据区别于其他传统数据的一项主要特征，是互联网高速发展下的必然趋势。

8.1.3　大数据的类型

大数据的类型多种多样，有网络日志、音频、视频、图片等，要存储、处理这些复杂的数据首先要将数据分成不同的类型，然后针对不同类型的数据采取相应的存储和处理方法。根据数据存储方式和内部的组织结构，将大数据分为三种类型：结构化数据、半结构化数据和非结构化数据。这三种数据类型的关系由简单到复杂，各自有不同的特点，传统数据库存储处理的主要是结构化数据类型，而大数据时代将以半结构化数据和非结构化数据为主流数据类型。图 8-2 显示了三种类型数据的变化趋势。

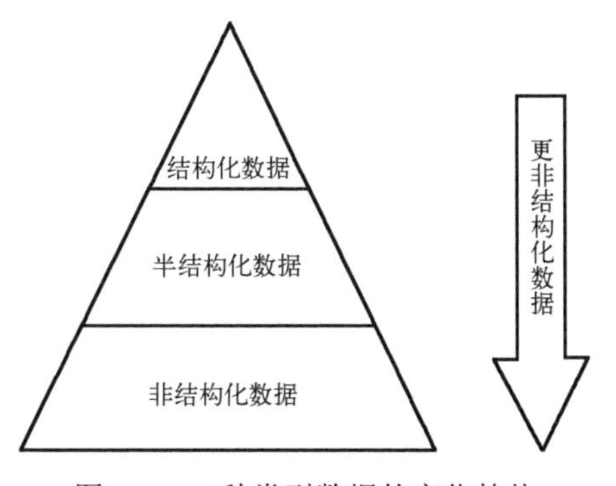

图 8-2　三种类型数据的变化趋势

1. 结构化数据

结构化数据是指数据格式严格固定，可以由二维表结构来表达和实现的数据，也称作行数据。结构化数据可以用关系型数据库存储处理，如在 Access 数据库软件中可以查看类似 Excel 中的二维表数据。这种类型的数据关系最简单，符合二维映射关系。大多数传统数据技术主要基于结构化数据，如银行数据、政企职工工资数据、保险数据、医疗数据等。

2. 半结构化数据

半结构化数据是具有一定结构但没有固定结构的数据。与非结构化数据相比，半结构化数据具有一定的结构，但在具有严格理论模型的关系数据库中，它比结构化数据更灵活。半结构化数据虽然不符合关系数据模型的结构，但它包含了相关的标签来分离语义元素和层记录、字段等，因此也被称为自我描述型数据。在关系数据库中，存在一个信息系统框架，即模式，它用来描述数据及其之间的关系，模式与数据是完全分离的。然而，在半结构化环境中，模式信息往往包含在数据中，即模式与数据之间的边界不明确。

目前，对半结构化数据及其模式主要有以树或者图的描述形式。这类数据常常用文本文件进行存储，包括电子邮件、配置文件、Web 集群等。半结构化数据可以通过灵活的键值调整来获取相应的信息，且没有模式的限定，数据可以自由流入系统，还可以自由更新，更便于客观地描述事物。虽然半结构化数据的动态性和灵活性可能使查询处理更加困难，但它给用户存储提供了显著的优势。

3. 非结构化数据

非结构化数据是指数据结构不规则、不遵循规范模型的数据。这类数据可以是文本的，也可以是数据的，一般在文本文件和二进制文件中存储和传输。这里说的文本文件和二进制文件主要讨论的是文件数据的内容，与文件本身的格式无关。文本文件中包含文档（如 Microsoft Office）和 ASCII 文件，二进制文件中包含图像、声音及视频等媒体文件。

据统计，目前大数据中以非结构化数据为主，其庞大的规模和复杂性需要更加智能和高级的技术来处理和分析。

8.1.4 大数据应用及发展趋势

1. 大数据应用

近年来，随着大数据技术的逐渐成熟，大量成功的大数据应用不断涌现。包含工业、金融、餐饮、电信、能源、生物和娱乐等在内的社会各行各业都已经显现了融入大数据的痕迹。

（1）互联网：借助大数据技术，可以分析客户行为，进行商品推荐和针对性广告投放。

（2）制造业：利用工业大数据提升制造业水平，包括产品故障诊断与预测、生产工艺改进、生产过程能耗优化、工业供应链分析、生产计划与排程等。

（3）金融：大数据在高频交易、社交情绪分析和信贷风险分析三大金融创新领域发挥了重大作用。

(4)生物医学：大数据可用于流行病预测、智慧医疗、健康管理，同时还可以解读DNA，了解生命的更多奥秘。

（5）智慧城市：大数据可用于智能交通、环保监测、城市规划和智能安防等方面。

（6）能源：随着智能电网的发展，电力公司可以掌握海量的用户用电信息，利用大数据技术分析用户用电模式，改进电网运行，合理设计电力需求响应系统，确保电网运行安全。

尽管大数据已经在很多行业领域的应用中崭露头角，但就其效果和深度而言，当前大数据应用尚处于初级阶段，根据大数据预测未来、指导实践的深层次应用将成为未来的发展重点。

2. 大数据发展趋势

近年来，大数据作为新的重要资源，逐渐成为工程技术人员和科研人员的研究热点，世界各国都在加快大数据的战略布局，鼓励和支持大数据产业的发展。大数据正在开启一个崭新时代，未来大数据的发展趋势将主要体现在以下4个方面。

（1）数据科学成为一门新兴学科。未来，数据科学将成为一门专门的学科，被越来越多的人所认知。各高校不仅开设专门的数据科学类专业，也会催生一批与之相关的新的就业岗位。与此同时，基于数据这个基础平台，也会建立起跨领域的数据共享平台，之后数据共享将扩展到企业层面，并且成为未来产业的核心一环。

（2）大数据将与物联网、云计算、人工智能等热点技术领域相互交叉融合，产生很多综合性应用。近年来计算机和信息技术的发展趋势是：前端更延伸，后端更强大。物联网与人工智能加强了前端的物理世界和人的交互融合，大数据和云计算加强了后端的数据存储、管理能力和计算能力。

(3)大数据产业链逐渐形成。经过数年的发展，大数据初步形成一个较为完整的产业链，包括数据采集、整理、传输、存储、分析、呈现和应用，众多企业开始参与到大数产业链中，并形成了一定的产业规模。相信随着大数据的不断发展，相关产业规模会不断扩大。

（4）数据资源化、私有化进而商品化成为持续的趋势。数据资源化的本质是实现数据共享与服务，在数据资源化的过程中，必须建立高效的数据交换机制，实现数据的互联互通、信息共享、业务协同，成为整合信息资源、深度利用分散数据的有效途径。同时，基础数据的私有化和独占问题也成为焦点，数据产权界定问题日益突出。在数据权属确定的情况下，数据商品化成为必然选择和趋势。

8.1.5　工业大数据应用现状

工业大数据时代包括人工智能和大数据，两者之间既有区别又有联系。人工智能包括机器学习、图像识别等，主要依赖海量数据对问题进行分析，模拟运算出更加准确的结果。而作为建立在集群技术上的大数据技术主要为人工智能提供强有力的存储能力和计算能力。大数据技术作为一种挖掘和展现工业大数据中所蕴含价值的技术，包括数据规划、采集、预处理、存储、分析挖掘、可视化和智能控制等。

智能制造“十四五”规划与德国“工业 4.0”的成功对接，使得各行业以信息化带动工业化、以工业化促进信息化，充分利用大数据、互联网、人工智能等技术作为发力点，加速生产逐步趋向智能化、自动化以及透明化的转变，提高对工艺数据的整理、分析挖掘，及时步入新型两化融合道路，打造新时代智能化工艺流程，积极推进现代工业的智能化转型发展。

视频 8-1　大数据技术及其在生活中的应用

8.2 云 计 算

近年来，随着信息技术的发展，各行各业产生的数据量呈爆炸式增长趋势，用户对计算和存储的要求越来越高。为满足用户对逐日增长的数据处理的需求，企业和研究机构建立了自己的数据中心，通过投入大量资源提高计算和存储能力，以达到用户要求。在传统模式下，不仅需要购买 CPU、硬盘等基础设施，以及各种软件许可，还需要专业人员维护数据中心的运行，随着用户需求与日俱增，企业需要不断升级各种软硬件设施以满足用户需求。在用户规模扩大的同时，应用种类也在不断增多，任务规模和难度指数增大，传统的资源组织和管理方式按照现有的扩展趋势，已无法满足用户服务质量的要求，且投资成本和管理成本均已达到普通企业无法承担的程度。对于企业来说，并不需要一整套软硬件资源，追求的是能高效地完成对自有数据的处理。基于此，云计算技术应运而生。

8.2.1 云计算的概念与特点

2006 年，美国 Google 公司最先提出云计算概念。同年，美国亚马逊公司推出弹性计算云服务（Elastic Compute Cloud，EC2）。2013 年后，全球云计算产业进入快速发展时期，各国纷纷制定国家战略和行动计划，鼓励政府用云和企业上云。随着云计算应用规模的快速增长，云计算应用成效逐步显现，云计算已经成为新型基础设施的重要组成部分。

1. 云计算基本概念

现阶段广为接受的云计算定义是国家标准《信息技术 云计算 参考架构》（GB/T-32399—2015）的定义：云计算是一种通过网络将可伸缩、弹性的共享物理和虚拟资源池以按需自助服务的方式供应和管理的模式。

从计算方法的角度看，云计算是分布式计算的一种，它通过网络将大量的数据计算处理程序分解成多个小程序，通过由多部服务器组成的系统处理和分析这些小程序得到结果并返回给用户。通过该技术，用户可以在几秒内完成对海量数据的处理，为用户提供强大的计算服务。

从资源利用的角度看，云计算定义了一种 IT 资源共享模型，有了它，用户可以方便地随时随地按需通过网络访问共享的可配置计算资源（如网络、服务器、存储、应用程序和服务）池。云计算有以下 5 方面重要特征：①按需自助服务，用户可以根据需要供应、监控和管理计算资源；②资源池化，IT 资源以非专用方式为多个应用程序和多个用户所共享；③IT 资源可以快速按需伸缩；④按使用量收费，系统跟踪每个应用程序和每个用户的资源使用情况并进行计费；⑤广泛的网络访问，可以通过标准网络或者异构设备提供计算服务。

云计算的核心概念是以互联网为中心，在网络上提供快速且安全的计算服务与数据存储服务，让每个使用互联网的用户都可以使用网络上的计算资源与存储资源。云计算是继互联网、计算机后信息时代的一种革新，是信息时代的一个大飞跃。

2. 云计算的特点

云计算有以下几个主要特点。

（1）大规模。云计算通常需要数量众多的服务器等设备作为基础设施，例如，Google 拥有百万台服务器以上的云计算环境，而一般私有云也通常有几十台到上百台相关设备。

（2）虚拟化。虚拟化是云计算的底层支撑技术之一。当用户向云计算请求某种服务时，云计算并不知道该服务是由云计算环境中哪一台或哪几台服务器提供的。云服务提供商也可以通过虚拟化技术整合全部系统资源，从而达到动态调度、降低成本的目的。

（3）伸缩性。云计算的设计架构可以使计算机节点在无须停止服务的情况下随时加入或退出整个集群，从而实现伸缩性。

（4）敏捷性。云计算通过屏蔽底层实现细节，以服务的方式对外开放，因此企业和用户能够快速开发和部署相关应用软件与系统。

（5）按需服务。云计算环境可以动态地对资源进行调度，因此用户可以根据自己的实际需要订购相应的资源，并且在需求改变时，可以随时调整订单以应对快速发生的变化。

（6）多租户。云计算使用多租户技术来保证用户之间的服务相互隔绝，互不干扰。当某个服务崩溃时，不会影响其他正在使用的服务。

（7）容错性。云计算在最早被提出时，是建立在使用消费级（相对于昂贵的高级服务器而言）计算机的前提下，该类设备的稳定性无法支撑长期（7×24 小时）的在线服务，因此节点失效将成为常态。云计算拥有良好的容错机制，当某个节点发生故障时，可以轻易地通过副本等机制保证服务的持续。

（8）规模化经济。云计算的规模通常较大，云计算服务提供商可以使用多种资源调度技术来提高系统资源利用率从而降低使用成本，同时还可以通过通风、制冷、供电、网络接入的统筹规划降低维护成本，从而实现规模化经济，为用户提供收费更为低廉的服务。

8.2.2 云计算关键技术

1. 云计算的架构

云计算平台体系架构可分为核心服务、服务管理、用户访问接口共三层（见图 8-3）。核心服务层将硬件基础设施、软件运行环境、应用程序都抽象成服务，这些服务具有可靠性强、可用性高、规模可伸缩等特点，能够满足多样化的应用需求。服务管理层为核心服务层提供支持，进一步确保核心服务的可靠性、可用性与安全性。用户访问接口层实现端到云端的访问。就像一个公司，用户访问接口层是连接公司和用户的纽带；服务管理层管理着公司的所有服务项目；核心服务层是公司能为用户提供的服务集合。

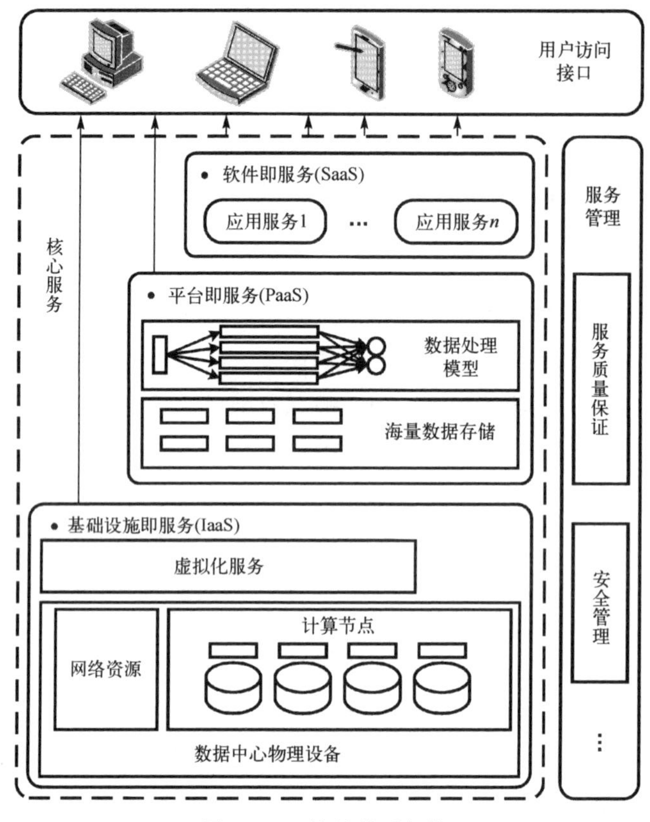

图 8-3 云计算体系架构

核心服务层通常可以分为三个子层：IaaS（基础设施即服务层）、PaaS（平台即服务层）、SaaS（软件即服务层）。核心服务层的结构如图 8-4 所示。

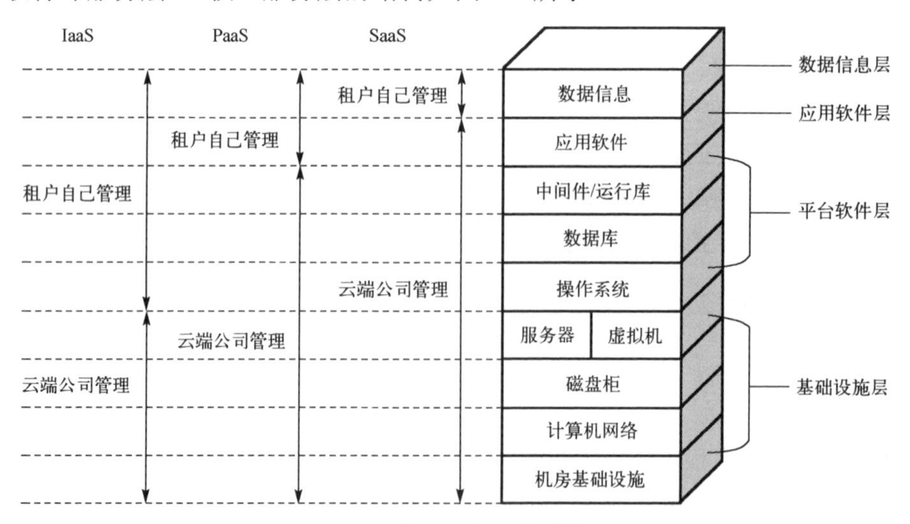

图 8-4 核心服务层的结构

IaaS 把 IT 环境的基础设施层作为服务出租出去。由云服务提供商把 IT 环境的基础设施建设好，直接对外出租硬件服务器或者虚拟机。云服务提供商负责管理机房基础设施、计算机网络、磁盘柜、硬件服务器和虚拟机，租户自己安装和管理操作系统、数据库、中间件、应用软件和数据信息。

Pass 把 IT 环境的平台软件层作为服务出租出去。此时云服务提供商需要把基础设施层和平台软件层都搭建好，然后在平台软件层上分成小块（将它称为容器）并对外出租。租户此时仅需要安装、配置和使用应用软件就可以了。

SaaS 把 IT 环境的应用软件层作为服务出租出去。云服务提供商需要搭建和管理基础设施层、平台软件层和应用软件层，这进一步降低了租户的技术门槛，用户连应用软件也不需要自己安装，直接使用软件即可。例如，企业通过邮箱软件服务商建立属于该企业的电子邮件服务。该服务托管于邮箱软件服务商的数据中心，企业不必考虑服务器的管理、维护问题。

2. 虚拟化技术

虚拟化是指计算单元不在真实的单元上而在虚拟的单元上运行，是一种优化资源和简化管理的计算方案，虚拟化技术适合在云计算平台中应用，虚拟化的核心解决了云计算等对硬件的依赖，提供统一的虚拟化界面；通过虚拟化技术，用户可以在一台服务器上运行多台虚拟机，从而实现对服务器的优化和整合。虚拟化技术使用动态资源伸缩的手段，降低云计算基础设施的使用成本，并提高负载部署的灵活性。

3. 中间件技术

支持应用软件的开发、运行、部署和管理的支撑软件被称为中间件。中间件是运行在两个层次之间的一种组件，是在操作系统和应用软件之间的软件层次。中间件可以屏蔽硬件和操作系统之间的兼容问题，并具有管理分布式系统中的节点间的通信、节点资源和协调工作等功能。通过中间件技术，用户可将不同平台的计算节点组成一个功能强大的分布式计算系统。而云环境下的中间件技术，其主要功能是对云服务资源进行管理，包含用户管理、任务管理、安全管理等，为云计算的部署、运行、开发和应用提供高效支撑。

4. 云存储技术

在云计算中，云存储技术通常和虚拟化技术相互结合起来，通过对数据资源的虚拟化，提高访问效率。目前，数据存储技术 HDFS 和 Google 的 GFS 具有高吞吐率、分布式和高速传输等优点。因此，采用云存储技术，可满足云计算为大量用户提供云服务的需求。

8.2.3　云计算与大数据

云计算与大数据相辅相成、相互促进，云计算与大数据的关系如图 8-5 所示。物联网和云计算技术的广泛应用是发展的愿景，这样用户能够无时无刻地感知世界、服务世界，而大数据的爆发则是这些技术和服务发展导致的必然问题。云计算是产业发展趋势，大数据则是现代信息社会飞速发展的必然现象。解决大数据问题，需要以现代云计算技术为基础做支撑；而大数据的发展不仅解决了产业和经济的现实困难，同时也会促使云计算、物联网的深入应用和推广，进而又形成更大规模的大数据挑战。

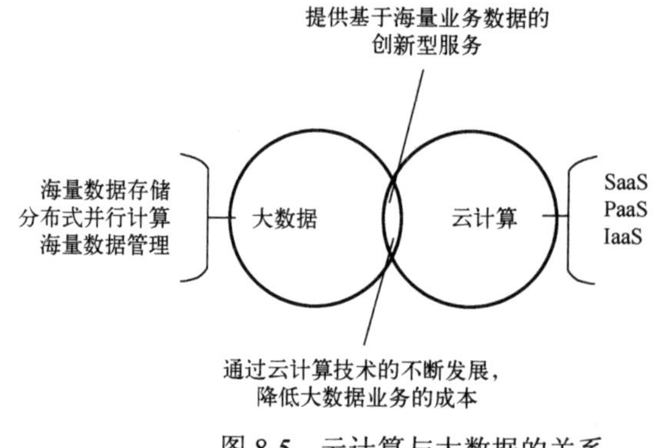

图 8-5　云计算与大数据的关系

1. 云计算与大数据的关系

云计算和大数据实际上是工具与用途的关系，即云计算为大数据提供了有力的工具和途径，大数据为云计算提供了用武之地，而大数据则通过云计算的形式，对这些数据进行分析、处理，从中提取有用的信息，该过程为大数据分析。下面给出了云计算与大数据的总体关系。

（1）从技术上来看，大数据和云计算的关系密不可分。

（2）无法用单台计算机处理大数据，必须采用分布式架构。分布式架构的特点在于对海量数据进行分布式数据挖掘，但它必须依托云计算的分布式处理、分布式数据库和云存储、虚拟化技术。

（3）随着云时代的到来，人们对大数据的关注度也越来越高，分析师团队认为大数据通常用来表示一个公司创造的大量非结构化数据和半结构化数据。

（4）常把大数据分析和云计算联系在一起，因为实时的大型数据集分析需要类似 MapReduce 的框架来向数十、数百，甚至数千的计算机分配工作。

（5）大数据需要特殊的技术以有效地处理大量的数据。大数据的技术包括大规模的并行处理数据库、数据挖掘、分布式文件系统、分布式数据库、云计算平台、互联网和可扩展的存储系统。云计算与大数据之间的异同如表 8-1 所示。

表 8-1　云计算与大数据之间的异同

<table>
<tr><td rowspan="6">不同点</td><td>类别</td><td>大数据</td><td>云计算</td></tr>
<tr><td>背景</td><td>不能胜任社交网络和物联网产生的大量异构但有价值的数据</td><td>基于互联网的服务日益丰富和频繁</td></tr>
<tr><td>目标</td><td>充分挖掘海量数据中的信息</td><td>扩展和管理计算机软硬件的资源和能力</td></tr>
<tr><td>对象</td><td>各种数据</td><td>IT 资源、能力和应用</td></tr>
<tr><td>推动力量</td><td>从事数据存储与处理的软件厂商和拥有大量数据的企业</td><td>存储及计算设备的生产厂商和拥有计算及存储资源的企业</td></tr>
<tr><td>价值</td><td>发现数据中的价值</td><td>节省 IT 资源部署的成本</td></tr>
<tr><td>相同点</td><td colspan="3">（1）目的相同：都是为数据储存和处理服务，需占用大量的存储和计算资源
（2）技术相同：大数据根植于云计算，云计算关键技术中的海量数据存储技术、海量数据管理技术、MapReduce 编程模型都是大数据技术的基础</td></tr>
</table>

2. 云计算与大数据的融合发展

从技术角度来看，云计算与大数据在很大程度上形成了融合发展的趋势。目前，许多云计算服务由于规模的扩大，已经将大数据的存储和处理集成在后台。例如，许多企业云存储服务商在基础数据存储功能的基础上增加了相应的数据处理算法和系统，服务于视频、社交等各种互联网和社交网络企业应用，提供更便捷、更集成的云服务，满足企业用户不断发展的需求。同样，很多行业的大数据处理系统也选择在公有云服务平台上构建大数据系统，与云服务融合，再以云服务的形式提供给行业。未来，这一趋势将更加明显，也将会看到更广泛的云计算和大数据融合的服务和应用，它们之间的界限会变得越来越模糊。

从行业来看，云计算和大数据已经成为我国的国家战略，其相关技术的应用深入到各个传统产业和新兴产业，政府的政策和资金引导力度不断加大。在此背景下，云计算在传统行业的应用将面临更加蓬勃的发展。但是，也可以看到，许多行业仍然注重基础硬件的建设和投入，以及资源服务水平（如智慧城市宽带建设、数据中心项目等），缺乏对核心软件和关键技术的战略投入，真正规模化的云计算和大数据应用也很少。同时，大数据处理也面临着数据共享、数据融合与交换、数据权利确认、数据安全与隐私保护等诸多挑战，因此单纯发展云计算和云服务并不能解决根本问题，还需要将相关的大数据问题一并解决，才能达到融合发展、共同推进的效果。

目前，云计算与大数据融合的最大机遇在于基础软件的突破。由于近年来云计算和大数据技术的蓬勃发展，整个软件基础架构堆栈，包括操作系统、存储、数据库、安全、备份及各种中间件，都遇到了转型升级的压力。

3. 大数据上云

大数据上云实际上有多种含义和选择。基于大数据的特点，企业需要建立自己的大数据存储和处理平台，这是一项巨大的投资和挑战。因此，企业可以选择将大数据存储在云端。现在很多云服务提供商都提供云存储服务。但是，大数据挖掘的存储和分析是密切相关的，如果只把大数据放在云端，而把大数据处理留在本地，那么每次都要从云端把数据拿回来，计算完再保存回去，这显然不是一个好的选择。因此，也需要将大数据的计算和处理放到云端，让整个企业的大数据系统成为云服务。还有一种选择是混合架构，即同时构建本地大数据存储和处理平台。核心和机密数据可以在本地存储，一些关键的实时处理场景也可以在本地处理，其他可以在云端处理。

当前，随着物联网技术的普及，很多边缘设备也都具备了比较强的存储和计算能力，因而出现了“云计算＋边缘计算”的创新模式。在这种场景下的大数据解决方案，可以采用数据存储和分析构建在公有云平台上，采用离线训练模型；再结合边缘存储和计算，在生产现场利用实时数据和已经训练好的模型或实时模型进行关键业务处理的两级架构，以满足不断变化的应用需求。利用这种结合的模式，可以降低成本、实现弹性扩展、提高容灾性，同时也使得数据共享更便利。

8.2.4 云计算在制造行业的应用

制造云是指专用于工业制造行业，应用赋能的云计算平台和系列云计算服务的总称，是以整体智能制造转型升级为目标，以各制造环节的降本增效、简化执行、实时决策、提升质量为目的，以设备智能化、连接泛在化、计算弹性化及制造各环节相关数据的沉淀与价值挖掘为主要手段，是制造领域中以自动化为主的IT技术与互联网领域中以云计算为主的IT技术相结合的产物。制造云既有通用云计算平台的所有服务能力，又能针对制造行业的特点为行业提供所需的云计算服务，其核心是帮助企业构建工业互联网应用的工业互联网 IIoT 平台，以及基于其上的大数据处理人工智能应用服务及各种工业场景下的SaaS应用服务。

智能制造云会对制造全系统、全生命周期活动中的人、物、环境、信息等进行自主智慧的交互，促使制造全系统及全生命周期活动中的组织、经营管理、知识流、服务流集成优化，形成一种“基于泛在网络，以用户为中心”的智慧制造新模式和“泛在互联、数据驱动、共享服务、跨界融合、自主智慧、万众创新”的新业态，进而高效、优质、节省、绿色、柔性地制造产品和服务用户，提高企业的市场竞争能力。

视频 8-2　云计算技术及应用

8.3 机 器 学 习

机器学习就是把无序的数据转换成有用的信息。机器学习横跨计算机、工程技术和统计学等多个学科，需要多学科的专业知识。它可以作为实际工具应用于从政治学到地质学等多个领域，能解决其中很多问题。

在过去的半个世纪里，发达国家的多数工作岗位都已从体力劳动转化为脑力劳动。过去的工作基本上都有明确的定义，类似于把物品从A处搬到B处，或者在这里打个洞，但是现在这类工作都在逐步消失。现今的情况具有很大的三义性，类似于“最大化利润”“最小化风险”“找到最好的市场策略”，诸如此类的任务要求都已成为常态。虽然可从互联网上获取到海量数据，但这并没有简化工作难度。针对具体任务搞懂所有相关数据的意义所在，这正成为基本的技能要求。

大量的经济活动都依赖于信息，我们不能在海量的数据中迷失，机器学习将有助于我们穿越数据雾霭，从中抽取出有用的信息。

8.3.1 机器学习概述

1. 机器学习的定义

目前引用较多的关于机器学习的定义是：“机器学习是一种计算机程序，它可以让系统在未经人为主动编程的情况下，具有从经验（数据）中自动学习并自我改进的能力。”

机器学习的过程始于对数据的观察，例如，我们向计算机给出示例、经验数据或指导，以便让计算机根据我们提供的示例查找数据模式并做出更好的决策。机器学习的主要目的是允许计算机在没有人工干预或帮助的情况下自动学习，并相应地调整操作。

机器学习的基本要素包括模型、学习准则（策略）和优化算法三个部分。机器学习方法的不同，主要体现在模型、学习准则（策略）、优化算法的不同。如果确定了模型、学习准则（策略）、优化算法，那么机器学习的方法也就确定了。

2. 机器学习的三个基本要素

（1）模型。机器学习首要考虑的问题是学习什么样的模型（Model）。在监督式机器学习中，给定训练集，学习的目的是希望能够拟合一个函数 $h(\boldsymbol{x};\boldsymbol{\theta})$ 来完成从输入特征向量 $\boldsymbol{x}$ 到输出标签的映射。这个需要拟合的函数 $h(\boldsymbol{x};\boldsymbol{\theta})$ 就称为模型，它由参数向量 $\boldsymbol{\theta}$ 决定，$\boldsymbol{\theta}$ 为模型参数向量，$\boldsymbol{\theta}$ 所在的空间称为参数空间（Parameter Space）。一般来说，模型有两种形式，一种形式是概率模型（条件概率分布），另一种形式是非概率模型（决策函数）。决策函数还可以再分为线性函数和非线性函数两种，对应的模型就称为线性模型和非线性模型。在实际应用中，将根据具体的学习方法来决定采用线性模型还是非线性模型。

将训练得到的模型称为一个假设，从输入空间到输出空间的所有可能映射组成的集合称为假设空间（Hypothesis Space）。在监督式机器学习中，模型就是所要学习的条件概率分布或决策函数。模型的假设空间包含所有可能的条件概率分布或决策函数。例如，假设决策函数是输入特征向量 $\boldsymbol{x}$ 的线性函数，那么模型的假设空间就是所有这些线性函数构成的函数集合。假设空间中的模型一般有无穷多个，而机器学习的目的就是从这个假设空间中选择出一个最好的预测模型，也就是在参数空间中选择一个最优的估计参数向量 $\hat{\boldsymbol{\theta}}$。

（2）学习准则（策略）。在明确了模型的假设空间后，接下来需要考虑按照什么准则（策略）从假设空间中选择最优的模型，即学习准则或策略问题。

机器学习最后都归结为求解最优化问题，为了实现某个目标，需要构造出一个目标函数（Objective Function），然后让目标函数达到极大值或极小值，从而求得机器学习模型的参数。如何构造出一个合理的目标函数，是建立机器学习模型的关键，一旦目标函数确定，接下来就是求解最优化问题。

对于监督式机器学习中的分类问题与回归问题，机器学习本质上是给定一个训练样本数据集 $T=\{(x_1,y_1),(x_2,y_2),\cdots,(x_i,y_i),\cdots(x_N,y_N)\}$，尝试学习 $x_i \to y_i$ 的映射函数 $\hat{y}_i = h(\boldsymbol{x};\boldsymbol{\theta})$，其中 $\boldsymbol{\theta}$ 是模型的参数向量，使得给定一个输入样本的数据 $\boldsymbol{x}$，即便这个 $\boldsymbol{x}$ 不在训练样本中，也能够为 $\boldsymbol{x}$ 预测出一个标签值 $\hat{\boldsymbol{y}}$。

在机器学习领域中，存在三个容易被混淆的术语：损失函数（Loss Function）、代价函数（Cost Function）和目标函数（Objective Function），它们之间的区别和联系如下。

① 损失函数：通常是针对单个训练样本而言的，用来衡量模型在每个样本实例 x_i 上的预测值与样本 $h(\boldsymbol{x};\boldsymbol{\theta})$ 的真实标签值 y_i 之间的误差，记作 $L(y_i,h(\boldsymbol{x};\boldsymbol{\theta}))$。损失函数的值越小，说明预测值 $\hat{y}_i$ 与实际观测值 y_i 越接近。

② 代价函数：通常是针对整个训练样本集（或者一个 Mini-batch）的总损失

$J(\boldsymbol{\theta})=\sum_{i=1}^{N}L(y_i,h(\boldsymbol{x};\boldsymbol{\theta}))$。常用的代价函数包括均方误差、均方根误差、平均绝对误差等。代价函数的值越小，说明模型对训练集样本数据的拟合效果越好。

③ 目标函数：是一个更通用的术语，表示最终待优化的函数。例如，结构风险函数就是最终待优化的函数。

需要注意的是，由于损失函数和代价函数只是在针对样本集上有区别，因此在有些书中统一使用损失函数这个术语，但相关公式实际上采用的是代价函数的形式。

（3）优化算法。在获得了训练样本集、确定了假设空间以及选定了合适的学习准则之后，就要根据学习准则（策略）从假设空间中选择最优模型，需要考虑用什么样的计算方法来求解模型的最优参数估计。

机器学习模型的训练和学习的过程，实际上就是求解最优化问题的过程。如果优化问题存在显式的解析解，则这个最优化问题就比较简单，我们可以求出它的闭式解。但是如果不存在解析解，则需要通过数值计算的方法来不断逼近。在机器学习中，很多优化函数不是凸函数，因此，如何高效地寻找到全局最优解，是一个值得研究的问题。

目前，常用的优化算法有梯度下降法（Gradient Descent，CD）、随机梯度下降法（Stochastic Gradient Descent，SCD）、批量梯度下降法（Mini-Batch Gradient Descent，MBGD）、牛顿法、拟牛顿法、坐标下降法等。

3. 人工智能和机器学习之间的关系

图 8-6 描述了人工智能和机器学习涉及的研究内容以及两者之间的关系。

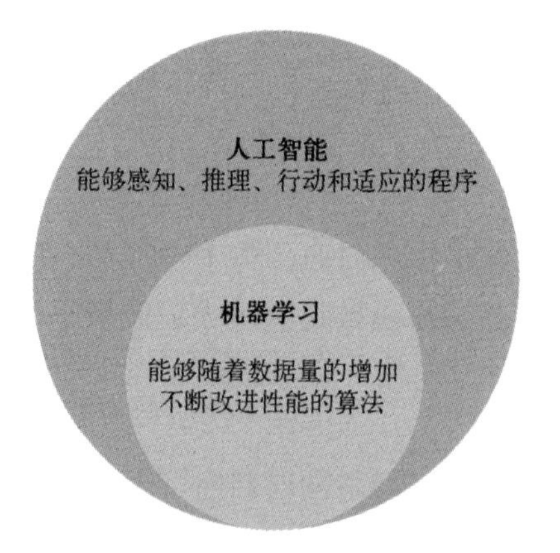

图 8-6 人工智能和机器学习的关系示意图

人工智能作为一门前沿交叉学科，其研究领域十分广泛，涉及机器学习、数据挖掘、知识发现、模式识别、计算机视觉、专家系统、自然语言理解、自动定理证明、自动编程、智能检索、多智能体、人工神经网络、博弈论、机器人、智能控制、智能决策支持系统等。相关研究成果已广泛应用于生产和生活的各个方面。

机器学习是人工智能研究中的核心问题之一，是实现机器智能化的根本途径，也是当前人工智能理论研究和实际应用中非常活跃的研究领域。

8.3.2　机器学习的分类

由于机器学习的本质是从数据中学习，因此数据的可用信息尤为重要，根据数据能提供的信息，对数据进行分类，是机器学习最主要的一种分类方式。目前，根据数据集的可用信息将机器学习分为监督学习（Supervised Learning）、无监督学习（Unsupervised Learning）、半监督学习（Semi-supervised Learning）和强化学习（Reinforcement Learning），如图 8-7 所示。

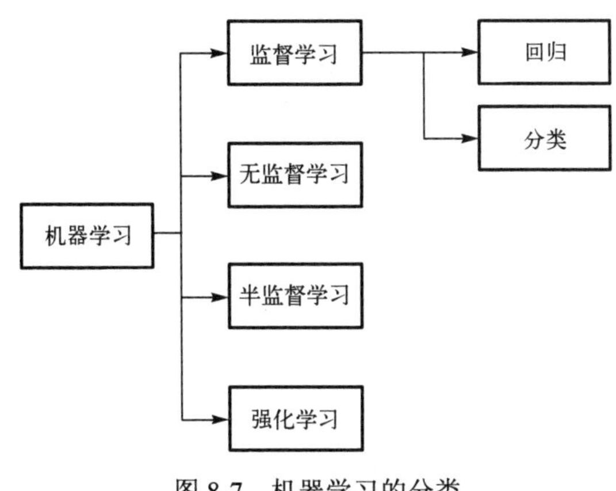

图 8-7　机器学习的分类

1．监督学习

监督学习是指利用一组已知类别的样本，调整分类器的参数，使其达到所要求性能的过程，也称为监督训练或有教师学习。

监督学习是从标记的训练数据中推断一个功能的机器学习方法。训练数据包括一套训练示例，在监督学习中，每个实例都由一个输入对象（通常为向量）和一个期望的输出值（也称为监督信号）组成。监督学习算法是分析该训练数据，并产生一个推断的功能，其可以正确地决定那些看不见的实例。

常见的监督学习有分类和回归：分类（Classification）是将一些实例数据分到合适的类别中，它的预测结果是离散的。回归（Regression）是将数据归到一条“线”上，即将生成离散数据拟合曲线，因此其预测结果是连续的。

2．无监督学习

现实生活中常常会有这样的问题：由于缺乏足够的先验知识，因此难以人工标注类别或进行人工类别标注的成本太高。很自然地，希望计算机能代替人工完成这些工作，或至少提供一些帮助。根据类别未知（没有被标记）的训练样本解决模式识别中的各种问题，称为无监督学习。

3．半监督学习

半监督学习是模式识别和机器学习领域研究的重点问题，是监督学习与无监督学习相结合的一种学习方法。半监督学习使用大量的未标记数据，以及同时使用标记数据来进行模式识别工作。当使用半监督学习时，将会要求尽量少的人员来从事工作；同时，又能够带来比较高的准确性，因此，半监督学习正越来越受到人们的重视。

4．强化学习

强化学习是智能体（Agent）以“试错”方式进行的学习，通过与环境进行交互获得的奖赏指导行为，目标是使智能体获得最大的奖赏。强化学习不同于连接主义学习中的监督学习，主要表现在强化信号上，强化学习中由环境提供的强化信号是对产生动作的好坏进行的一种评价（通常为标量信号），而不是告诉强化学习系统（Reinforcement Learning System，RLS）如何去产生正确的动作。由于外部环境提供的信息很少，RLS必须靠自身的经历进行学习。通过这种方式，RLS 在行动-评价的环境中获得知识，进而改进行动方案以适应环境。

8.3.3 机器学习在不同行业中的应用

1．机器学习在交通运输行业的应用

人工智能和机器学习正在被广泛使用，在预测、监控、管理流量等方面尤为突出。这些技术的使用引起了许多公司对自动化运输领域的兴趣。

自动驾驶汽车是目前大家讨论的一个主要的方面。尽管自动驾驶汽车仍处于测试和有限部署阶段，但它将成为交通运输的未来。研究人员正在为这种复杂的产品开发各种新的算法，努力提升自动驾驶技术应对复杂驾驶环境的能力，以便实现安全可靠的自动行驶。例如，分析和优化从各种来源收集的数据，并基于这些数据在真实世界中规划路线，进而实现自动驾驶。

计算机视觉和传感器融合的应用程序是自动驾驶汽车中至关重要的应用程序（见图8-8），可帮助分析路面上的不同对象并选择车辆控制方式。车辆对从不同来源获得的数据进行处理和分析，再反馈给控制系统，以便进行精确决策，并根据情况做出响应。机器学习技术在交通运输行业的应用正逐步从实验室走向实际应用，推动整个行业向更加智能和更加高效的方向发展。

2．机器学习在医疗保健行业的应用

通过机器学习先进的处理能力进一步加深我们对生命科学的了解，机器学习正在将医疗保健行业水平提升到一个新的高度。由人工智能技术驱动的诊断程序收集患者数据以进行诊断并提出可能的准确治疗疾病的方案。

不过机器学习并不意味着要提出医疗手段的新方法，它只是以正确的方式为现有的医疗手段开辟一条“道路”，它能够比人类医生更敏捷地发现疾病（见图 8-9）。人工神经网络在医疗保健中被广泛使用，Kohonen 神经网络是目前非常流行的神经网络之一，它的功能非常强大，可以自动收集数据并提供非常直观的可视化视觉效果。

图 8-8　机器视觉的应用使运输和物流变得更智能、更高效

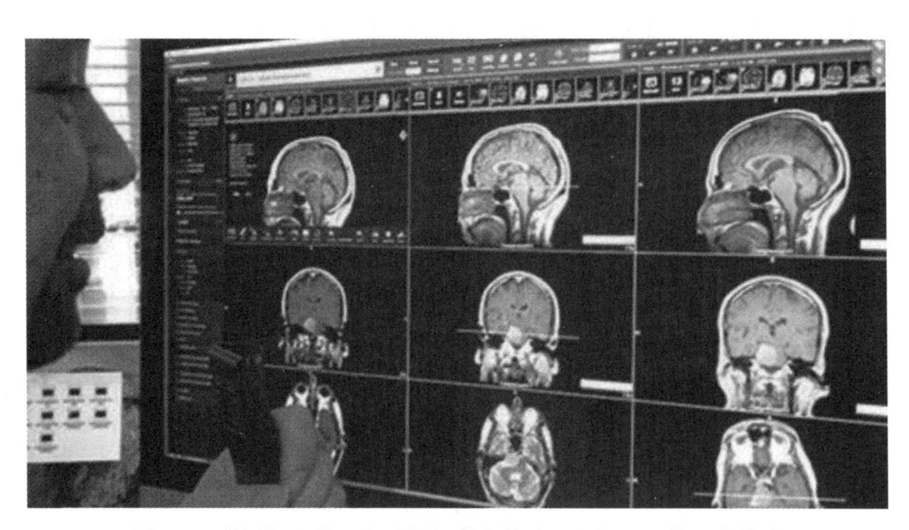

图 8-9　利用机器学习自动标记潜在的脑出血位置以供医生检查

机器学习加快了研究人员的研究速度，帮助他们了解生命科学、发现疾病的原因，并帮助他们找出精确的诊断方法来治疗疾病。

Philips 公司是医疗保健行业中领先的科技公司，它正在致力于将其产品平台与人工智能技术相结合，以此了解医疗保健的需求。还有像 Babylon Health、INFERVISION、Freenome 等公司专注于提供分析模型来进行病情预测，以便在有效治疗时间内诊断出病情。

3．机器学习在农业中的应用

机器学习的应用可能会改变农业，主要集中用于开发自动化机器人。由于农业领域越来越缺少劳动力，因此未来会更加依赖机器去检测杂草、检测土壤和诊断植物病害等。

毫无疑问，农业机器人技术可以提高生产力。例如，这些机器人可以帮助检测杂草数量和杂草类型，并根据需要执行操作。除此之外，使用这些技术还可以检测土壤和农作物的缺陷。Google 公司与合作伙伴开发的一款应用程序，能够告诉人们在哪种类型的土地上适合种植哪种植物，并且可以检测植物的疾病，判断对某种植物影响最大的疾病类型，同时提出其背后的病因及治疗疾病的措施等。

国际半干旱地区热带作物研究中心和 Microsoft 公司合作开发了一款名为 Sowing 的应用软件，这款软件可用于帮助农民提高农作物的单位面积产量（简称单产）。它可以帮助农民预测什么时间开始耕地、什么时间是最佳播种时间、种子如何处理、应该如何正确使用肥料，以及协助进行病虫害管理和灌溉管理等。据称，在这款 App 的帮助下，用户每公顷农作物的产量可提高 30%。

4. 机器学习在零售和服务业中的应用

企业在开发产品之前都会将重点放在市场调研上，以确定其产品在现实世界中的生命周期。机器学习提供了预测产品需求的方法，并基于数据来分析客户需求的细节，从而提高企业的盈利能力。

人工智能和机器学习正在将零售和电子商务变成未来最重要的平台之一。在以前的零售行业中，很难找到和了解用户的搜索习惯，并将相关产品进行推荐，而机器学习正好克服了这种情况。使用机器学习技术，可以让用户更容易找到自己最感兴趣或者最合适的产品。另一方面，机器学习有助于开发一些有趣且实用的应用，如三维服装设计、虚拟试穿等应用。

从服务行业的角度来说，当今的技术通过对话聊天机器人和虚拟助理正在改变客户服务的面貌。机器人客服向最终用户提供人工智能驱动的协助，如通过问答的方式解决用户的部分问题。机器学习和自然语言处理等技术的进步使得系统可以从交互式对话中提取用户的请求，识别用户的意图，并快速、灵敏地响应。有趣的是，有史以来第一位使用聊天机器人的是一位名叫哈德维尔（Hardwell）的电子舞曲从业者，他使用的聊天机器人可以准确地向歌迷提供有关他的新闻、歌曲和最新动向。

视频 8-3　机器学习技术及应用

思考题

1. 简述大数据和云计算的主要特征。
2. 云计算按照服务类型可以分为哪几类？
3. 简述机器学习的三个基本要素。
4. 简述人工智能、大数据、云计算和机器学习之间的区别与联系。

第 9 章 智能制造系统实验案例

现代化自动生产设备（自动生产线）的最大特点是综合性和系统性。综合性指机械技术、微电子技术、电工电子技术、传感测试技术、接口技术、信息变换技术等多种技术有机地结合，并综合应用到生产设备中；而系统性指的是生产线的传感检测、传输与处理、控制、执行与驱动等机构在控制单元的调控下协调有序地工作，有机地融合在一起。本章介绍了两个智能制造系统的综合实验案例，模拟与实际生产情况十分接近的控制过程，使学习者得到一个非常接近于实际的教学设备环境，从而缩短了理论教学与实际应用之间的距离。

引用案例

台达集团有限公司携手浙大城市学院打造高校“工业 4.0 智能实验平台”

浙大城市学院和台达集团有限公司联手打造“工业 4.0 智能实验平台”，旨在帮助学生更好地学习和实践智能制造技术。该实验平台集成了工业 4.0 相关的核心技术，如控制器、人机接口、物联网、传感器、机器视觉、人工智能等技术，帮助学生了解数字化、智能化与自动化生产的核心思想和技术体系。

实验平台将学术和产业的优势结合，为学生提供一站式智能制造学习和实践环境。学生可以借助平台，学习并实践智能制造流程的各个环节，从研发设计到生产制造，全面了解实际工业生产中的各个环节和关键技术。同时，也可以通过校企合作的平台与企业进行交流，了解工业 4.0 的最新发展趋势和落地实践。工业 4.0 智能实验平台为智能制造教育提供了完备、全方位的实践空间，有望为培养未来数字化、智能化生产的高素质人才做出贡献。

9.1 模块化生产教学实验系统

9.1.1 应用背景

供料、抓取、加工、搬运、装配和分拣是工业生产过程中的重要环节。供料是指将原材料或半成品送至生产线，以供后续加工使用；抓取是指将需要加工的物品从供料位置或储存位置中取出；加工是指对原材料或半成品进行加工，以得到成品；搬运是指将已经加工好的物品从生产线上运送至下一个环节，或者将储存位置中的物品移动到另一个位置；装配是指将不同的零部件组合成成品；分拣是指将不同的物品按照一定的规则进行分类。

这些环节的自动化运行和优化管理可以提高生产效率和质量，降低成本，缩短时间，并且减少人力和资源的浪费。

本节以模块化生产教学实验系统为研究对象，设计供料、抓取、加工、搬运、装配和分拣的模块化实验平台和控制系统，即对圆柱形工件底座进行加工、装配和分拣的自动化生产流程。该系统是用台达 PLC 作为控制核心，由检测装置、传送带、电磁阀、电机、机械爪和伺服电机等元件组成。检测装置将采集到的信号转换为电信号传达到 PLC，PLC 对采集到的设备位置及状态信号做出判断，以此来控制传送带和伺服电机等执行机构。

该实验平台具有以下特点。

（1）全自动化模拟：该实验平台能够模拟多种工业生产环节，实现物料输入、加工、搬运、装配和分拣等全自动化操作，让学生真正了解自动化生产的过程和特点。

（2）多样化操作：该实验平台能够提供多种操作方案，包括不同的加工、搬运和装配方案，帮助学生理解不同操作的特点和应用场景。

（3）真实环境模拟：该实验平台能够提供真实的工业环境和操作场景，帮助学生感受生产现场的氛围，提高学生的实践能力和应对能力。

（4）互动性强：该实验平台具有良好的互动性，学生可以通过对机器人和控制器的操作，调整加工方案和参数，掌握控制技能和策略。

9.1.2 系统主要设备介绍及功能分析

生产系统自动化教学实验平台是一种基于现代自动控制技术的教学设备，它能够模拟工厂生产过程中的各种操作，包括供料、抓取、加工、搬运、装配和分拣等环节。该实验平台能够提供真实的工业环境和操作场景，帮助学生掌握生产系统自动化的基础知识和技能。

该实验平台由一系列传感器、执行器和控制器组成，能够模拟多种工业操作。在供料环节，可以模拟物料的输入，通过传感器检测物料状态，将物料送入下一步操作。在抓取环节，机械手单元可以自动抓取物料，并精确定位。在加工环节，该实验平台可以模拟多种工业加工操作，如钻孔、焊接、削减等，提供不同的加工方案和参数。在搬运环节，机器人可以根据预定路径，将加工好的物料运送到指定位置。在装配环节，该实验平台可以模拟多种组装操作，包括装配、拆卸、调整等，让学生了解各个部件的构造和关系。在分拣环节，该实验平台可以根据要求将物料分类，并完成分拣任务。

图 9-1 为模块化生产教学实验平台的整体 3D 效果图，具体的平台构成及每个环节的名称参见图中标注。该平台的操作对象如图 9-2 所示。在实验中，随机送入白色或者黑色的圆柱底座，平台需要对底座进行识别、加工、将白色合格的圆柱底座自动地装入金属圆柱销，而不合格和黑色的圆柱底座通过分拣操作，归置到对应的位置。

以下对每个子环节的实验模块功能及构成进行说明。

1. 供料检测单元

供料检测单元的主要作用是提供毛坯件。在管状料仓中可存放多个底座的毛坯件。在供料过程中，推料气缸从料仓中将毛坯件逐一推出至传输带的起始端，对工件进行属性区分并记录，传输带启动，将工件传输至传输带末端停止。图 9-3 为供料检测单元，表 9-1 为供料检测单元的相关参数。

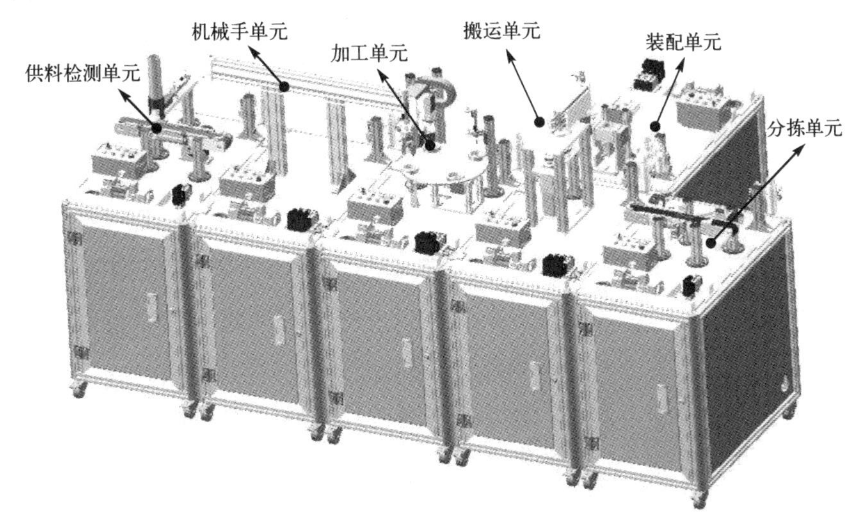

图 9-1　模块化生产教学实验平台的整体 3D 效果图

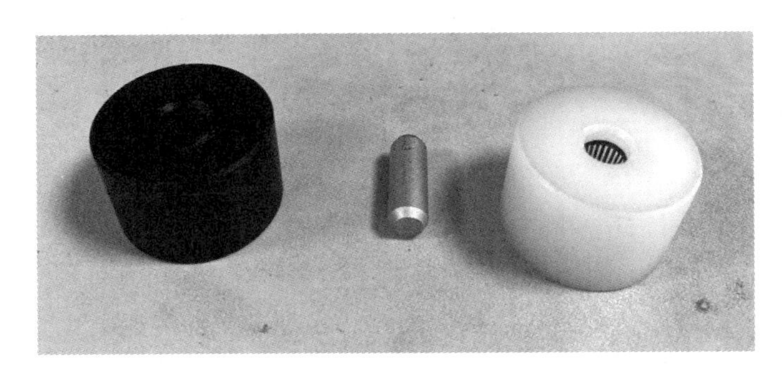

(a) 待装配零件

(b) 装配完成效果图

图 9-2　操作对象示意图

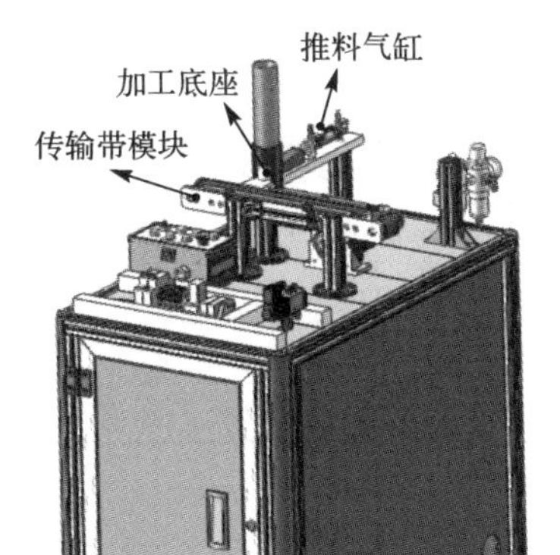

(a) 3D模型

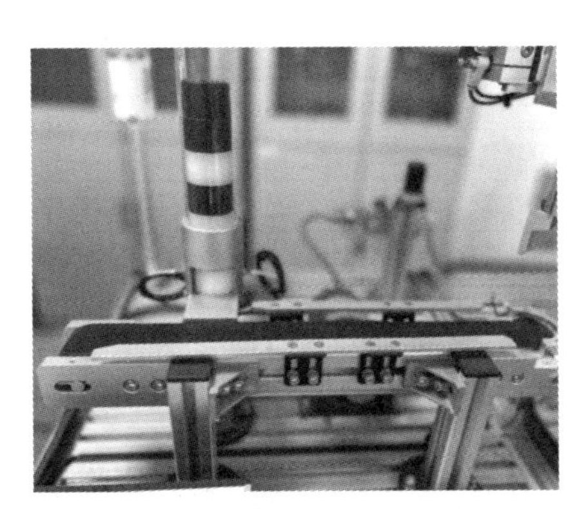

(b) 实拍照片

图 9-3　供料检测单元

表 9-1 供料检测单元的相关参数

供料检测单元组件	技术参数
空气单元	压力范围：0.5～0.85MPa，联结器尺寸：G1/4，额定流量：550L/mm
推料气缸	缸径：16mm，行程：50mm
传输带模块	带式传送，直流电机
光电传感器	工作电源：DC 24V
电磁阀组	二位五通单电控电磁阀 1 个
控制方式	PLC 控制

2. 机械手单元

机械手单元的基本功能是气动搬运底座毛坯件。摆臂气缸伸出到供料检测单元一侧，气爪伸出并下降到工件位置并抓起，然后上升并缩回气爪，转动 180°后将工件搬运到加工单元第一个工位处。图 9-4 为机械手单元，表 9-2 为机械手单元的相关参数。

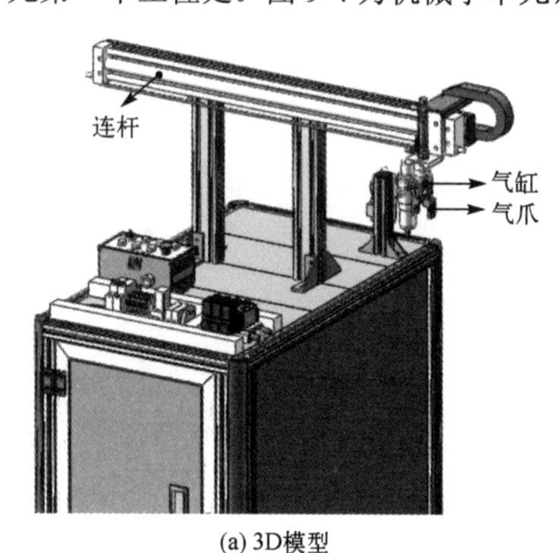

(a) 3D模型

(b) 实拍照片

图 9-4 机械手单元

表 9-2 机械手单元的相关参数

机械手单元组件	技术参数
升降气缸	缸径：16mm，气缸行程：40mm
气爪	缸径：20mm，行程：6mm
气爪伸缩气缸	缸径：20mm，行程：200mm
电磁阀组	二位五通单控电磁阀 1 个，三位五通双控电磁阀 3 个

3. 加工单元

上一个单元传送来的合格工件通过滑道落入四工位转台机构，分别将四个工位设置为一号待料工位、二号钻孔工位、三号深度检测工位、四号卸料工位。四个工位分别间隔 90°转角。当检测分拣单元的工件通过滑道落入待料工位后，转台机构逐次旋转 90°，钻孔机构模拟钻孔，深度检测机构检测孔深。当工件转至四号工位时，加工单元通知下一个单元的机械手实施卸料搬运工作。图 9-5 为加工单元，表 9-3 为加工单元的相关参数。

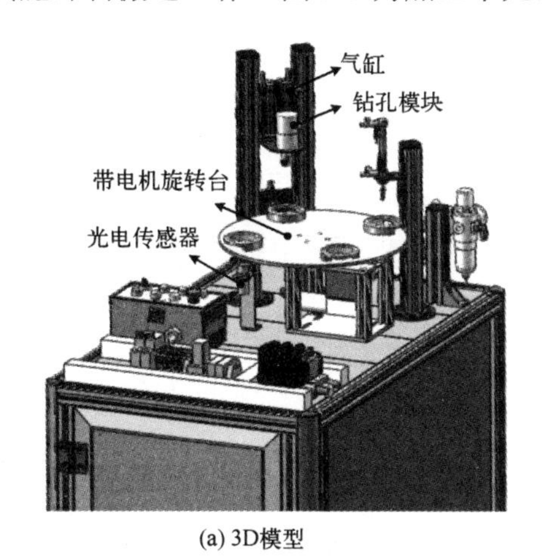

(a) 3D模型

(b) 实拍照片

图 9-5　加工单元

表 9-3　加工单元的相关参数

加工单元组件	技术参数
钻孔模块	升降气缸行程：50mm，升降气缸缸径：16mm，模拟电机电源：DC 24V
夹紧气缸	缸径：10mm，行程：15mm
检测气缸	缸径：10mm，行程：45mm
带电机旋转台	工作电源：DC 24V，旋转速度：10rad/min
光电传感器	工作电源：DC 24V，尺寸：M18，感应距离：8mm
电感传感器	工作电源：DC 24V，尺寸：M8，感应距离：1.4mm
电磁阀组	二位五通单控电磁阀 2 个，三位五通双控电磁阀 1 个

4. 搬运单元

搬运单元的基本功能是：首先判断工件是否合格，将不合格的工件从卸料工位直接提取到废料槽；而将合格的工件输送至装配单元，当装配完成后，再将装配好的成品送到分拣单元。图 9-6 为搬运单元，表 9-4 为搬运单元的相关参数。

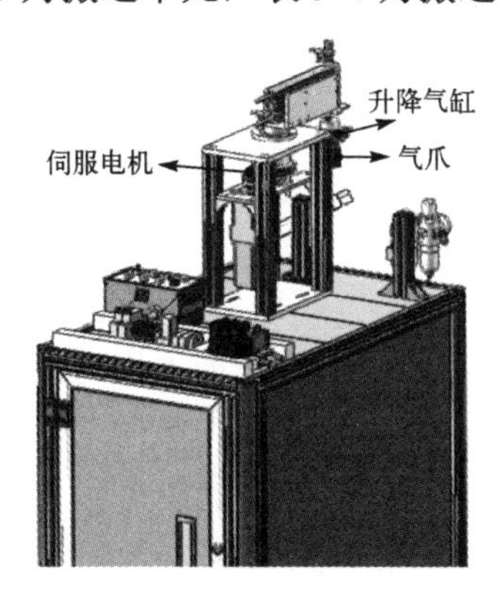

(a) 3D模型

(b) 实拍照片

图 9-6　搬运单元

表 9-4 搬运单元的相关参数

搬运单元组件	技术参数
伸缩气缸	缸径：20mm，行程：200mm
升降气缸	缸径：16mm，行程：40mm
气爪	缸径：20mm，行程：6mm
伺服电机	保持扭矩：12kg/cm
废料滑道	尺寸：40mm × 300mm
电磁阀组	二位五通单控电磁阀 3 个

5. 装配单元

装配单元的基本功能是：首先载有工件的装配平台旋转 90°，定位气缸推出并使工件贴紧装配件料仓，推料缸将圆柱销推出并装配到工件的柱型孔中，装配平台恢复到平行状态，完成装配过程。图 9-7 为装配单元，表 9-5 为装配单元的相关参数。

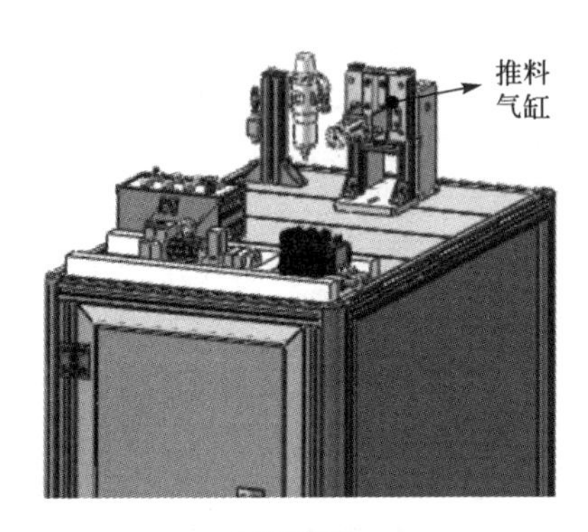

(a) 3D模型

(b) 实拍照片

图 9-7 装配单元

表 9-5 装配单元的相关参数

装配单元组件	技术参数
转动气缸	缸径：12mm，行程：270mm
定位气缸	缸径：16mm，行程：20mm
推料气缸	缸径：16mm，行程：40mm
电磁阀组	二位五通双控电磁阀 1 个，三位五通双控电磁阀 2 个

6. 分拣单元

进入分拣单元的工件被分别放置在两个不同的滑槽上。当加工好的工件被送到检测机构上时，直流电机带动皮带转动，通过分拣机构判断高低工件和黑白工件，导向气缸根据记录的工件属性分别动作，完成分拣入槽。图 9-8 为分拣单元，表 9-6 为分拣单元的相关参数。

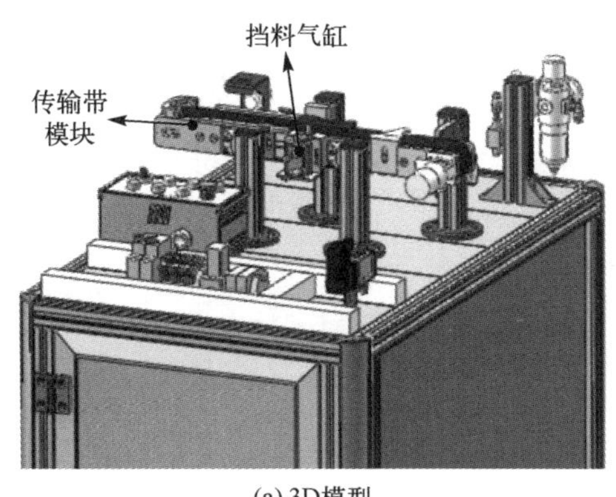

(a) 3D模型

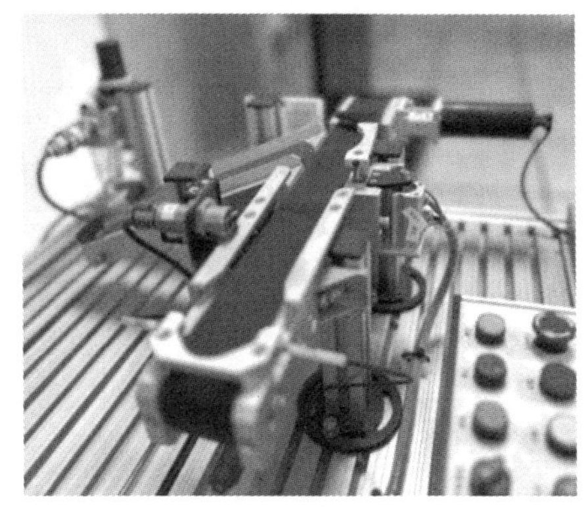

(b) 实拍照片

图 9-8　分拣单元

表 9-6　分拣单元的相关参数

分拣单元组件	技术参数
存储滑道	尺寸：40mm × 300mm，数量：2 个
电磁阀组	二位五通单控电磁阀 1 个，二位五通双控电磁阀 1 个
挡料气缸	缸径：10mm，行程：15mm
导向气缸	缸径：16mm，行程：10mm
电磁阀组	二位五通单电控电磁阀 2 个
传输带模块	带式传送，直流电机

9.1.3　系统模块功能配合设计及分析

为了确保整个生产加工系统的各个模块能够协调配合，系统控制器和各个设备之间需要实现通信和相互协作。整个系统的接口连接关系如图 9-9 和图 9-10 所示。由于每个模块既可以单独操作，又可以联机运行，因此每个模块都配备有一个独立的 PLC 作为主控制器。以搬运模块为例，该模块中的气爪（夹取底座）、气缸（推出插销）和电磁阀（控制气路）等设备均通过 I/O 口连接至 PLC，并受 PLC 控制。气泵为所有气动装置提供气压。伺服电机则通过一台伺服驱动器与 PLC 相连，PLC 向伺服驱动器发送相应的运动指令，实现电机运动状态的控制（转到对应的角度进行夹取动作）。PLC 和人机交互界面之间通过以太网和 RS485 两种方式连接。同时，整个系统的运行状态可以通过路由器发送给同一网络中的上位机（组态软件），对整体的运行状态进行监控。

当模块单机运行时，每台 PLC 单独控制其下属设备运行。所有 PLC 之间通过 DeviceNet 串联在一起。当系统处于联机运行模式时，前后模块之间的信号互相通信，前级动作的完成情况及结果会决定后续模块的运行状态。前后模块之间具体的信号传递关系及执行的操作如表 9-7 所示。

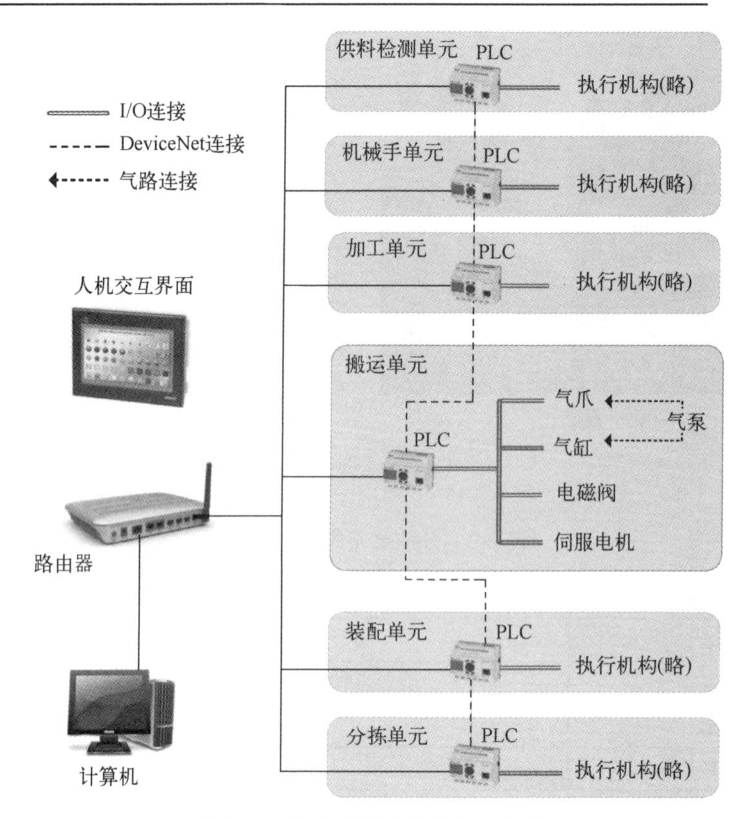

图 9-9　生产教学实验系统连接图

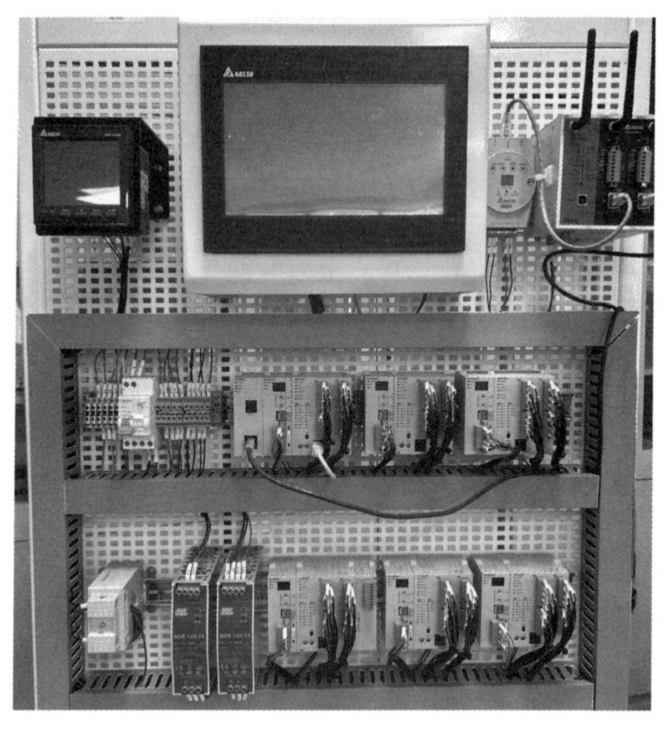

图 9-10　生产教学实验系统连接实物图

表 9-7　各模块之间的信号传递关系及执行的操作

模块单元名称	前级的信号入	执行的操作	向后级信号传递
供料检测单元	—	—	底座到达传送带末端（光电传感器）
机械手单元	底座到达传送带末端（光电传感器）	机械手夹取传送带末端的底座元件	机械手爪松开（气爪驱动信号）
加工单元	机械手爪松开（气爪驱动信号）	检测元件是否到位，开始加工动作	工件转至第四工位（光电传感器），合格信号
搬运单元	工件转至第四工位（光电传感器），合格信号	搬运机械手卸货，并根据合格信号分别放置于装配位或者废料槽中	搬运结束信号
装配单元	搬运结束信号	装配动作	—
分拣单元	搬运结束信号	根据颜色分拣入废料槽	—

另外，还设计了专门的模块化生产教学实验系统人机交互主界面，如图 9-11 所示。通过人机交互的界面可以实现每个环节操作进程的监控和远程管理，包括机种管理、参数设置、手动控制模式、I/O 口监控、报警管理和形成 DVR 报表等。

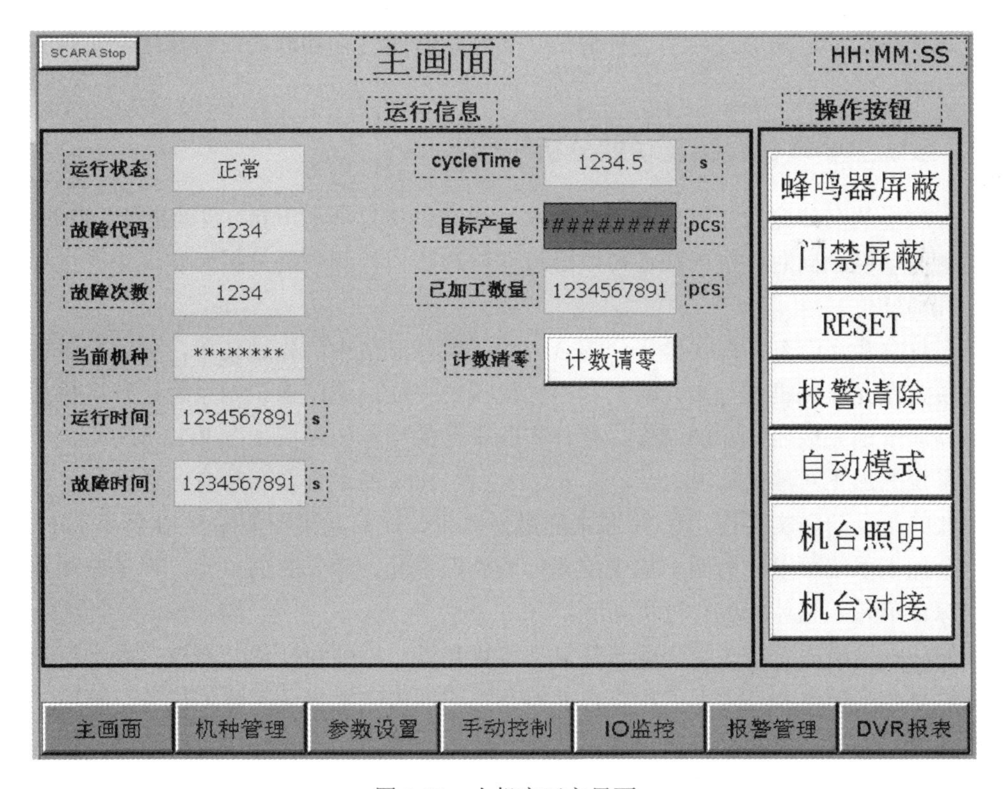

图 9-11　人机交互主界面

9.2 名片盒激光雕刻系统

9.2.1 应用背景

激光雕刻是一种高精度、高速、无接触的加工技术，广泛应用于电子、汽车、机械、航空航天、医疗器械等领域。激光雕刻具有高效、精准、灵活等优点，大大提高了工业生产效率和产品质量，成为现代工业生产中不可或缺的重要工具。激光雕刻自动化流水线通过自动化控制系统将激光切割、雕刻、打标等工艺与传送带、机械臂、传感器等设备相结合，实现产品的自动化加工、分类、分拣等功能，大大提高生产效率和产品质量，具有重要的经济和社会价值。

本节以名片盒激光雕刻系统实验平台为研究对象，设计具有供料、预处理、激光雕刻、图像识别和检测、抛光、分拣和码垛等功能的综合实验平台和控制系统，对金属长方形名片盒进行加工，实现自动化的名片盒图文雕刻及相关生产流程。该系统用台达 PLC 作为控制核心，由机械臂、激光雕刻机、摄像头、检测装置、传送带、电磁阀、电机和伺服电机等元件组成。检测装置将信号转换为电信号传送到 PLC，PLC 对采集到的设备位置及状态信号做出判断，以此来控制传送带和伺服电机等执行机构的工作，同时 PLC 和机械臂、激光雕刻机和摄像头之间通过网络进行通信，实现信号的传输和联动，协作配合实现各种操作功能。

9.2.2 系统主要设备介绍及功能分析

工业现场的名片盒激光雕刻自动化流水线通常包括自动上下料、自动定位、自动校准、自动检测等功能。同时，生产线还可以通过联网远程监控和数据分析，实现生产过程的智能化管理和优化。

该名片盒激光雕刻系统实验平台综合应用了智能制造中的先进技术，通过六轴机械臂夹取翻转、激光雕刻机进行激光雕刻和四轴机械臂夹取后送图像识别系统进行质量检验，可高效高质量地完成名片盒的制作。整体实验平台的结构俯视图如图 9-12 所示。

该系统的加工对象是长 9.3cm、宽 6.2cm、高 1cm 的铝合金名片盒，通过加工，可以在名片盒的正反两面实现任意文字/图案的激光雕刻，成品效果图如图 9-13 所示。

整个加工系统可以分为四个加工单元：预处理单元、激光雕刻单元、视觉检测及传送单元、综合单元。整体的运行过程如下。

首先，六轴机械臂精准地夹取名片盒并进行翻转，以便在任意一面进行激光雕刻。激光雕刻机具有高精度和高效率的特点，能够在短时间内完成复杂的雕刻任务。随后，四轴机械臂夹取已完成激光雕刻的名片盒，并将其送入图像识别系统进行质量检验。该系统能够迅速识别和筛选出质量合格的产品并送入下一个加工环节，而不合格的名片盒将被移至废品盒中。之后，通过传送带，已经通过质量检验的产品将被送往综合单元，由另外一台六轴机械臂和相关装置对名片盒进行清理和打磨，以获得更高的质量和美观度。最终优质加工的名片盒将被整齐地摆放在指定的物料盘中。

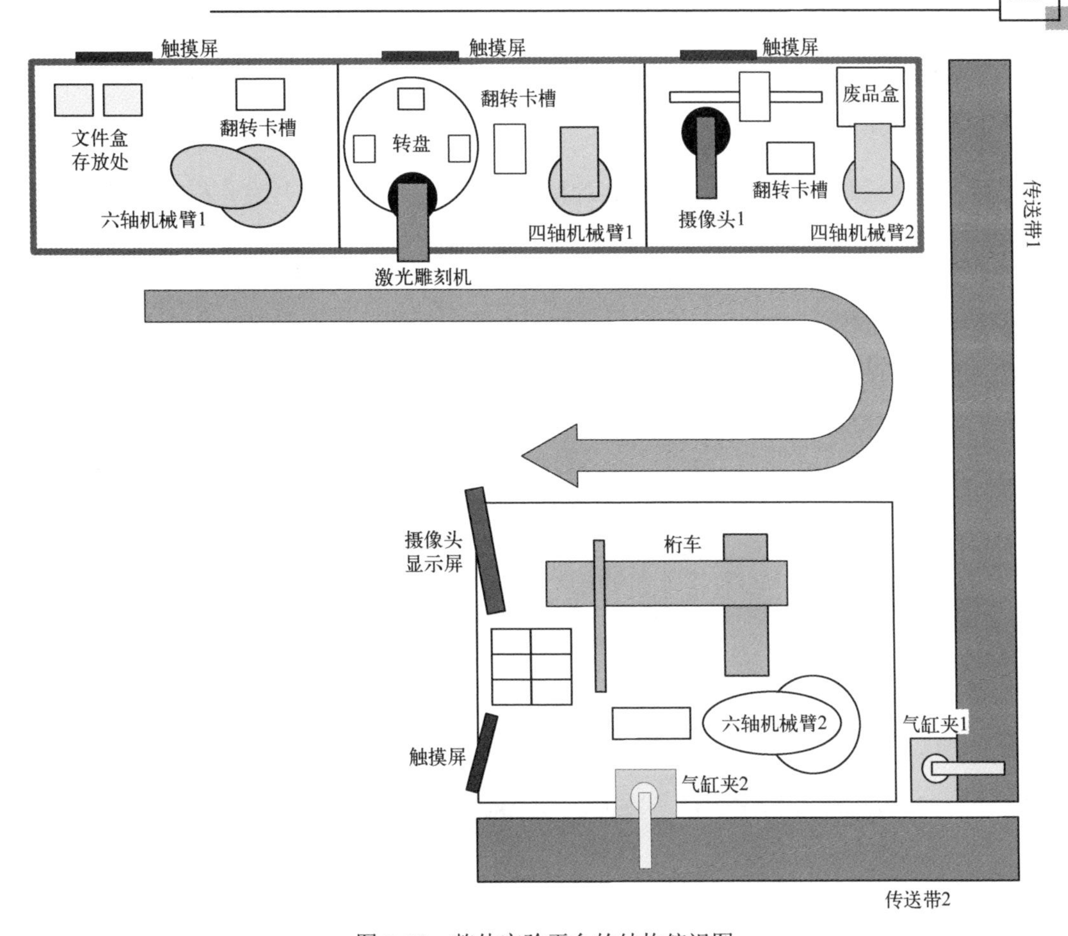

图 9-12　整体实验平台的结构俯视图

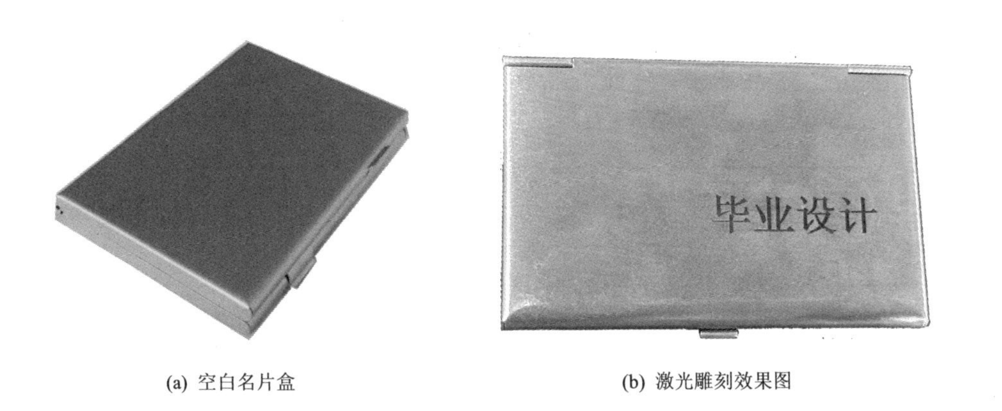

(a) 空白名片盒　　(b) 激光雕刻效果图

图 9-13　成品效果图

视频 9-1　模块化生产系统运行视频

以下对系统的各个单元进行介绍。

1．预处理单元

预处理单元如图 9-14 所示，两个名片槽用于放置待加工的名片盒，左右两侧分别摆放正面和反面朝上的名片盒。名片盒底端有一个滑轨，可以推动名片盒向上至夹取位置。夹取位置附近安装接近开关，检测最上方名片盒位置。本单元装有一台六轴机械臂，前端安装真空吸盘，可吸附名片盒，将其放置于翻转卡槽中。翻转卡槽前端安装的电机可以与气泵配合，夹取名片盒并翻转 180°，将反面朝上的名片盒进行翻转。当名片盒翻转完毕准备就位时，六轴机械臂实施吸取并将其放至下一个单元的 1 号加工位。表 9-8 给出了预处理单元的相关参数。

图 9-14　预处理单元

表 9-8　预处理单元的相关参数

预处理单元组件	技术参数
机械臂	轴数：6，负载：7kg，最大工作半径：710mm
触摸屏	尺寸：7 寸，像素：800×600，TFT、LCD
接近开关	检测距离：8mm
伺服电机	配合螺杆传动机构使用
真空吸盘	配合二位五通单控电磁阀和气泵使用
回转气缸	转角：180°
夹取气缸	缸径：10mm，行程：50mm

2．激光雕刻单元

激光雕刻单元如图 9-15 所示，1 号加工位的下方安装有光电传感器，当 1 号加工位上方的名片盒就位后，加工盘开始旋转，将名片盒移送至 2 号位，即激光雕刻位，雕刻完毕后送至 3 号位。四轴机械臂前端安装有真空吸盘，可以将 3 号位的名片盒进行吸取。如果需要双面雕刻，则四轴机械臂夹取名片盒至翻转卡槽进行翻转后再次送回加工盘进行反面雕刻。如果是单面加工，则直接将名片盒送入下一环节的视觉检测卡槽位置。表 9-9 给出了激光雕刻单元的相关参数。

图 9-15　激光雕刻单元

表 9-9　激光雕刻单元的相关参数

激光雕刻单元组件	技术参数
机械臂	轴数：4，负载：6kg，最大工作半径：600mm
触摸屏	尺寸：7 寸，像素：800×600，TFT、LCD
激光雕刻机	产品系列：SCANhead10；通光孔径：10mm 定位速度：15m/s，波长：1064nm
光电接近开关	检测距离：300mm
电机	120W 调速电机
真空吸盘	配合二位五通单控电磁阀和气泵使用
回转气缸	转角：180°
夹取气缸	缸径：10mm，行程：50mm
翻转卡槽	根据名片盒尺寸设计

3. 视觉检测及传送单元

视觉检测卡槽位于可移动的滑轨上，初始位在滑轨最右侧，在接收到名片盒后，移动至摄像头下方的拍摄位。摄像头通过图像识别判断名片盒上雕刻的图案是否正确，并将结果传送给 2 号四轴机械臂。如果是双面加工，则 2 号四轴机械臂将吸取名片至翻转位，翻转完毕后再放置回拍摄位进行第二次反面的检测。检测完毕后，如果合格，则机械臂将名片盒送入传送带；如果不合格，则将名片盒送入废品盒。图 9-16 为视觉检测及传送单元，表 9-10 给出了视觉检测及传送单元的相关参数。

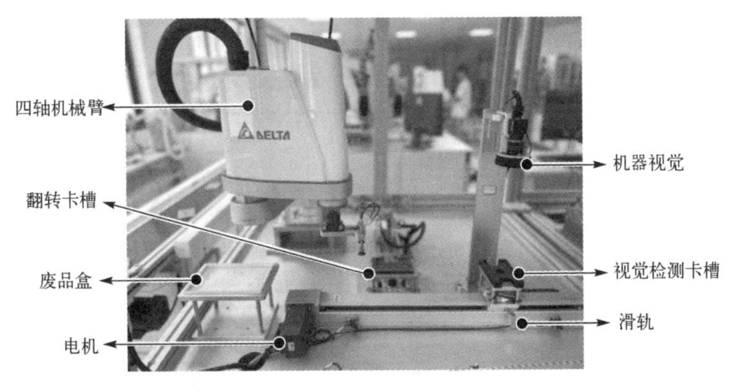

图 9-16　视觉检测单元及传送单元

表 9-10 视觉检测及传送单元的相关参数

视觉检测及传送单元组件	技术参数
机械臂	轴数：4，负载：6kg，最大工作半径：600mm
触摸屏	尺寸：7 寸，像素：800×600，TFT、LCD
机器视觉产品	焦距：16mm，像素：30 万像素，补光：白色 LED
光电接近开关	检测距离：300mm
真空吸盘	配合二位五通单控电磁阀和气泵使用
电机	配合螺杆传动机构使用
回转气缸	转角：180°
夹取气缸	缸径：10mm，行程：50mm
视觉检测卡槽	根据名片盒尺寸设计

4. 综合单元

综合单元如图 9-17 所示，其功能是打磨、分拣、码垛、雕刻和检测。名片盒经过传送带，运送至最后的综合单元，在此进行打磨、分拣和码垛等系列操作。首先，在传送带的终端，由回转气缸和真空吸盘组成的结构会将名片盒吸取至打磨卡槽中。就位之后，装有打磨工件末端的六轴机械臂会对名片盒的表面进行清理和抛光等处理。之后，装有真空吸盘的桁车会将名片盒依次按顺序整齐摆放至物料盘中。表 9-11 给出了综合单元的相关参数。

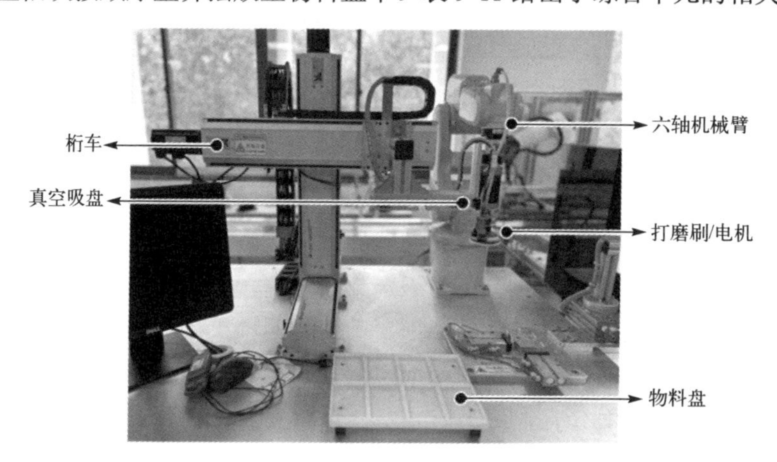

图 9-17 综合单元

表 9-11 综合单元的相关参数

综合单元组件	技术参数
机械臂	轴数：6，负载：3kg，最大工作半径：580mm
触摸屏	尺寸：7 寸，像素：800×600，TFT、LCD
桁车	重复定位精度：±0.01mm，螺杆导程：5mm 最大荷重：10kg
真空吸盘	配合二位五通单控电磁阀和气泵使用
抛光电机	直流电机，24V
回转气缸	转角：180°

续表

综合单元组件	技术参数
夹取气缸	缸径：10mm，行程：50mm
物料盘	2×4 格，根据名片盒大小设计

9.2.3　系统模块功能配合设计及分析

名片盒激光雕刻系统的接口连接图如图 9-18 所示。每个模块都配备有一个独立的 PLC 作为控制器。模块中控制复杂的组件，如机械臂和触摸屏，通过以太网连接进行数据通信。一些简单的传感器或者气动机构，则可以通过 I/O 口进行控制。另外，整个系统中需要的气动装置由统一的气泵来提供气压，电磁阀提供气路的切换控制。以激光雕刻单元为例，该模块中的四轴机械臂、触摸屏（HMI）和激光雕刻机等设备均通过以太网连接至 PLC，由 PLC 统一协调控制。其他结构是较为简单的基础装置，可以直接通过 I/O 口连接至 PLC。另外，气泵为所有气动装置提供气压，例如，激光雕刻单元中的回转气缸、夹取气缸和真空吸盘，气路中安装相应的电磁阀，PLC 对电磁阀进行控制，即可实现气动装置动作的控制。另外几个单元的连接方式相似，此处不再赘述。整个系统的运行状态可以通过路由器发送给同一网络中的上位机（组态软件）对整体的运行状态进行监控。

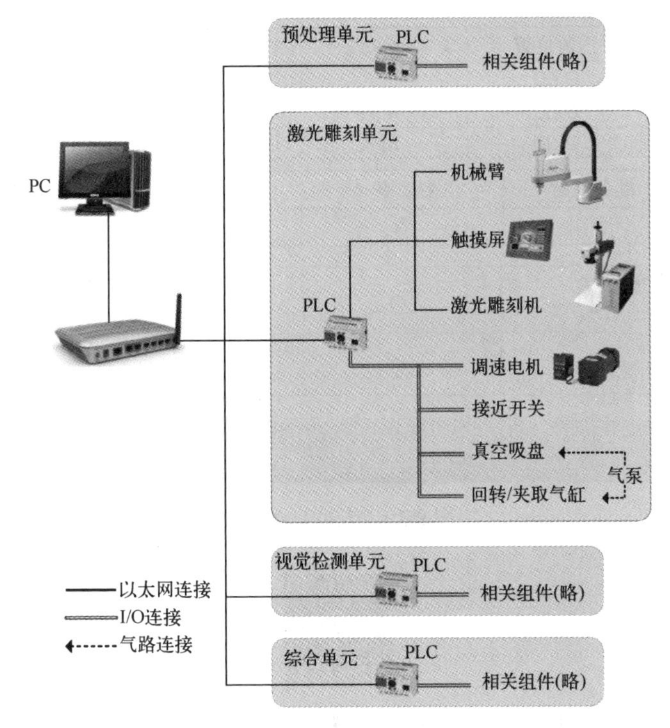

图 9-18　名片盒激光雕刻系统的接口连接

当整个名片盒激光雕刻系统运行时，前级单元和后级单元之间的动作是相互耦合的。前级动作的完成情况及结果会决定后续模块的运行状态。本系统主要依靠安装在各个名片盒卡槽中的光电传感器来检测待加工的名片盒是否到位，以此来决定本单元操作的开始时间。具体每个单元的开始信号来源及执行动作的要求参见表 9-12。

表 9-12 各模块之间的信号传递关系

单元名称	单元开始信号	执行的操作	单元结束动作
预处理单元	触摸屏开始信号	操作人员按下开始键	机械臂吸取名片盒放置于激光雕刻 1 号位
激光雕刻单元	激光雕刻 1 号位光电传感器检测信号	电机转动，名片盒转至 2 号位，开始激光雕刻	机械臂吸取名片盒放置于视觉检测卡槽
视觉检测单元	视觉检测卡槽光电传感器检测信号	开始执行视觉检测	若不合格，则废弃名片盒；若合格，则机械臂吸取名片盒放于传送带上
传送单元	传送带光电传感器检测信号	传送带传动	无动作
综合单元	传送带末端光电传感器检测信号	名片盒被吸取至打磨卡槽进行清理打磨	若不合格，则废弃名片盒；若合格，则将名片盒整齐摆放于物料盘上

名片盒激光雕刻实验系统具有专门的人机交互界面，如图 9-19 所示，可以实现每个环节操作进程的监控和远程管理。

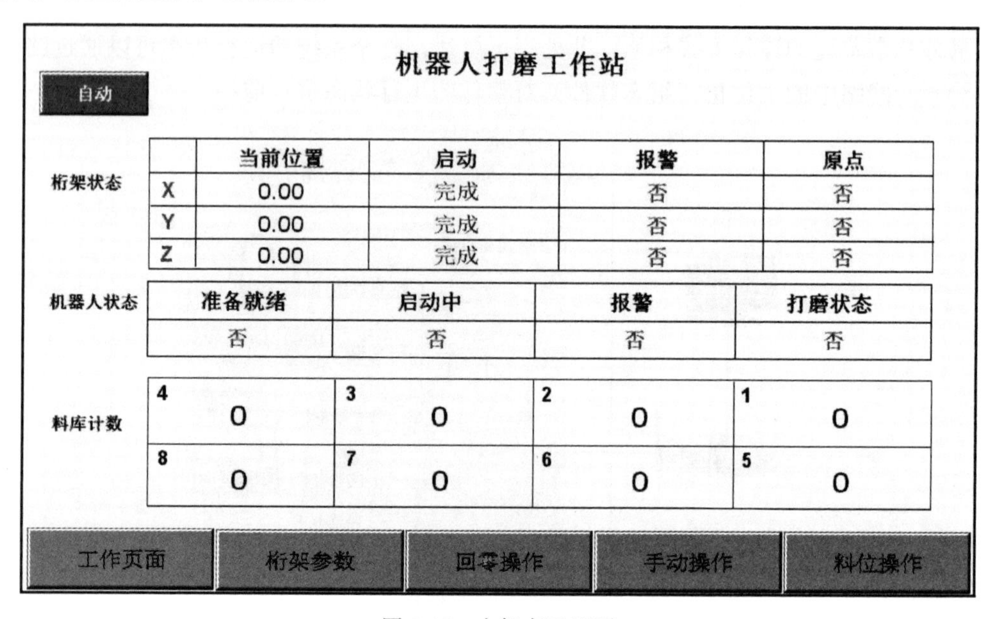

图 9-19 人机交互界面

视频 9-2 名片盒激光雕刻实验系统运行效果

思考题

1. 简述生产系统教学实验平台的功能和应用场合，该平台模拟了实际工业应用中的哪些环节？

2．介绍生产系统教学实验平台各个环节（供料、抓取、加工、搬运、装配和分拣等）的工作原理。

3．设计和编写生产系统教学实验平台的 PLC 梯形图。

4．简述名片盒激光雕刻系统的功能和应用场合，并简述激光雕刻的工程应用。

5．介绍名片盒激光雕刻系统各个模块的工作原理。

6．设计和编写名片盒激光雕刻系统的 PLC 梯形图。

参 考 文 献

[1] 周济, 李培根. 智能制造导论[M]. 北京: 高等教育出版社, 2021.

[2] 林子雨, 厦门大学、福建省物联网科学研究院物联网联合实验室. 工业4. 0与中国制造2025[R]. 2015.

[3] Wright P K, Bourne D A. Manufacturing intelligence[M]. Addison-Wesley, 1988.

[4] 中国政府网. 智能制造科技发展“十二五”专项计划[EB/OL].

[5] 工业和信息化部, 财政部. 智能制造发展规划(2016-2020 年)[R]. 2017-12.

[6] 李培根, 高亮. 智能制造概论[M]. 北京: 清华大学出版社, 2021.

[7] 葛英飞. 智能制造技术基础[M]. 北京: 机械工业出版社, 2019.

[8] 邓朝晖, 万林林, 邓辉, 等. 智能制造技术基础: 第 2 版[M]. 武汉: 华中科技大学出版社, 2021.

[9] 工业和信息化部. 智能工厂案例集[R]. 2021.

[10] 郑力, 莫莉. 智能制造技术前沿与探索应用[M]. 北京: 清华大学出版社, 2021.

[11] 王华忠. 工业控制系统及应用: PLC 与人机交互界面[M]. 北京: 机械工业出版社, 2019.

[12] 赵晶, 张辑, 彭彦卿, 等. 台达可编程控制器原理与应用[M]. 厦门: 厦门大学出版社, 2014.

[13] 中达电通股份有限公司. DVP-PLC 编程技巧大全: 应用技术手册[EB/OL]. (2012-03-01)[2023-05-30].

[14] 咸庆信. 变频器实用电路图集与原理图说[M]. 北京: 机械工业出版社, 2009.

[15] 李练兵, 岳大为, 申莉莉. 变频器应用实践[M]. 北京: 化学工业出版社, 2009.

[16] 寇宝泉, 程树康. 交流伺服电机及其控制技术[M]. 北京: 机械工业出版社, 2008.

[17] 台达电子工业股份有限公司. ASDA-B2 系列标准泛用型伺服驱动器应用手册. [EB/OL] (2023-05-25)[2023-05-30].

[18] 吴忠智, 吴加林. 变频器应用手册[M]. 北京: 机械工业出版社, 2007.

[19] 王建, 宋永昌. 触摸屏实用技术: 三菱[M]: 北京: 机械工业出版社, 2015.

[20] 台达电子工业股份有限公司. 台达触摸屏用户手册[EB/OL](2014-06-10)[2023-05-30].

[21] 薛迎成. PLC 与触摸屏控制技术[M]. 北京: 中国电力出版社, 2008.

[22] 郭艳萍, 等. 电气控制与 PLC 应用[M]. 北京: 人民邮电出版社, 2013.

[23] 王平. 工业以太网技术[M]. 北京: 科学出版社, 2007.

[24] 李正军. 现场总线与工业以太网及其应用技术[M]. 北京: 机械工业出版社, 2011.

[25] 中达电通股份有限公司. ISPsoft 软件使用手册[EB/OL](2O21. 02. 26)[2023-05-30].

[26] 中达电通股份有限公司. DOPsoft 软件使用手册 2018. [EB/OL](2018-06-03)[2023-05-30].

[27] 中达电通股份有限公司. 台达工业机器人产品全型录[EB/OL](2022-08-19)[2023-05-30].

[28] 中达电通股份有限公司. 台达垂直多关节机器人 DRAStudio 软件使用手册[EB/OL] (2018-05-18) [2023-05-30].

[29] 李瑞峰. 工业机器人设计与应用[M]. 哈尔滨: 哈尔滨工业大学出版社, 2017.

[30] 李瑞峰, 葛连正. 工业机器人技术[M]. 北京: 清华大学出版社, 2019.

[31] 韩建海. 工业机器人: 第 4 版[M]. 武汉: 华中科技大学出版社, 2019.

[32] 兰虎. 工业机器人技术及应用: 第 2 版[M]. 北京: 机械工业出版社, 2022.

[33] 郗安民, 何春燕. 工业机器人及其应用[M]. 北京: 机械工业出版社, 2022.

[34] 朱洪前. 工业机器人技术[M]. 北京：机械工业出版社, 2022.
[35] 戴凤智, 乔栋. 工业机器人技术基础及其应用[M]. 北京：机械工业出版社, 2022.
[36] 中达电通股份有限公司. 台达垂直多关节机器人电控手册[EB/OL](2021-08-11)[2023-05-30].
[37] 中达电通股份有限公司. 台达垂直多关节机器人手持示教器手册[EB/OL](2019-09-26)[2023-05-30].
[38] 刘秀平, 景军锋, 张凯兵. 工业机器视觉技术及应用[M]. 西安：西安电子科技大学出版社, 2019.
[39] 丁少华, 李雄军, 周天强. 机器视觉技术与应用实战[M]. 北京：人民邮电出版社, 2022.
[40] 中达电通股份有限公司. DMV 系列机器视觉系统检测应用，2019.
[41] 孙学宏, 张文聪, 唐冬冬. 机器视觉技术及应用[M]. 北京：机械工业出版社, 2021.
[42] 中达电通股份有限公司. DMV 机器视觉系统全系列[EB/OL](2021-11-01)[2023-05-30].
[43] 中达电通股份有限公司. DMV 系列相机型录[EB/OL](2021-12-31)[2023-05-30].
[44] 中达电通股份有限公司. DMV 系列定焦镜头型录[EB/OL](2019-11-25)[2023-05-30].
[45] 中达电通股份有限公司. DMV2000 机器视觉用户手册[EB/OL](2018-08-21)[2023-05-30].
[46] 何明. 大数据导论：大数据思维、技术与应用[M]. 北京：电子工业出版社, 2022.
[47] 俞东进, 孙笑笑, 王东京. 大数据：基础、技术与应用[M]. 北京：科学出版社, 2022.
[48] 汤兵勇, 徐亭, 章瑞. 云图 • 云途：云计算技术演进及应用[M]. 北京：机械工业出版社, 2021.
[49] 王智民. 云计算安全：机器学习与大数据挖掘应用实践[M]. 北京：清华大学出版社, 2022.
[50] 张旭东. 机器学习导论[M]. 北京：清华大学出版社, 2022.
[51] 宝力高. 机器学习、人工智能及应用研究[M]. 长春：吉林科学技术出版社, 2021.